21世纪高等学校计算机基础实用规划教材

# 网络系统管理

樊成立 潘凌 刘庆瑜 齐跃斗 编著

清华大学出版社
北京

## 内 容 简 介

本书主要内容包括网络管理概述、SNMP 网络管理架构、用户管理、磁盘管理、文件管理、IP 地址规划与 DHCP 服务、域名服务管理、Internet 信息服务管理、网络设备管理、数据备份与还原、网络安全管理、网络故障诊断和排除等。

本书既可以作为应用性本科学校的教材，也可以作为从事网络管理工作的 IT 业读者的学习参考资料。



**图书在版编目(CIP)数据**

网络系统管理/樊成立等编著. --北京：清华大学出版社，2016（2023.1 重印）
21 世纪高等学校计算机基础实用规划教材
ISBN 978-7-302-42626-4

Ⅰ.①网… Ⅱ.①樊… Ⅲ.①计算机网络－网络系统－系统管理 Ⅳ.①TP393.07

中国版本图书馆 CIP 数据核字(2016)第 008467 号

**责任编辑**：黄 芝 李 晔
**封面设计**：何风霞
**责任校对**：时翠兰
**责任印制**：宋 林

**出版发行**：清华大学出版社
**网 址**：http://www.tup.com.cn，http://www.wqbook.com
**地 址**：北京清华大学学研大厦 A 座 **邮 编**：100084
**社 总 机**：010-83470000 **邮 购**：010-62786544
**投稿与读者服务**：010-62776969，c-service@tup.tsinghua.edu.cn
**质量反馈**：010-62772015，zhiliang@tup.tsinghua.edu.cn
**课件下载**：http://www.tup.com.cn，010-83470236
**印 装 者**：北京国马印刷厂
**经 销**：全国新华书店
**开 本**：185mm×260mm **印 张**：14.75 **字 数**：353 千字
**版 次**：2016 年 4 月第 1 版 **印 次**：2023 年 1 月第 7 次印刷
**印 数**：4501～5500
**定 价**：49.80 元

产品编号：067480-02

# 出版说明

随着我国改革开放的进一步深化，高等教育也得到了快速发展，各地高校紧密结合地方经济建设发展需要，科学运用市场调节机制，加大了使用信息科学等现代科学技术提升、改造传统学科专业的投入力度，通过教育改革合理调整和配置了教育资源，优化了传统学科专业，积极为地方经济建设输送人才，为我国经济社会的快速、健康和可持续发展以及高等教育自身的改革发展做出了巨大贡献。但是，高等教育质量还需要进一步提高以适应经济社会发展的需要，不少高校的专业设置和结构不尽合理，教师队伍整体素质亟待提高，人才培养模式、教学内容和方法需要进一步转变，学生的实践能力和创新精神亟待加强。

教育部一直十分重视高等教育质量工作。2007 年 1 月，教育部下发了《关于实施高等学校本科教学质量与教学改革工程的意见》，计划实施"高等学校本科教学质量与教学改革工程(简称'质量工程')"，通过专业结构调整、课程教材建设、实践教学改革、教学团队建设等多项内容，进一步深化高等学校教学改革，提高人才培养的能力和水平，更好地满足经济社会发展对高素质人才的需要。在贯彻和落实教育部"质量工程"的过程中，各地高校发挥师资力量强、办学经验丰富、教学资源充裕等优势，对其特色专业及特色课程(群)加以规划、整理和总结，更新教学内容、改革课程体系，建设了一大批内容新、体系新、方法新、手段新的特色课程。在此基础上，经教育部相关教学指导委员会专家的指导和建议，清华大学出版社在多个领域精选各高校的特色课程，分别规划出版系列教材，以配合"质量工程"的实施，满足各高校教学质量和教学改革的需要。

本系列教材立足于计算机公共课程领域，以公共基础课为主、专业基础课为辅，横向满足高校多层次教学的需要。在规划过程中体现了如下一些基本原则和特点。

(1) 面向多层次、多学科专业，强调计算机在各专业中的应用。教材内容坚持基本理论适度，反映各层次对基本理论和原理的需求，同时加强实践和应用环节。

(2) 反映教学需要，促进教学发展。教材要适应多样化的教学需要，正确把握教学内容和课程体系的改革方向，在选择教材内容和编写体系时注意体现素质教育、创新能力与实践能力的培养，为学生的知识、能力、素质协调发展创造条件。

(3) 实施精品战略，突出重点，保证质量。规划教材把重点放在公共基础课和专业基础课的教材建设上；特别注意选择并安排一部分原来基础比较好的优秀教材或讲义修订再版，逐步形成精品教材；提倡并鼓励编写体现教学质量和教学改革成果的教材。

(4) 主张一纲多本，合理配套。基础课和专业基础课教材配套，同一门课程可以有针对不同层次、面向不同专业的多本具有各自内容特点的教材。处理好教材统一性与多样化，基本教材与辅助教材、教学参考书，文字教材与软件教材的关系，实现教材系列资源配套。

(5) 依靠专家,择优选用。在制定教材规划时依靠各课程专家在调查研究本课程教材建设现状的基础上提出规划选题。在落实主编人选时,要引入竞争机制,通过申报、评审确定主题。书稿完成后要认真实行审稿程序,确保出书质量。

繁荣教材出版事业,提高教材质量的关键是教师。建立一支高水平教材编写梯队才能保证教材的编写质量和建设力度,希望有志于教材建设的教师能够加入到我们的编写队伍中来。

21 世纪高等学校计算机基础实用规划教材

联系人:魏江江 weijj@tup.tsinghua.edu.cn

# 前 言

本书的编者都是高校的一线教师，都有多轮执教网络管理及其相关课程的实际经验，本书也已经在所在学校内部使用两轮。本书面向应用型本科，注重应用，兼顾理论。吸收最新的网络管理应用技术，使读者能学以致用。

本书内容包括网络管理概述、SNMP 网络管理架构、用户管理、磁盘管理、文件管理、IP 地址规划与 DHCP 服务、域名服务管理、Internet 信息服务管理、网络设备管理、数据备份与还原、网络安全管理、网络故障诊断和排除等。

本书的特点如下：

（1）本书案例化编写，把对知识技能的讲授融汇在案例中。在问题的解决过程中学习知识和技能，在实际应用场景中学习知识技能。

（2）本书从学习者的角度看问题，从读者熟悉的知识场景提出问题，然后分析问题，解决问题，引导读者从已知到未知。每章都从设问开始，引导读者带着问题读下去，改变了平铺直叙、单纯讲授知识点的方法。

（3）每章都有总结和练习，便于教学。

（4）本书的案例均在微软公司的 Windows Server 2008 操作系统上实现。

本书由樊成立、潘凌、刘庆瑜、齐跃斗编写。在撰写过程中得到了张文婷、庞美玉、王麟阁、金珏等的帮助，在此向他们表示感谢。

由于本书编者水平有限，书中难免会有错误和不足之处，敬请专家和读者给予批评指正。我们的 E-mail：fanchengli@163.com。

编 者

2015 年 12 月

# 目　录

# 第1章　网络管理概述

## 1.1　导语：信息时代下的网络管理

近几年来，网络技术的发展速度是惊人的，发达的网络技术，给整个社会产生了深刻的影响，也极大地改变了人们的工作和生活方式。听广播、看电视、收发电子邮件、上网查询信息、网上购物，人们已经一刻也离不开网络了。除此以外，随着计算机技术和计算机网络的发展，政府部门、企业以及各行各业也开始大规模地建立网络来推动电子政务和电子商务的发展。网络成为各行业办公、业务开展、通信的基础平台。

伴随着网络业务和应用的丰富，计算机网络的管理与维护也就变得至关重要，一个小小的网络故障就可能导致"雪崩效应"，因此对网络进行有效的管理成为现在信息社会中非常迫切的需要。越来越多的人意识到：网络管理已经成为计算机网络的关键技术之一。

## 1.2　网络管理的基本概念

在社会经济生活中，计算机网络的应用越来越广泛，规模不断扩大，计算机网络的组成也越来越复杂，网络安全性与运行状况也越来越受到重视，相应地网络管理就成为网络技术应用中最为重要的一部分，成为网络可靠、安全、高效运行的保障和必要手段。因此研究网络管理的理论、开发先进的网络技术、选择自动化的网络管理工具就成了网络管理的重要任务。

### 1.2.1　网络管理的定义

网络管理的发展是一个循序渐进、逐步完善提升的过程，从所采用的技术手段来划分，网络管理大致来说要经历3个阶段：人工管理阶段、计算机辅助管理阶段、智能化管理阶段。每个阶段在管理组织、管理手段、管理技术措施上都有所侧重，主要在网络管理组织健全程度、网络管理工作规范性、网络管理技术措施自动程度等方面表现出来。

按照国际标准化组织(ISO)的定义，网络管理就是指规划、监督、控制网络资源的使用和网络的各种活动，以使网络的性能达到最优。即对计算机及网络设备的软硬件配置、运行状态和计费等所从事的全部操作和维护性活动。

从网络管理定义中，可以看出网络管理的对象就是网络资源，包括软件和硬件资源。

**1. 网络硬件资源**

网络硬件资源可以是各种计算机网络连接节点设备，如路由器、交换机、集线器(HUB)、网关、终端主机、UPS电源等，也可以是通信系统中的传输设备，如用于多路复用中的多路器 MUX、信号转换设备光电转换器、PDH/SDH 传输设备等。

**2. 网络软件资源**

网络软件资源主要指计算机网络中面向用户提供的各种应用性业务(如应用程序、服务器系统)及网络节点之间的关系(如物理拓扑图和逻辑拓扑图)。

网络上的硬件资源是物理上存在的客观实体,是网络人员看得见、摸得着的,具备最基本的机械特性和电气特性,因此对它们可以从底层入手进行管理,而软件系统资源中,对象的物理存在形式不明显,各种参数具备动态性和不确定性,目前已成为管理对象中的重中之重。

通常对一个网络管理系统需要定义以下内容。

- 系统功能:即一个网络管理系统应具有哪些功能。
- 网络资源表示:网络管理中有很大一部分是对网络中资源的管理。网络中的资源就是指网络中的硬件、软件及所提供的服务等。而一个网络管理系统必须在系统中将资源表示出来,才能对其进行管理。
- 网络管理信息的表示:网络管理系统对网络的管理主要靠系统中网络管理信息的传递来实现。网络管理信息应如何表示、怎样传递、传送的协议是什么?这些都是一个网络管理系统必须考虑的问题。
- 系统结构:即网络管理系统的结构是怎样构建的。

### 1.2.2 网络管理的目标和内容

网络管理要达到一个什么样的目标呢?

从定义上来看网络管理目的很明确,就是确保计算机网络的持续正常运行,并在计算机网络运行出现异常时能及时响应并排除故障,使网络中的资源得到更加有效的利用。

下面从网络经营者以及用户对网络的基本要求这个角度进行分析。

第一,一个网络首先要具备的是有效性,即网络要能准确及时地传递信息。这里说的有效性与通信的有效性(efficiency)含义不同。通信的有效性是指传递信息的效率。而这里所说的网络有效性,是指网络的服务要可用,要有质量保证。

第二,网络应该是可靠的。网络必须保证能够稳定地运转,不能时断时续,要对各种故障以及自然灾害有较强的抵御能力和有一定的自愈能力。在许多场合下,网络的中断会产生很大的经济损失,有时甚至会产生政治上、军事上的重大损失。

第三,现代网络应该具有开放性。即网络要能够容纳多厂商生产的设备,不同的网络要能够实现互联。这是现代网络高速发展,技术进步快、生产厂商多、设备更新换代周期短等特点所要求的。

第四,网络要有综合性。现代网络业务不能单一化,要由电信网、计算机网、广播电视网分立的状态向融合网络(convergence network)过渡,使各种不同的业务由统一的网络平台提供。网络的综合性会给网络经营者带来更大的经济效益,同时也给用户带来更大的方便,使人们的通信方式更多样、更自然、更快捷。

第五,现代网络要有很高的安全性。随着人们对网络依赖性的增强,对网络安全性的要求也越来越高。比如,用户要求网络有较高的通话保密性、要求连接到网上的计算机系统有安全保障、数据库中的数据不能被非法访问和破坏、系统不能被非法入侵或病毒侵害等。

第六，网络要有经济性。对网络经营者而言，网络的建设、运营、维护等开支要小于业务收入，否则便无利可图。对用户来说，网络业务要有合理的价格，如果价格太高用户承受不起，或虽然能承受得起但感到付出的费用超过了业务的价值，那么用户便会拒绝应用这些业务。

基于上述分析，网络管理的根本目标就是满足运营者及用户对网络的有效性、可靠性、开放性、综合性、安全性和经济性的要求。

现代网络管理的内容通常包括运行、控制、维护和提供(OAMP)4个方面。

(1) 运行(Operation)：是针对用户的需要而提供的服务，其目标是对网络的整体运行状态进行管理，包括对用户的流量和计费进行管理等。

(2) 控制(Administrator)：是指针对向用户提供的有效服务，为满足服务质量要求进行的管理活动，如针对整个网络的管理和网络流量的管理等。

(3) 维护(Maintance)：是指为保障网络及其设备的正常、可靠、连续、稳定地运行而进行的管理活动，如故障的检测、定位和恢复，对网络的测试等。维护又可分为预防性维护和修正性维护两类。

(4) 提供(Provision)：是指网络资源的提供者(如电信运营商)所进行的管理活动，如管理相应的服务软件、配置参数等。

## 1.3 网络管理的功能

国际标准化组织ISO在OSI/IEC 7498－4中定义了网络管理的五大功能，分别如下：

- 配置管理(Configuration Management)——自动发现网络拓扑结构，构造和维护网络系统的配置。
- 性能管理(Performance Management)——采集、分析网络对象的通信性能数据，监测网络对象的性能，对网络线路质量进行分析。同时，统计网络运行状态信息，对网络的使用发展做出评测、估计，为网络进一步规划与调整提供依据。
- 故障管理(Fault Management)——过滤、归并网络事件。有效地发现、定位网络故障，给出排错建议与解决方案，形成整套的故障发现、告警与处理机制。
- 安全管理(Security Management)——结合使用用户认证、访问控制、数据传输、存储的保密与完整性机制，以保障网络管理系统本身的安全。
- 计费管理(Accounting Management)——对网络互联设备按IP地址的双向流量统计，产生多种信息统计报告及流量对比，并提供网络计费工具，以便用户根据自定义的要求实施网络计费。

每个网络管理功能中都包含了一系列功能定义、与每个功能相关的一系列过程的定义、支持这些过程的服务、所需要的下层服务支持、管理操作的作用对象。

### 1.3.1 配置管理

配置管理是最基本、最核心的网络管理功能。配置管理负责监控网络的基本配置信息，使网络管理人员可以根据需要随时查询、生成和修改软硬件的运行状态及参数，以保障网络的正常运行。具体地讲，就是在网络建立、运行、扩充及改造的过程中，对网络的拓扑结构、软硬件资源、使用状态等相关配置信息进行监测、维护和修改，以达到优化网络的目的。

一般情况下，网络管理员对所管理的网络配置应该非常清楚，这些配置包括网络拓扑、网络的规模、网络覆盖的范围、网络的布线和网络各节点的参数情况等，另外还应该包括网络中所采用的访问控制方式、是有线网络还是无线网络、有线网络采用何种传输介质等。

配置管理的主要功能是检测感知网络中发生的变化和根据需要控制并使网络发生需要的变化，主要包括以下功能。

(1) 配置信息自动获取；

(2) 自动配置、自动备份及相关技术；

(3) 配置一致性检查；

(4) 用户操作记录功能；

(5) 网络资源的清单管理和视图化表示；

(6) 虚拟局域网(VLAN)管理；

(7) IP 地址资源分配与管理、IP 地址与 MAC 对应及 IP 冲突管理。

### 1.3.2 性能管理

性能管理的目的是确保网络不会出现过度拥挤的情况，保障可用性，为用户提供良好的网络服务质量 QoS。网络性能管理的主要工作是收集各种网络性能指标的数据，作为对网络运行状况进行分析的原始资料。通过分析，判断网络的性能是否达到了规定的指标。如果未达到相应的指标要求，则需要进行适当的调整，保障整个网络系统良好地运行。

性能管理又可以分为性能监测和网络控制。性能检测就是指针对网络的工作状态，收集、统计、分析相关的数据，根据性能检测的结果可以改进性能评价的标准，调整性能检测模型，为网络控制提供依据；网络控制是指根据网络检测的结果，为改善网络性能而采取的措施。

网络性能管理可以实现以下功能。

(1) 对网络中管理对象进行检测，收集与网络性能相关的数据。这些数据可以包括流量、延迟、丢包率、CPU 利用率、温度、内存余量等。

(2) 记录、统计、维护和收集到的网络性能数据。

(3) 可对每一个监控数据设置阈值，可通过设置阈值检查开关控制阈值检查和告警，提供相应的阈值管理和溢出告警机制。

(4) 分析网络性能数据以发现网络瓶颈，产生性能警报、报告性能事件等，并参考计算机各项性能指标，对性能状况做出判断，为网络规划提供参考。

通常可以使用网络操作系统中的性能监视工具来监视网络的性能。除此以外，比较典型的网络性能检测软件有 HP 公司的 OpenView、IBM Tivoli 公司的 NetView、原 Sun 公司的 SUN Net Manager 等。

### 1.3.3 故障管理

故障管理是网络管理基本的内容，其目的在于确保网络系统可靠、稳定地运行。在网络发生故障时，网络管理员必须及时地进行故障定位，排除故障，恢复网络的正常运行。故障管理的日常工作包括故障检测、故障诊断、故障修复、故障事件的追踪、定位与记录以及故障的排除等。

故障管理在网络的规划和设计时就应实施，一个规划合理的网络应该不易出现故障，一旦出现故障也应该易于排除。网络故障管理主要包括以下功能：

（1）实时进行网络故障监测。监测网络上的各种事件信息，并识别出其中与网络和系统故障相关的内容，生成网络故障时间记录。

（2）当出现故障时能及时报警。可以根据报警信息迅速找出故障点。

（3）分析故障信息。在此基础上制定故障排除方案。

（4）实施故障排除作业以恢复网络运行。

系统出现的各种故障一般都会记录在管理日志中，所以在故障管理中对日志的维护和分析也很重要。

### 1.3.4 安全管理

网络安全是指包括网络设备、网络通信协议和网络管理系统在内的所有支持网络系统运行的硬件与软件总体的安全。网络安全管理的目标是确保网络的保密性、网络的可用性、网络的完整性、网络的可控制性，使其不至于因网络设备、网络通信协议、网络管理系统等受到人为或自然因素的危害，而导致网络传输信息丢失、泄露或破坏。

安全管理的功能主要分为两部分：一是网络管理本身的安全；二是被管网络对象的安全。网络管理本身的安全可通过管理员身份认证、管理信息存储和传输的加密与完整性控制、网络用户分组管理与访问控制以及系统日志分析等机制来保证。被管网络对象的安全可通过网络资源的访问控制、告警事件分析、主机系统的安全漏洞检测等机制来保证。

安全管理的主要功能如下：

（1）支持身份识别，规定身份识别的过程；

（2）支持访问控制；

（3）支持密钥管理；

（4）维护和检查安全日志。

### 1.3.5 计费管理

计费管理是用来核算和收取费用的，它在共享资源的网络环境中是非常有用的。计费管理系统对于大型网络和中、小型网络来说都是不可缺少的重要组成部分，在这些网络中运营商会根据用户的网络资源的使用情况收取一定的费用。计费管理所涉及的网络资源包括硬件资源和软件资源、网络服务及网络设施的额外开销，如运行、维护费等。

计费系统还可用来监控网络的数据流量，分析网络的使用情况及性能，帮助网络管理员发现网络的瓶颈，从而调整网络的结构和配置，合理分配网络流量，保证网络高效、稳定、可靠地运行。

计费管理提供的主要功能如下：

（1）计费数据采集。这是整个计费系统的基础，也往往受到采集设备硬件和软件的制约，而且也与进行计费的网络资源有关。

（2）数据管理与数据维护。例如交纳费用的输入、联网单位信息维护等。

（3）计费政策的制定。计费政策经常灵活变化，要根据资源使用情况调整收费标准。

(4) 收集、总结、分析和表示计费信息所用格式和手段的标准化。

(5) 数据分析与费用计算。利用采集到的网络资源使用数据、联网用户的详细信息及计费政策计算网络用户的资源使用情况,并计算出应交纳的费用。

(6) 数据查询。为用户提供计费信息查询服务。

ISO 定义的五大管理功能只是最基本的网络管理功能,除此以外还有服务管理、地址管理、软件管理、文档管理和网络资源管理等功能。这些功能都是相辅相成的,完成某项管理功能往往需要其他管理功能的有效结合。如故障管理要从性能管理得到当前的运行结果,从配置数据库得到设备的配置信息。因此网络管理可看作是一组过程和任务的集合。

# 1.4 网络管理体系结构

网络管理体系结构是指用于定义网络管理系统的结构及系统成员间相互关系的一套规则。由于网络设备的不断更新换代,技术不断提高,网络结构不断变化,网络管理体系结构的设计显得越来越重要。

常见的网络管理体系结构是集中式体系结构、分层式体系结构、分布式体系结构三种类型。下面将详细介绍这三种体系结构以及各自的优缺点。

## 1.4.1 集中式网络管理体系结构

集中式体系结构是目前最普遍、最常见的一种方式。如图 1-1 所示,整个网络的管理工作都由单一的网络管理者(Manager)负责。管理者和被管对象(Managed Object)的代理进行通信,管理者提供集中式决策支持和控制并维护管理者数据库。

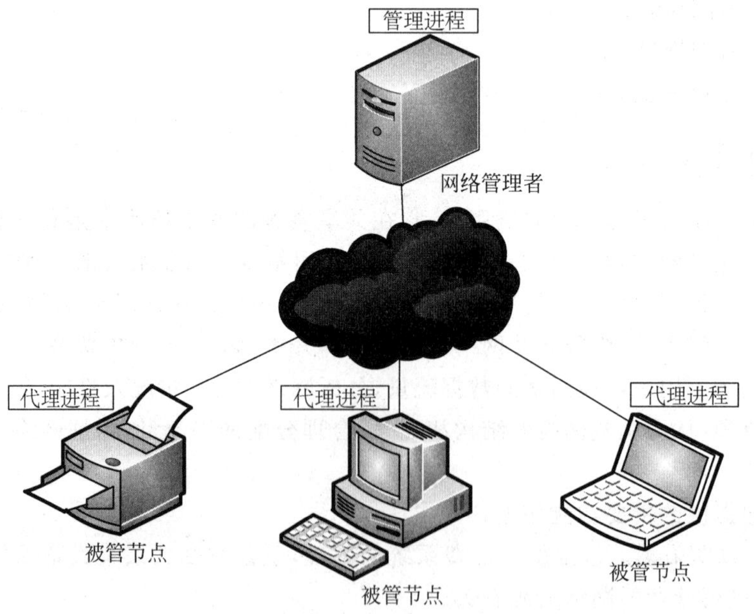


图 1-1 集中式网络管理体系结构

使用这种结构网络管理员只要在一个位置就可以查看到所有网络信息，有助于发现并维修故障，有助于分析和确定问题的关联性。此外由于管理位置唯一，网络管理工作站可以放置在一个限制访问的地方，同时还可以设置为只允许某些用户访问网络管理系统，使得整个系统的安全性更容易得到保证。

集中式体系结构最大的缺点是：随着网络规模不断扩大和复杂性的不断增加，网络能力和效率将明显降低。另外，由于网络管理节点单一，一旦该节点出现故障或失效，将导致全网瘫痪。因此在简单的网络环境中，采用集中式模式往往控制简捷有效。

后来在集中式体系结构的基础上推出了一种改进结构——基于平台结构的集中管理，如图 1-2 所示。对比传统的集中式结构，单一的网络管理者分成管理平台和管理应用两部分。管理平台主要负责信息的收集、信息监控和控制、吞吐量计算等主要的服务。管理应用则使用管理平台所提供的服务实现处理决策支持、简单计算等高层功能。这种基于平台的结构易于维护和扩展，极大地简化了异构、多厂家、多协议环境下综合应用程序的开发、维护和扩展。

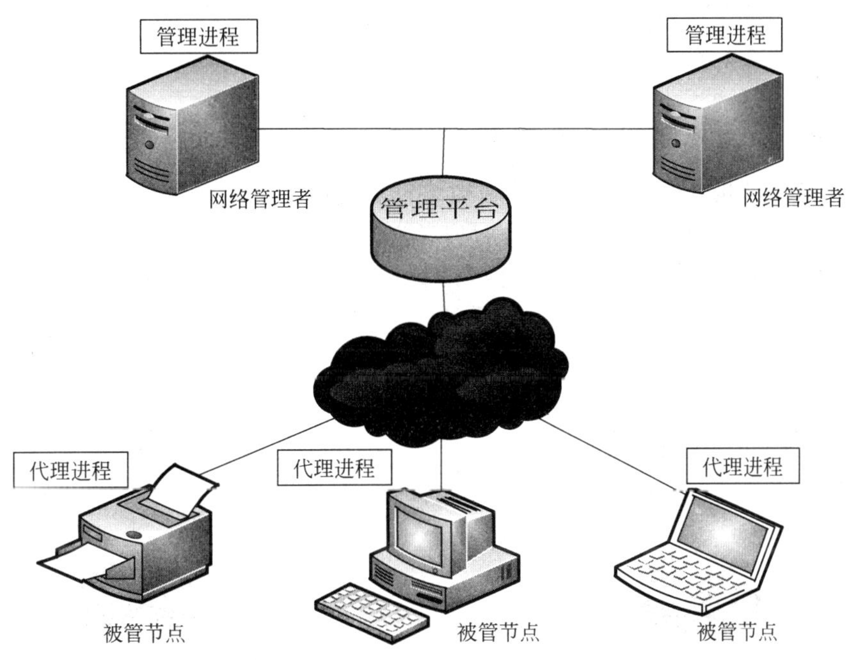


图 1-2　基于平台的集中式网络管理体系结构

### 1.4.2　分层式网络管理体系结构

在分层式网络管理体系结构中存在着很多的网络管理者，而分层的思想主要体现在这些网络管理者之间。一个管理者作为其他管理者的总的管理者，称为 MoM(Manger of Manager)。其他的管理者各自管理自己的域，而总管理者所需求的相关信息由其下属的域管理者提供，如图 1-3 所示。

这种体系结构的优点是分散了网络管理的负荷，管理不依赖于单一的管理者、网络规模可扩充，而且方便了综合应用程序的开发，比集中式系统更可靠。分层式结构比较适用于行业网的网络管理。

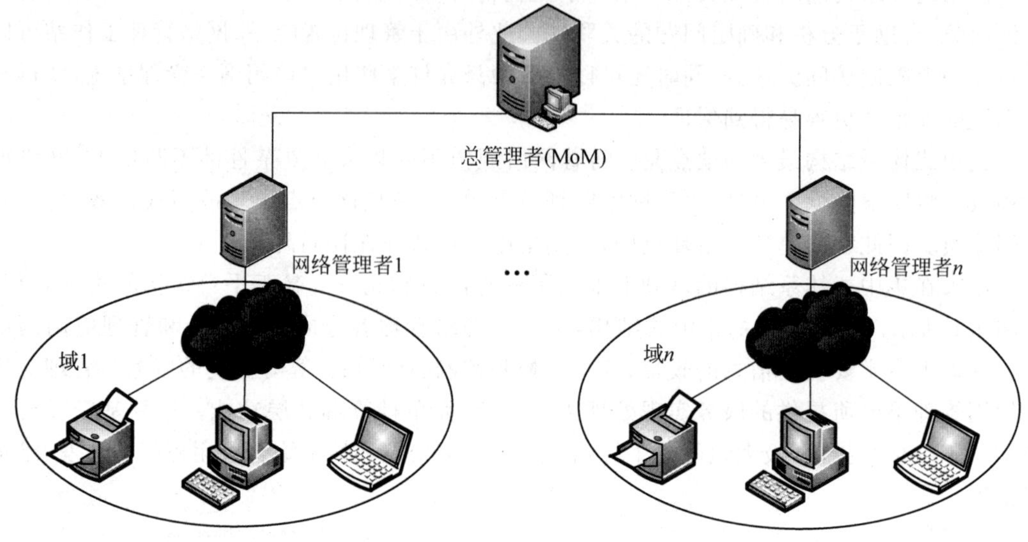


图 1-3 分层式网络管理体系结构

### 1.4.3 分布式网络管理体系结构

分布式体系结构如图 1-4 所示，该结构结合了集中式和分层式的特点，采用多个对等平台。一个域由一个管理者负责，但是管理者之间能够相互通信。当需要另一个域的信息时，管理者与它的对等系统进行通信，这就相当于每个被管理域都有一个以上的管理者。

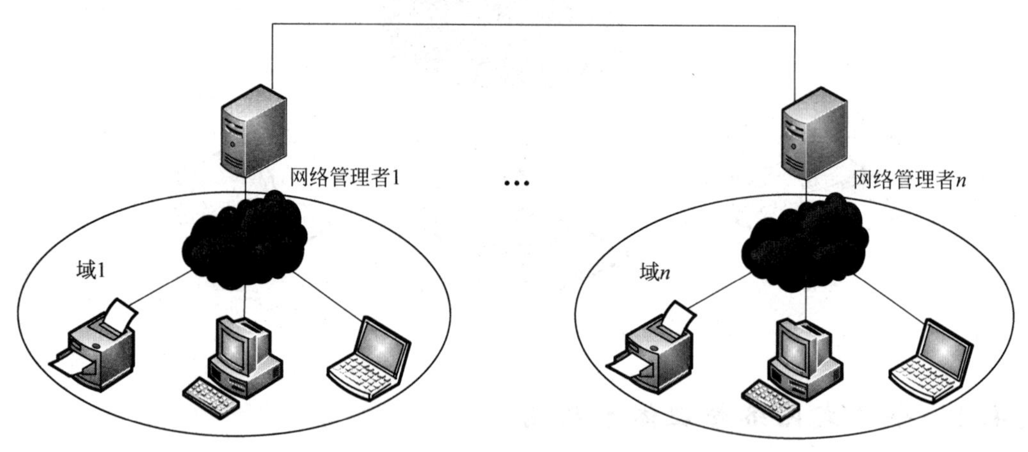


图 1-4 分布式网络管理体系结构

这种体系结构的最大优点是其规模的可扩充性，网络管理任务分布执行，并且网络监控分布于整个网络、具有很高的可靠性。但该系统设置较为复杂。

随着现代网络的迅速发展，网络覆盖范围越来越大以及网络功能越来越强大，分布式网络管理已成为一种网络管理技术发展的新趋势。

# 1.5 网络管理模型与协议

每个计算机网络都是计算机、传输介质、互联设备、系统软件和协议的组合，不同的网络之间又互联成为众所周知的更为复杂的互联网。在进行网络管理系统系统开发时，必须用逻辑模型来表示这些复杂的网络组件。

## 1.5.1 网络管理基本模型

网络管理系统(Network Management System，NMS)是用于实现对网络资源的全面有效的管理，目前普遍采用管理——代理的模型结构。

从逻辑上一个网络管理系统包括以下四部分：

- 管理进程(Manager)；
- 管理代理(Agent)；
- 管理信息库(Management Information Base，MIB)；
- 管理协议(Management Protocol)。

管理进程是一个或一组软件程序，一般运行在网络管理站的主机上。管理代理是一个软件，驻留在被管设备(工作站、交换机、网络打印机等)上。管理信息库是网络管理系统中非常重要的部分，它是一个信息存储库，里面包含了很多数据对象，网络管理员可以通过直接控制这些数据对象去控制、配置或监控网络设备。而负责管理进程和管理代理之间通信的就是网络管理协议，如图 1-5 所示的就是网络管理系统的基本模型。

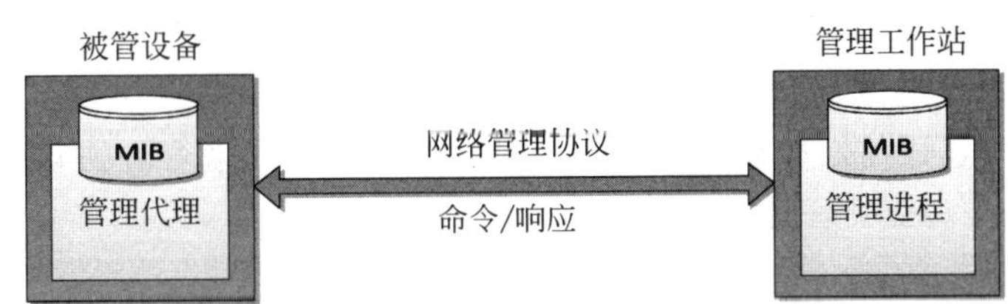


图 1-5 网络管理系统基本模型

**1. 管理进程(Manager)**

管理进程也叫管理者，它是网络管理的处理实体，位于管理工作站上。管理进程是对网络设备和设施进行全面管理和控制的软件。其主要工作内容就是负责发出管理操作的指令，并接收来自代理程序的信息，并且应该定期查询管理代理收集到的有关主机运转状态、配置及性能等的信息。

网络管理者和代理进程通过交换管理信息来进行工作，信息分别驻留在被管设备和管理工作站上的管理信息库中。而整个信息交换过程需要通过网络管理协议来完成。

**2. 管理代理(Agent)**

管理代理充当管理系统与代理软件驻留设备之间的中介，可以获得本地设备的运转状态、设备特性、系统配置等相关信息。

代理软件就像是每个被管理设备的信息经纪人，它们通过控制设备的管理信息数据库(MIB)中的信息来完成网络管理员布置的采集信息的任务。

设备厂商决定其管理代理软件可以控制哪些 MIB 对象，如路由器、交换器、集线器等许多网络设备的管理代理软件都是由原网络设备制造商提供的。

一个管理进程可以和多个管理代理进行信息交互，同时一个代理也可以接受来自多个管理者的管理操作，但是代理需要处理来自多个管理者的多个操作之间的协调问题。

**3. 管理信息库（Management Information Base，MIB）**

管理信息库由一个系统内的许多被管对象（Managed Object，MO）及其属性组成，它实际上是一个虚拟数据库，提供了有关被管理对象的信息。

现在已经定义的有几种通用的标准管理信息数据库，这些数据库中包括了必须在网络设备中支持的特殊对象，所以这几种 MIB 可以支持简单网络管理协议（SNMP）。使用最广泛、最通用的 MIB 是 MIB-Ⅱ。

**4. 管理协议（Management Protocol）**

管理协议对管理进程与管理代理之间的通信进行了规范和约定，并且定义了两者之间交换信息的方法，负责在管理系统与管理代理之间传送操作命令，同时负责解释管理操作命令。

目前最有影响的网络管理系统协议是 SNMP 和 CMIS/CMIP。它们代表了目前网络管理解决方案。其中 SNMP 流传最广，应用最多，获得的支持也最广泛，已经成为事实上的工业标准。

### 1.5.2 网络管理协议

根据 ISO 定义，协议是一组正式的规则、协定和数据结构，由它们控制计算机及其他网络设备如何进行信息交换。网络管理协议即规定了网络管理者与管理代理间通信时必须遵循的相关规则与协定。

目前比较有代表性的网络管理协议为 SNMP（简单的网络管理协议）和 CMIS/CMIP（公共管理信息服务和公共管理信息协议）。

**1. SNMP**

SNMP（Simple Network Management Protocol）即简单网络管理协议，它为网络管理系统提供了底层网络管理的框架，是目前 TCP/IP 网络中应用最广泛的网络管理协议。

SNMP 从 1989 年发布第一个版本 SNMP v1 以来，结合网络的发展和管理需求，相继推出了 SNMP v2 和 SNMP v3 两个版本以及一些补充，从而使 SNMP 的功能不断完善，应用更加广泛。

整个 SNMP 系统包括一系列协议组和规范，如 MIB（管理信息库）、SMI（管理信息的结构与标识）和 SNMP（简单网络管理协议）。这些协议组和规范提供了一种从网络上的设备中收集网络管理信息的方法，也为设备向网络管理工作站报告问题和错误提供了一种方法。

SNMP 突出特点的是简单、易于实现，因而得到了厂商的支持。特别是在 Internet 上的成功应用，使得它的重要性越来越突出，已经成为解决网络管理问题最有实用价值的一个工业标准。

**2. CMIS/CMIP**

CMIS/CMIP（the Common Management Information Service/Common Management Information Protocol）即公共管理信息服务和公共管理信息协议。CMIP 公共管理协议提

供了一个接口支持 ISO 和用户定义管理协议，而 CMIS 定义了一个网络管理信息服务系统。

该协议是由国际标准化组织(ISO)制定的一个通用的网络管理协议，主要针对 OSI 七层协议模型而设计，它能够对应各种开放系统之间的管理通信和操作，开放系统之间既可以是平等关系，也可以是主从关系。因此它既能够进行分布式的管理，也能够进行集中式的管理。虽然 CMIS/CMIP 是国际标准，但是目前支持该协议的产品较少。

SNMP 和基于 ISO 标准的 CMIP，其不同之处主要在于各自定义的被管对象和对被管对象进行分类的原则与标准不同。SNMP 比较简单实用，CMIP 却比较通用和完备。在未来的网络管理中，究竟哪一种将占据优势，一直是业界争论的话题，总的来说，两种协议大同小异，各有所长。

### 1.5.3 网络管理技术

网络管理技术是一门复杂的技术，涉及计算机网络技术、软件技术和管理技术等各个领域的内容。目前用于网络管理的技术很多，新的网络管理技术也不断出现。

**1. RMON 技术**

RMON(Remote Monitoring，远程监视)技术。RMON 的目标是为了扩展 SNMP 的 MIB(管理信息库)，使 SNMP 更为有效、更为积极主动地监控远程设备。

和 SNMP 中的管理站和代理一样，运行 RMON 的管理控制台和 RMON 代理也属于典型的客户机/服务器(Client/Server)结构。运行 RMON 代理的每个设备都对本地网段进行检测和分析，然后主动地向网络管理系统传递信息。例如，当它发现严重的分组丢失和过高的冲突率时，可以主动地报警。由于监测是在本地进行的，因此所得出的分析结果是非常可靠的。因此这种工作方式大大降低了 SNMP 的工作量。

RMON 的主要实现了以下功能。

- 离线操作；
- 主动监视；
- 问题监测和报告；
- 提供增值数据；
- 多管理站操作。

**2. 基于 Web 的网络管理技术**

随着 Web 的流行和技术的发展，可以将网络管理和 Web 结合起来，通过 Web 浏览器进行网络管理。

基于 Web 的网络管理模式(WBM)的实现有两种方式。

第一种是代理方式，即在一个内部工作站上运行 Web 服务器(代理)。这个工作站轮流与端点设备通信，浏览器用户与代理通信，同时代理与端点设备之间通信。在这种方式下，网络管理软件成为操作系统上的一个应用，它介于浏览器和网络设备之间。在管理过程中，网络管理软件负责将收集到的网络信息传送给浏览器，并将传统协议转换成 Web 协议。

第二种是嵌入式，它将 Web 功能嵌入到网络设备中，每个设备有自己的 Web 地址。管理员可通过浏览器直接访问并管理该设备。在这种方式下，网络管理软件与网络设备集成在一起，网络管理软件无须完成协议转换，所有的管理信息都是通过 HTTP 协议传送的。

# 1.6 网络管理软件

随着计算机、网络和通信技术的发展，网络管理技术取得了质的飞跃。应用性进一步增强，伴随发展的网管软件也日趋完善，这大大提高了综合网络的可管理性，使得网络结构清晰合理，运行变得井然有序。

## 1.6.1 网络管理软件的发展和分类

根据网络管理软件的应用范围和表现形式，可将网络管理软件的发展划分为三代。

第一代网管软件系统常用的命令行方式，并结合一些简单的网络监测工具，它不仅要求使用者精通网络的原理及概念，还要求使用者了解不同厂商的不同网络设备的配置方法。这种方式的优点是具有很大的灵活性，缺点是风险系数较大，容易引发误操作，而且不具备图形化和直观性，如网络探测工具 NetXray。

这一代网管工具只能统计和分析网络的数据，并不能监控设备的状态。如果需要监控设备运行状态，要配合一系列管理控制命令直接在设备上查看系统和端口信息。

第二代网管系统具有良好的图形化界面，用户无须过多地了解设备的配置方法，就能图形化地对多台设备同时进行配置和监控，大大提高了工作效率，但仍然存在人为因素造成的设备功能使用不全面或不正确的问题。如 CiscoView 是一个基于 GUI 的设备管理软件应用程序，可以用图形的方式显示 Cisco 的物理视图。另外，它还提供配置和监视功能及基本的故障排除功能。借助 CiscoView 可以更容易地理解设备提供的大量管理数据，网络管理员无须对远程站点上的每台设备进行物理检测，就能够全面查看 Cisco 设备的运行状态。

第三代网管软件相对来说比较智能，是真正将网络和管理进行有机结合的软件系统，具有自动配置和自动调整的功能。对网管人员来说，只要把用户情况、设备情况及用户与网络资源之间的分配关系输入网络管理系统，系统就能自动建立图形化的用户与网络的配置关系，并自动鉴别用户身份，分配用户所需的资源(如电子邮件、Web、文档服务等)，同时，整个企业的网络安全得到保证。因此第三代网管系统是企业级的管理平台，由多个软件包构成，涉及 OSI 的全部七层协议。

目前第三代系统可选的范围比较广，如 CA Urllzenter TNG、Cisco Works、HP OpenView、IBM Tivoli、APRISMA Spectrum 等。

目前常用的网络管理软件主要根据管理的对象来分，即可分为通用网络管理软件 NMS 和网元(设备)管理软件 EMS 两大类，网元管理软件只管理单独的网元(网络设备)，通用网络管理软件的管理目标为一个网络。

网元管理软件由原厂商提供，各厂商采用专有的管理 MIB 库，以实现对自行开发的设备进行专门的管理。

通用网络管理软件则主要用于掌握全网的状况，作为底层的网络管理平台来服务于上层的网元管理软件等，可以提供一个第三方的网络管理平台，支持对所有 SNMP 设备的发现和监控。可集成厂商设备的私有 MIB 库可实现对全网设备进行识别和统一的管理，有利于简化管理和降低成本。

## 1.6.2 SiteView 网络管理平台

SiteView 是北京游龙科技公司自主研发的、专注于网络应用的故障诊断和性能管理于一体的运营级的综合网络管理系统，它完成对局域网、广域网和互联网上的系统应用、服务器和网络设备的故障监测和性能管理，是集中式、跨平台的系统管理软件。

SiteView 产品线包括下列 8 款产品：ITSM(IT 服务管理)、ECC(综合系统管理)、NNM(网络设备管理)、LM(系统日志管理)、EIM(互联网行为网关)、DM(桌面管理)、VLAN(虚拟局域网)、TR069(智能设备管理)。这里主要介绍 ECC 综合系统管理。

SiteView 综合系统管理(Enterprise Control Center，ECC)即 SiteView for ECC，它采用全中文 Web 架构，功能强大、性能稳定，可有效预防或发现系统故障，提供完善的统计和分析报告，是目前国内最完善的综合系统管理平台。SiteView ECC 内置上千种检测器，对服务器、网络设备、业务系统、中间件、数据库进行广泛、深层次的监测管理，以解决在日常 IT 管理中遇到的问题。图 1-6 为 SiteView ECC 的系统结构图。

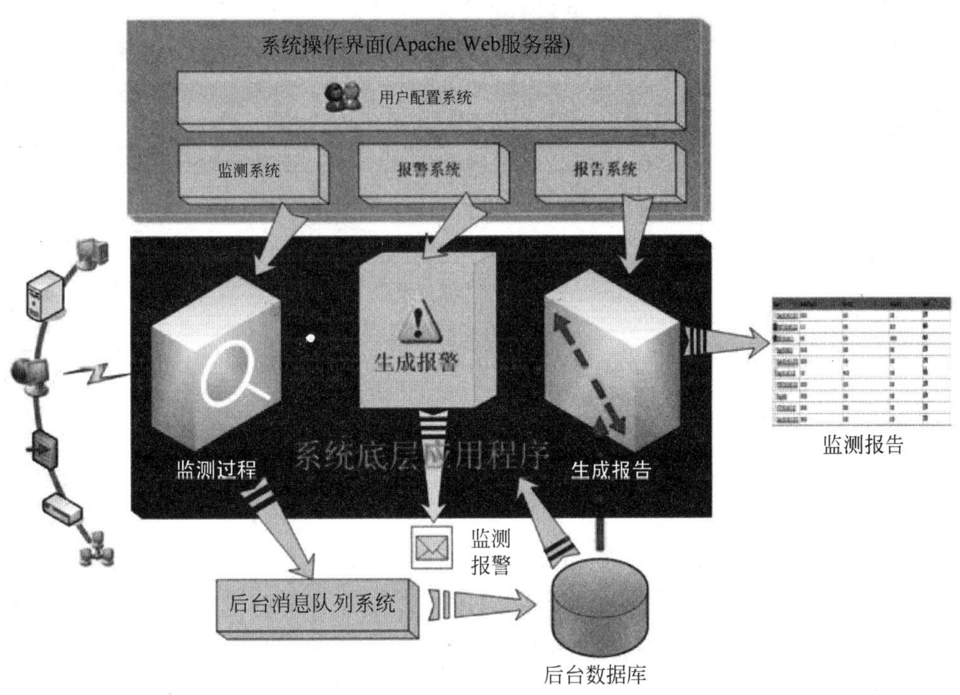


图 1-6 SiteView ECC 的系统结构图

如图 1-7 所示，SiteView ECC 采用分布式架构的部署方式实现全网集中管理，通过监控中心的一台 SiteView ECC 监测主机实时采集和分析各子系统反馈的数据，7×24 小时对企业网络运行状况进行全面监测。IT 运维部门可通过精美的网络拓扑图，直观查看网络应用运行状况。SiteView ECC 采用 B/S 架构，全中文 Web 界面，具有灵活的系统架构，无须安装 Agent，适用于各种规模的网络。

SiteView ECC 主要具备以下功能：

- 多用户可定制化分级管理；

图 1-7　SiteView ECC 监测主页图

- 采用 Microsoft 管理控制台；
- 支持大规模网络管理；
- 集中非代理式的监控；
- 可视化管理网络；
- 全面直观的拓扑展示图；
- 灵活丰富多样的报表统计功能；
- 实时设备运行情况分析；
- 灵活多样的报警机制。

SiteView ECC 各方面的性能与 HP、IBM、CA 等国际著名公司的网管产品各有所长。可以说它是结合国际上最先进的网络管理理念，吸取了国际知名网络产品的优点，基于国内大型网络应用环境而自行研发和设计的优秀网络管理平台。

### 1.6.3　综合系统管理软件 HP OpenView

综合系统管理软件 OpenView 是 HP 公司开发的优秀的网管软件，OpenView 集成了网络管理和系统管理各自的优点，形成一个单一而完整的管理系统。

OpenView 系列产品包括了统一管理平台、全面的服务和资产管理、网络安全、服务质量保障、故障自动监测和处理、设备搜索、网络存储、智能代理、Internet 环境的开放式服务等丰富的功能特性。目前该产品主要应用在金融、电信、交通、政府、公用事业、制造业等领域，其体系结构如图 1-8 所示。

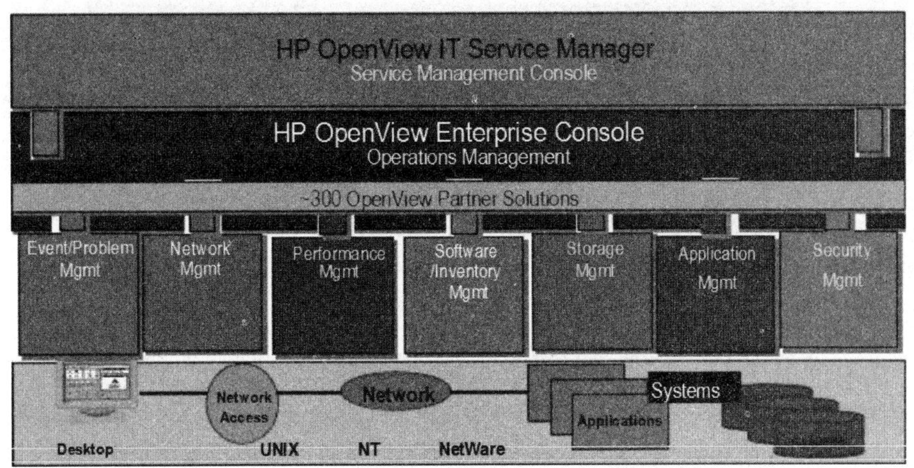


图 1-8　OpenView 体系结构

根据 HP OpenView 的体系结构，可把它的系统管理功能分为以下几部分：

- 网络管理；
- 系统管理（包括事件管理、性能管理、资产管理、服务管理等）；
- 数据库/应用管理；
- 数据存储/备份管理。

HP OpenView 解决方案，不只是对 IT 环境进行管理，它还是一个开放的 IT 管理平台，能有机地集成其他的应用，深层次地管理 IT 环境，如 HP OpenView 可对网络与系统性能、资产和配置管理、问题和故障、数据库、Internet、安全性、数据存储和备份乃至 IT 服务管理等多方面进行管理。

其基本特性如下：

- 支持目前业界开放标准协议；
- 支持标准网络传输和网管协议，如 TCP/IP、SNA、SNMP、RPC、CMIP 等；
- 采用开放的、模块化体系结构，扩充性能好，异种网络管理能力强；
- 提供丰富的图形操作界面，能动态反映网络的拓扑结构，包括网络各种资源变化的自动监测，方便操作人员的网络运行状况监控；
- OpenView 网络系统中的各个产品都采用一致操作方式的图形界面，并且可以自动或根据用户设置动态反映网络拓扑结构和监测系统资源；
- 提供用户灵活的设置功能，如阈值设定，以监测网络故障的发生；
- 提供丰富的应用程序接口，方便用户开发自己的网络程序；
- 具有分发软件和数据的功能，数据能分发至各种机器上。

HP OpenView 最基础的产品是 OpenView Network Node Manager(NNM)网络节点管理器，其结构灵活、伸缩性强，可以管理从数十个节点到上万个节点的网络，可自动发现网络节点、自动产生网络拓扑图，并对网络事件进行处理。如图 1-9 所示为 NNM 启动后的根目录。

NNM 网络管理通过单点控制来完成管理所需的操作。NNM 为网络管理员提供了一

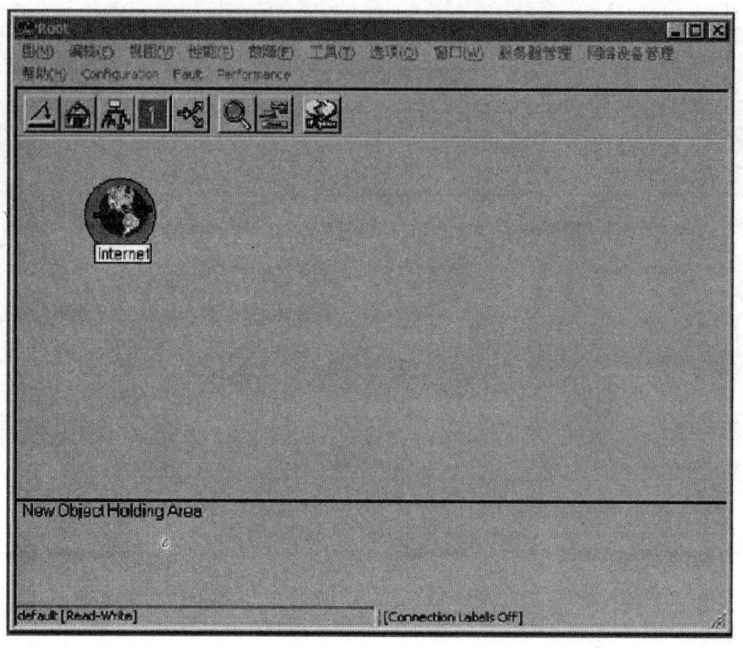


图 1-9 NNM 启动后的根目录

种集成工具，使其可以通过网络的一个图形化表示形式控制和管理多个联网系统和应用程序。

NNM 网络管理功能包括故障和问题管理、性能管理、配置和变更管理、统计信息管理和安全性管理。

HP OpenView NNM 以其强大的网络管理功能、先进的技术、多平台适应性在全球网络管理领域得到了广泛的应用。

网络管理软件正朝着集成化、分布式、智能化的方向快速发展。用户在选购网管软件时，必须结合具体的网络条件。中小企业比较倾向集中式的网络管理，选择网络管理系统要考虑管理成本低廉，维护便捷等因素。大型企业的网络管理系统应更加专业化和智能化，能自动分析数据、评价配置、网络模拟和资源预测等。

无论何种规模的企业，不能认为只要安装了网络管理系统就万事大吉，必须从网络管理的角度来认识和维护网络。网络管理系统只是网络管理的一个方面，还要结合人员专业水平、管理制度和其他辅助网络工具等多个方面。

## 1.7 课后习题

1. 请简述网络管理的概念。
2. 分析集中式体系结构、分层式体系结构和分布式体系结构三者的特点。
3. 网络管理的五大功能管理包含哪些内容?
4. 试比较 SNMP 和 CMIP 之间的区别。
5. 调查市场上主流网络管理软件，比较其功能特性。

# 第2章 SNMP网络管理架构

## 2.1 导语：SNMP为何如此重要

在之前的章节中，我们曾经介绍过简单网络管理协议（Simple Network Management Protocol，SNMP）。利用SNMP，一个管理工作站可以远程管理所有支持这种协议的网络设备，包括监视网络状态、修改网络设备配置、接收网络事件警告等。那么在众多的网络管理协议中，SNMP是如何做到脱颖而出的呢？

SNMP开发于20世纪90年代早期，其目的是简化大型网络中设备的管理和数据的获取并且可以同时管理互联网Internet上众多厂家生产的软硬件平台。由于SNMP的实现简单、效果显著，所以网络硬件厂商开始把SNMP加入到它们制造的每一台设备。今天，各种网络设备上都可以看到默认启用的SNMP服务，从交换机到路由器，从防火墙到网络打印机，无一例外。此外许多与网络有关的软件包，如HP的OpenView和Nortel Networks的Optivity Network Management System，还有Multi Router Traffic Grapher（MRTG）之类的免费软件，都用SNMP服务来简化网络的管理和维护。

## 2.2 SNMP概述

简单网络管理协议是由互联网工程任务组（Internet Engineering Task Force，IETF）定义的一套基于Internet管理的网络管理协议，属于Internet协议簇的一部分，它为网络管理系统提供了底层网络管理的框架。该协议最初是由IETF的研究小组为了解决在Internet上的路由器管理问题提出的，现在已经用于远程管理所有支持这种协议的网络硬件设备（比如路由器、UNIX工作站和PC等）和相关软件平台。

SNMP的功能是保证网络管理中各类操作的正常运行。其基本思想是为不同厂商的不同类型及不同型号的设备定义一个统一的接口和协议，使得管理员可以使用统一的方式对这些设备进行集中管理，在提高网络管理效率的同时，简化网络管理员的工作。SNMP的目的是使网络管理变得简单，同时SNMP本身也要简单。

### 2.2.1 SNMP的发展

SNMP发展到现在，共推出了3个版本和两个扩展，具体如下：

- 1989年，SNMP v1发布；
- 1991年，针对SNMP v1的扩展RMON（Remote Monitoring，远程监视）发布。RMON扩展了SNMP v1的功能，主要加强了局域网及设备的管理；

- 1995 年，SNMP v2 正式发布，SNMP v2 在 SNMP v1 基础上增加了部分功能，并制定了在 OSI 网络中使用 SNMP 的具体方法。同年，RMON 升级为 RMON2；
- 1998 年，SNMP v3 发布，重点加强了 SNMP 的安全性，并为将来的发展设计了总体的架构。

简单化是 SNMP 标准取得成功的主要原因。正是因为 SNMP 的实现较为简单、容易实现且成本低，所以在 SNMP v1 发布后得到了大量的应用。此外，SNMP v1 还具有以下特点：

- 可伸缩性，SNMP 可管理绝大部分符合 Internet 标准的设备；
- 扩展性，通过定义新的"被管理对象"，可以非常方便地扩展管理能力；
- 健壮性，即使在被管理设备发生严重错误时，也不会影响管理者的正常工作。

但是，此时的 SNMP 仍不太适合大型或重要网络的管理，因为它的功能还不够强，并且没有考虑安全问题，如难以实现大量的数据传输，缺少身份验证(Authentication)和加密(Privacy)机制等。

为了弥补 SNMP v1 的不足，在 1991 年推出了 RMON，SNMP 最重要的进展是远程监控(RMON)能力的开发。RMON 为网络管理者提供了监控整个子网而不是各个单独设备的能力。1992 年针对 SNMP 缺乏安全性的弱点又公布了 S-SNMP(Secure SNMP)草案，于 1995 年正式推出了 SNMP v2。SNMP v2 具有以下基本特点：

- 支持分布式网络管理；
- 扩展了数据类型；
- 可以实现大量数据的同时传输，提高了效率和性能；
- 丰富了故障处理能力；
- 增加了集合处理功能；
- 加强了数据定义语言。

虽然 IETF 为 SNMP v2 做了大量工作，但是由于 SNMP v2 的发布时间紧迫，因此最终放弃了安全管理部分。这也直接导致了 SNMP v3 的推出。

为了实现安全的、可管理的 SNMP，IETF 在 1997 年成立了 SNMP v3 工作组。SNMP v3 是在 SNMP v2 基础之上增加了安全和管理机制的协议。SNMP v3 实现了以下几个目标：

- 为 SNMP 的文档定义了组织结构，使 SNMP 协议走向成熟；
- 定义了统一的 SNMP 管理体系结构。可以简单地实现功能的增加和修改；
- 总结了对 SNMP 安全特性的需求，并强调安全与管理的结合；
- 具有很强的适应性，既可以管理简单的网络，又可满足大型复杂网络的管理需求。

SNMP v3 没有定义其他新的 SNMP 功能。而安全机制是 SNMP v3 的最具特色的内容。目前 SNMP v3 已经是 IETF 的标准，并得到了供应商们的强有力支持。

### 2.2.2 SNMP 的实现原理

SNMP 采用了 C/S 模型的特殊形式：代理/管理站模型。对网络的管理与维护是通过管理工作站与 SNMP 代理间的交互工作完成的。每个 SNMP 从代理负责回答 SNMP 管理工作站(主代理)关于 MIB(管理信息库)定义信息的各种查询。

如图 2-1 所示为 SNMP 的工作方式。网络管理员需要从设备中获取数据，此过程一般有两种方式：一是管理员向设备发出读数据的指令；二是被管理设备定期向管理员发回需要的数据。但对于管理员或管理主机来说，都要进行一个读的操作。所以 SNMP 需要提供读操作的功能。管理员在对设备进行配置时，需要 SNMP 提供写操作。这样才能够完成对设备的远程管理。为了让管理员及时了解管理设备的状态，当设备在某一时刻发生状态改变时，需要由 SNMP 提供 Trap(陷阱)操作。

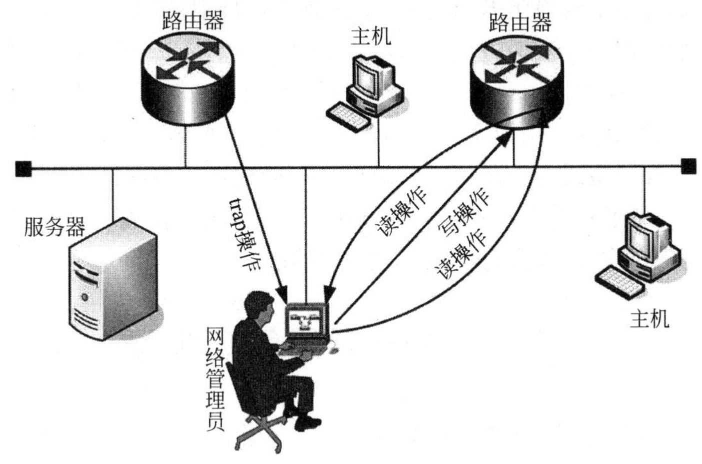


图 2-1　SNMP 的工作方式

从被管理设备中收集数据通常有两种方法：一种是轮询(Polling-Only)方法；另一种是基于中断(Interrupt-Based)的方法。

**1. 轮询(Polling-Only)**

SNMP 使用嵌入到网络设备中的代理软件来收集网络的通信信息和有关网络设备的统计数据。代理软件不断地收集统计数据，并把这些数据记录到一个 MIB 中，管理进程不断通过向代理的 MIB 发出查询信号便可以得到这些信息，这个过程就叫轮询。为了能全面地查看一段时间的通信流量和变化率，管理进程必须不断地轮询设备中的代理。这样，管理站可以使用 SNMP 来评价网络的运行状况，并发现通信的趋势，如哪个网段接近通信负载的最大能力或有可能出现错误等。先进的 SNMP 网管系统甚至可以通过编程来自动关闭端口或采用其他矫正措施来处理历史的网络数据。

采用轮询方法，可使系统相对简单，能限制通过网络所产生的管理信息的通信量。

但是该方法的一个缺陷就是不够灵活。使用轮询时，多长时间轮询一次、轮询时选择什么样的设备顺序都会对轮询的结果产生影响。轮询的间隔时间太短，会产生不必要的通信量；间隔时间太长，而且轮询时顺序不统一，则会导致获取一些大的灾难性事件的时间存在延迟，所以在使用轮询方法时管理的设备数目不能太多。此外轮询系统的开销也较大，如果轮询频繁而并未得到有用的报告，则通信线路和计算机的 CPU 周期就被浪费了。

**2. 中断(Interrupt-Based)**

与轮询相比，当有异常事件发生时，使用中断的方法可以立即通知网管系统，实时性很强。但这种方法也有缺陷：产生错误或陷阱(Trap)需要系统资源。如果陷阱必须转发大量的信息，那么被管理设备可能不得不消耗更多的事件和系统资源来产生陷阱，这将会影响到网络管理的主要功能。

SNMP 不是完全的轮询协议，它允许不经过询问就能发送某些信息。这种信息称为陷阱，表示它能够捕捉“事件”。这种陷阱信息的参数是受限制的。当被管代理检测到有事件发生时，就检查其门限值，并且向管理进程报告。使用这种方法的好处是陷阱信息很简单且所需字节数很少，一般仅在严重事件发生时才发送陷阱。

但是如果几个同类型的陷阱事件接连发生，那么大量网络带宽可能将被相同的信息所占用。尤其是当陷阱是由网络阻塞引起时，事情就变得特别糟糕。

目前执行网络管理最有效的方法是将轮询和中断两种方式相结合，我们称之为面向陷阱的轮询(Trap-Directed Polling)。一般来说，网络管理工作站通过对被管理设备中的代理来收集数据，并且在控制台上用数字或图形方法来显示这些数据，以便于网络管理员分析和管理网络中的设备及网络的通信量。被管理设备中的代理可以在任何时候向网络管理工作站报告错误情况，避免了轮询中的不足。在这种方法中，当一个设备产生了一个陷阱时，可以在网络管理工作站上查询该设备，以获得更多的信息。

# 2.3 SNMP 网络管理模型

## 2.3.1 SNMP 网络管理体系结构

与 TCP/IP 结构类似，SNMP 不仅仅只是一个协议，而是由一系列协议和规范组成的，它们一起提供了一种从网络设备中收集网络管理信息的方法。

SNMP 网络管理体系结构包括两级组织模式(Two-Tier Organization Model)、三级组织模式(Three-Tier Organization Model)、代理服务器组织模式(Proxy Server Organization Model)等，这里主要介绍两级组织模式和三级组织模式。

两级组织模式是基本的 SNMP 体系结构。SNMP 的两级组织模式包括在管理者上运行的管理进程和在被管理实体上运行的管理代理进程。管理代理对来自管理者的管理请求进行响应。多个管理者可以与一个管理代理进行交互，SNMP 的两级组织模式如图 2-2 所示。

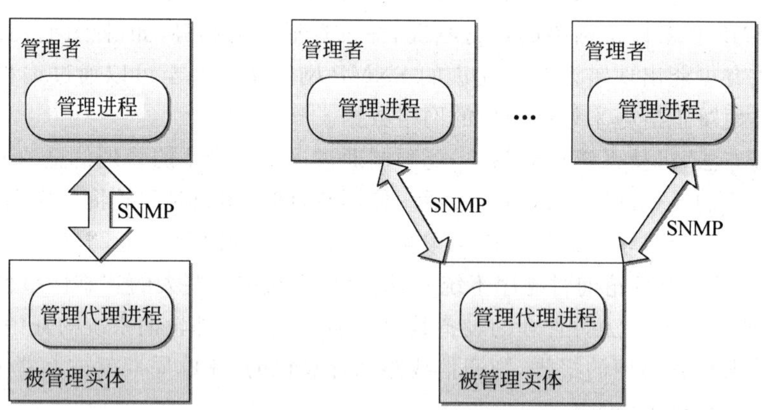


图 2-2　SNMP 两级组织模式

在 SNMP 的两级组织模式中，管理者直接向管理代理提出管理请求，接收和处理管理代理传送的被管理者信息。

为了获得更高的性能和灵活性，有时需要架设 SNMP 的三级组织模式。三级组织模式是在管理者和被管实体之间增加一个被称为 RMON 的中间代理，RMON 负责统计、收集被管对象的信息，当管理者需要查询这些信息时，可以由 RMON 直接提供。管理者可以同时从被管理实体的管理代理和中间代理接收数据，而不需要持续不断地监控、统计被管理实体的信息。SNMP 三级组织模式如图 2-3 所示。

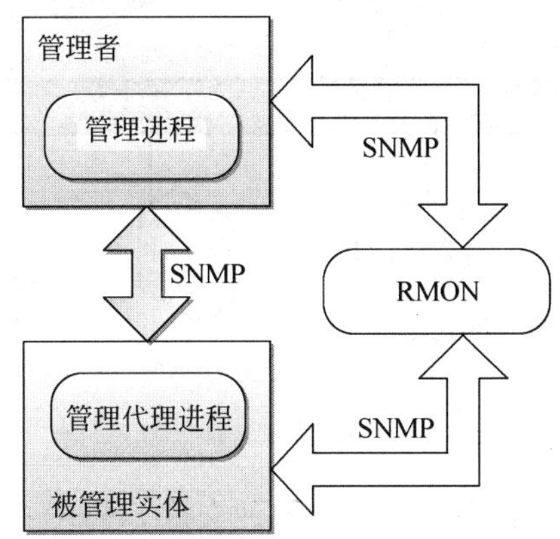


图 2-3 SNMP 三级组织模式

### 2.3.2 SNMP 网络管理模型及典型应用

在第 1 章中，我们曾简单地介绍了网络管理的基本模型，该模型就是基于 SNMP 体系结构，因此在 SNMP 网络管理模型中同样有 4 个基本组成部分：管理者(Manager)、管理代理(Agent)、管理协议和管理信息库(MIB)。SNMP 的 4 个组成部分已经在第 1 章中做过介绍，此处不再重复。对被管理实体的管理与维护是通过网络管理协议，由管理者与管理代理之间的交互工作来完成的，如图 2-4 所示。

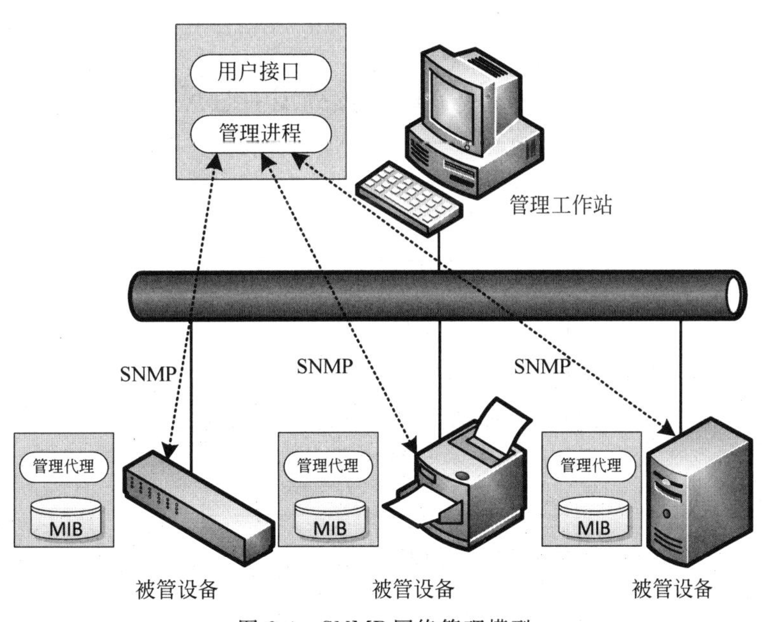


图 2-4 SNMP 网络管理模型

SNMP 是为了实现对网络的管理而使用的一种通信协议，可以运行在 TCP/IP 协议簇上，对网络中支持 SNMP 的设备进行管理。图 2-5 展示了一个典型的应用。

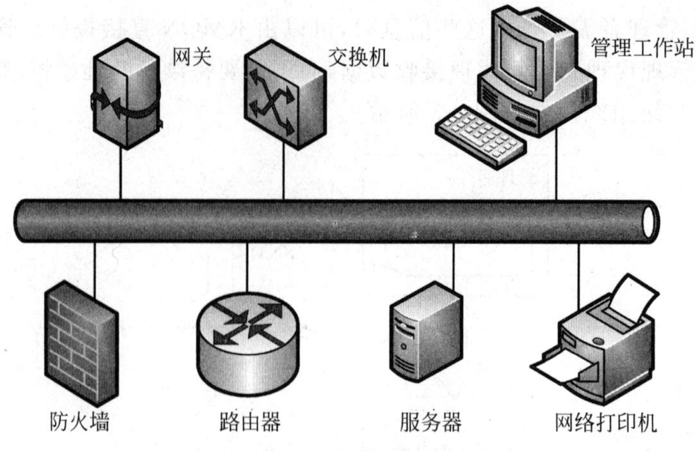

图 2-5　SNMP 的典型应用示意图

网络管理员可以通过操作管理工作站与各种支持 SNMP 的设备进行通信，从而实现对设备的统一管理。不管这些设备是由哪些厂商生产，也不管具体的型号，只要支持 SNMP，就可以通过统一的操作界面进行统一的管理。这样，网络管理员就不用学习每一种设备的具体操作方法。例如，在同一网络中可能同时有 3COM 4400 交换机、Cisco 2950 交换机、Cisco 3550 交换机、Cisco 3745 路由器、PIX525 防火墙、Linux 数据库服务器、Windows Server 2008 邮件服务器，由于这些设备都支持 SNMP，因此可以在同一个操作界面下对各个设备进行集中管理，而不需要单独了解每一个设备的具体操作方法。

目前，像 Oracle、WebLogic Server 等大型的数据库和应用服务器软件都提供了 SNMP 管理功能，只要启动了 SNMP 进程，就可以像管理交换机、路由器等设备一样来管理数据库或应用服务器系统。

## 2.4　SNMP 系统的组成

虽然 SNMP 已经从 1989 年第 1 个版本 SNMP v1 发展到现在的 SNMP v3，功能在不断加强和完善，但是 SNMP 的组成一直没有变化，如图 2-6 所示。

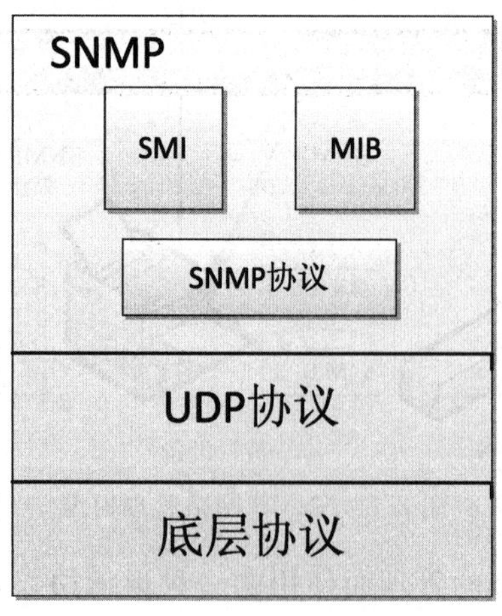

图 2-6　SNMP 系统的组成

从图 2-6 可以看出，SNMP 运行在 TCP/IP 网络上，基于面向非连接的 UDP 协议进行数据传输。SNMP 本身运行在应用层，整个系统由 SMI、MIB 和 SNMP 协议组成。

## 2.4.1 管理信息结构 SMI

作为被管理实体的网络设备，通常在生产时由制造商在设备中设定管理信息库。如果没有一个统一的标准，制造商为设备设定的信息管理库将会互不兼容，使得 SNMP 的管理产生极大的混乱。于是 SNMP 发布了 SMI(Structure of Management Information)，这个标准为定义和构造 MIB 提供了一个通用的框架，规定了 MIB 中被管对象的数据类型及其表示和命名方法。SMI 的目的是保持 MIB(管理信息库)的简单性、可扩展性，从而简化管理，加强互操作性，满足协同操作的要求。

SMI 采用抽象语法符号 1(Abstract Syntax Notation One，ASN.1)描述形式，定义了因特网 6 个主要的管理对象类型：网络地址、IP 地址、时间标记、计数器、计量器和非透明数据类型。SMI 采用 ASN.1 中的宏来定义 SNMP 中对象的类型和值。SMI 提供一个标准的方法来表示管理信息，规定每个被管对象都具有 3 个属性：名字、语法和编码。

为了能够唯一地标识 MIB 中的对象类型，SMI 采用 ASN.1 中的树形结构来组织被管理实体的管理信息，其中每个信息是一个带标号的节点，树形结构的叶子节点表示被管理实体的管理信息。如图 2-7 所示，每个 MIB 对象都用对象标识符(Object IDentifier，OID)来唯一地标识。每个节点都可以使用数字和字符两种方式显示，其中 OID 是由句点隔开的一组整数，也就是从根节点通向该节点的路径，它命名节点并指示节点在 ASN.1 树中的准确

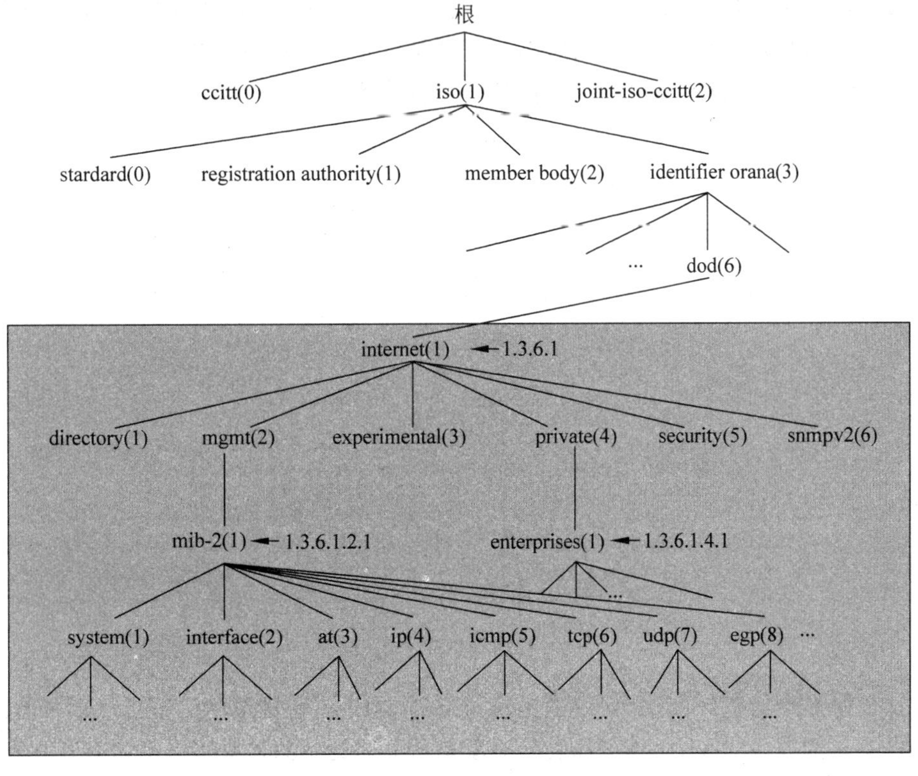


图 2-7 信息管理库中的对象标识

位置。一个带标号节点可以包含其他带标号节点，这些节点都是它的子树。没有子树的节点被称为叶子节点，它包含一个值并被称为对象。

图 2-7 中 SMI 在 internet 节点之下定义了 directory、mgmt、experimental、private 等几个节点，其中 directory 为与 OSI 相关的将来用作保留的节点。mgnt 用于在 IAB 批准的文档中定义的对象；experimental 用于标识在 Internet 实验中应用的对象；而 private 用于标识专用对象。

从 mib-2(1)节点往下展开，下层的中间节点代表的子树是与每个网络资源或网络协议相关的信息集合，例如，有关 IP 协议的管理信息都放置在 ip(4)子树中，这样沿着树的层次访问相关信息就很方便。

由于 SNMP 系统的设计目标是简化网络管理，而 SMI 也对 ASN.1 进行了限制和简化，只用到其中很小的部分。因此，MIB 只能存储标量和标量的二维数据等简单的数据类型。SMI 不支持复杂数据结构的创建和检索。有关 SMI 的定义可参考 RFC 1155、RFC 1212 文档。

## 2.4.2 管理信息库

所谓“管理信息”，就是指在互联网的网管框架中被管对象的集合。被管对象必须维持可供管理程序读写的若干控制和状态信息。这些被管对象构成了一个虚拟的信息存储器，所以才成为管理信息库(Management Information Base，MIB)。

在 SNMP 管理体系中，每个被管设备，如交换机、路由器、防火墙、服务器等，都各自维护着一个含有自身运行状态的 MIB。如图 2-8 所示，SNMP 的管理信息库采用和域名系统(DNS)相似的树形结构，其中每一个叶子节点代表一个信息、变量或配置，设备对这棵树中的叶子节点进行赋值，以反映自己的状态。管理站读取相应的变量以获取网络节点设备的状态信息，管理站也可以通过修改某些值从而实现简单的控制功能。

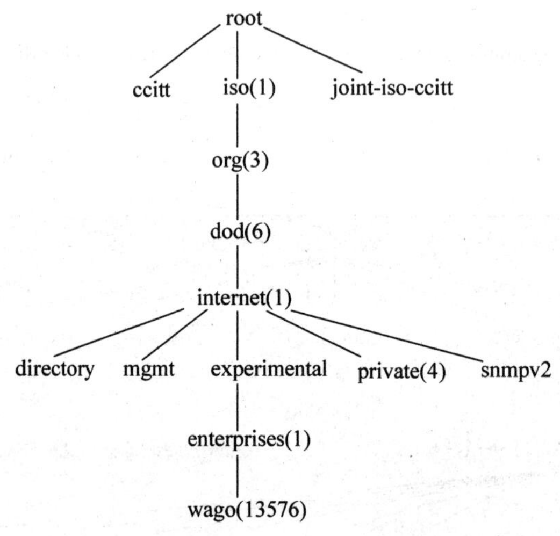


图 2-8　管理信息库结构(部分)

在这个树形结构里，SNMP 协议消息通过遍历 MIB 树形目录中的节点(OID)来访问网络中的设备。例如，ODI，1.3.6.1 代表的对象是从命名为 1 的顶级节点开始，后续的下级节点 3，再下一级是 6，以此类推。

最初的节点 mib 将其所管理的信息分为 8 个类别，如表 2-1 所示。现在的 mib-2 所包含的信息类别已超过 40 个。

**表 2-1 最初的节点 mib 管理的信息类别**

| 类别 | 标号 | 所包含的信息 |
| --- | --- | --- |
| system | (1) | 主机或路由器的操作系统 |
| interfaces | (2) | 各种网络接口及其测定通信量 |
| address translation | (3) | 地址转换(如 ARP 映射) |
| ip | (4) | Internet 软件(IP 分组统计) |
| icmp | (5) | ICMP 软件(已收到 ICMP 消息的统计) |
| tcp | (6) | TCP 软件(算法、参数和统计) |
| udp | (7) | UDP 软件(UDP 通信量统计) |
| egp | (8) | EGP 软件(外部网关协议通信量统计) |

MIB 的定义与具体的网络管理协议无关，这对于设备制造商和用户来说都是有利的。设备制造商可以在产品(如路由器、交换机等)中包含 SNMP 代理软件，并保证在新的 MIB 项目后该软件仍遵循标准。用户可以使用同一网络管理软件来管理具有不同版本的 MIB 的多个设备。

### 2.4.3 简单的网络管理协议(SNMP)

之前已经介绍过 SNMP 中的管理程序和代理程序按客户服务器方式工作。管理程序运行 SNMP 客户程序，而代理程序运行 SNMP 服务器程序。在被管对象上运行 SNMP 服务器程序不停地监听来自管理站的 SNMP 客户程序的请求(或)命令。一旦发现了，就立即返回管理站所需的信息，或执行某个动作(例如，把某个参数的设置进行更新)。在网管系统中一个(或少数几个)客户程序往往与很多的服务器程序进行交互。

SNMP 的协议环境如图 2-9 所示。首先从管理站发出 3 类与管理应用有关的 SNMP 消息 GetRequest、GetNextRequest、SetRequest。3 类消息都由代理用 GetResponse 消息应答，该消息被上交给管理应用进程。此外，代理可以发出 Trap 消息，向管理站报告有关 MIB 及管理资源的事件。

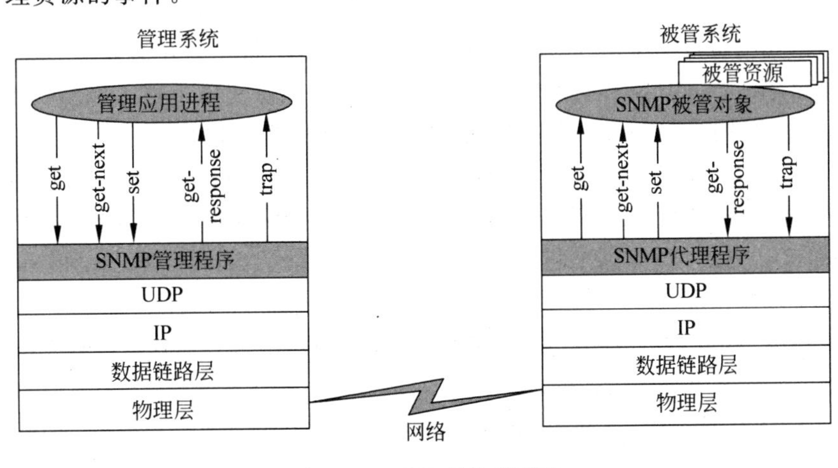


图 2-9 SNMP 的协议环境

从之前的图 2-6 可以看出，在 SNMP 系统中 SNMP 协议属于 MIB 和 SMI 的下层，管理者从设备 MIB 中读取的数据要被 SNMP 协议封装，然后再封装为 UDP 数据报，最后再封装在 IP 分组中进行传输。

下面就详细介绍 SNMP 协议。

# 2.5 SNMP 协议

SNMP 定义了管理站和代理之间所交换的分组格式。所交换的分组包括各代理中的对象（变量）名及其状态（值）。SNMP 负责读取和改变这些数值。

## 2.5.1 SNMP 的协议数据单元和报文

SNMP 的操作只有两种基本的管理功能，即：

(1) "读"操作，用 Get 报文来检测各被管对象的状况。

(2) "写"操作，用 Set 报文来改变各被管对象的状况。

SNMP 共定义了 8 种类型的协议数据单元[RFC 3416]，其中 PDU 编号 4 的已经废弃了，如表 2-2 所示。

表 2-2 SNMP 定义的协议数据单元类型

| PDU 编号 | PDU 名称 | 用　　途 |
| --- | --- | --- |
| 0 | GetRequest | 管理者从代理读取一个或一组变量的值 |
| 1 | GetNextRequest | 管理者从代理读取 MIB 树上下一个变量值（即使不知道变量名也行）。此操作可反复进行，特别是按顺序一一读取列表中的值很方便 |
| 2 | Response | 代理向管理者或管理者向管理者发送对五种 Request 报文的响应，并提供差错码、差错状态等信息 |
| 3 | SetRequest | 管理者对代理的一个或多个 MIB 变量的值进行设置 |
| 5 | GetBulkRequest | 管理者从代理读取大数据块的值 |
| 6 | InformRequest | 管理者从另一远程管理者读取该管理者控制的代理中的变量值 |
| 7 | SNMP v2 Trap | 代理向管理者报告代理中发生的异常事件 |
| 8 | Report | 在管理者之间报告某些类型的差错，目前尚未定义 |

SNMP 使用无连接的 UDP，因此在网络上传送 SNMP 报文的开销较小。虽然 UDP 是不保证可靠交付，但 UDP 非常高效，在网络繁忙时照样能够正常工作。当然，UDP 数据报也存在不足，如事件报警（Trap）有可能无法按时发送到管理进程等。

另外 SNMP 协议规定，在运行代理程序的服务器端用熟知端口 161 来接收 Get 或 Set 报文和发送相应报文，但在运行管理程序的客户端则使用熟知端口 162 来接收来自各自代理的 Trap 报文。另外，Trap 没有响应报文。图 2-10 列举了 SNMP 常见 5 种协议数据单元以及对应的端口号。

在图 2-10 中，前 3 种 Get、GetNext 和 Set 操作是由管理进程向代理进程发出的，后面 2 种操作是代理进程发给管理进程的。

和大多数 TCP/IP 协议不一样，SNMP 报文没有固定的字段。相反，它们使用标准 ASN.1 编码。SNMP 报文的封装过程如图 2-11 所示。

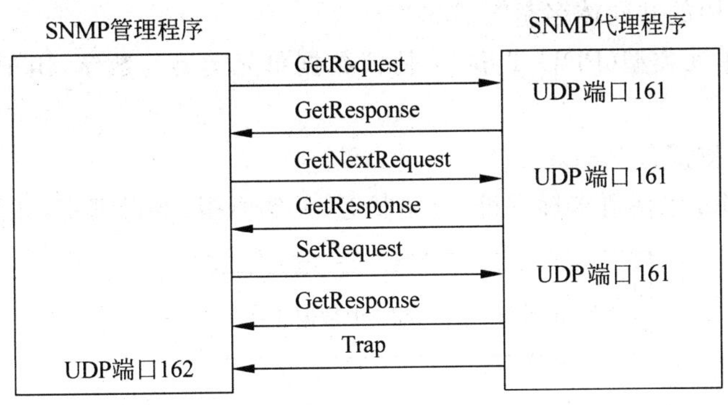


图 2-10 SNMP 常见 5 种 PDU 的操作方式

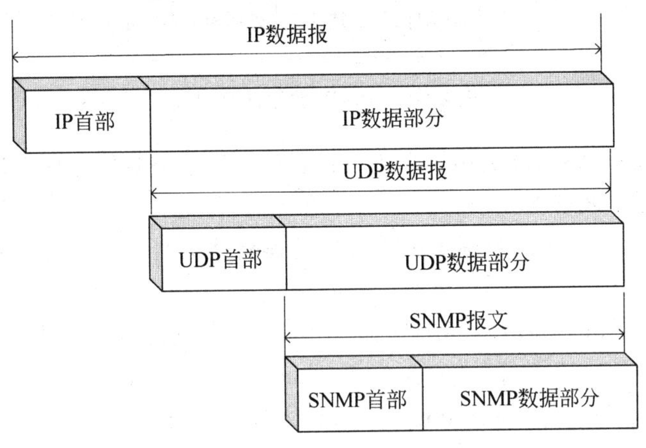


图 2-11 SNMP 报文封装

以 SNMP v1 为例,来分析其报文格式。一个 SNMP 报文由 SNMP 首部和 SNMP 协议数据单位两大部分组成。

(1) SNMP 报文的首部。

SNMP 报文的首部包括版本、共同体名和协议数据单元类型 3 个组成部分,如图 2-12 所示。

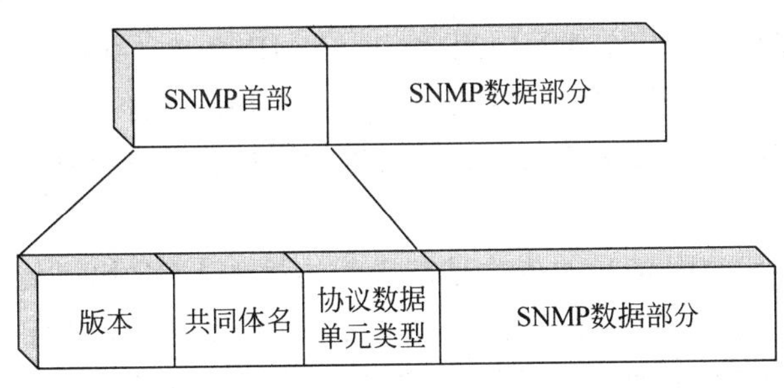


图 2-12 SNMP 首部组成

- 版本(Version):标识 SNMP 的版本号,具体写入时为 SNMP 版本号减 1,例如,SNMP v1 则应写入 0。
- 共同体名(Community Name):共同体名为字符串,用于管理进程和代理进程之间

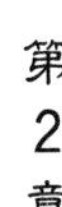

的认证，常用的共同体名是“public”。

- 协议数据单元类型(PDU Type)：协议数据单元类型为数字，用于标识 SNMP 报文的类型。

(2) SNMP 数据部分。

SNMP 数据部分包括请求标识符、差错状态、差错索引、变量绑定，如图 2-13 所示。

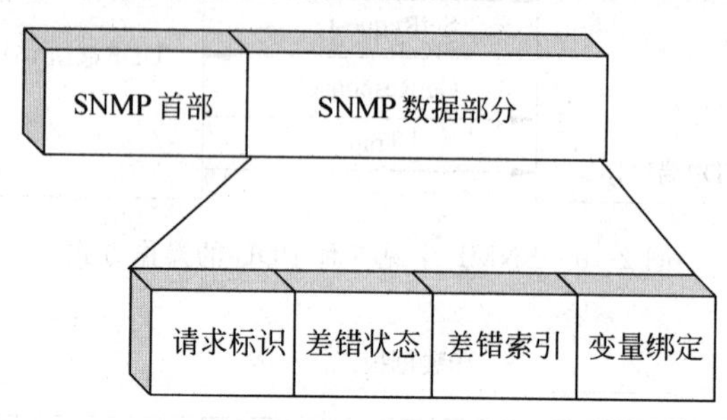


图 2-13　SNMP 数据部分组成

- 请求标识(Request ID)：由管理进程设置的 4 字节整数值。代理进程在发送响应报文时也要返回此请求标识。由于管理进程可同时向许多代理发出请求读取变量值的报文，因此设置了请求标识可使管理进程能够识别返回的响应是对应于哪一个请求报文。
- 差错状态(Error Status)：在请求报文中，这个字段是零。当代理进程响应时，就填入 0～18 中的一个数字。例如 0 表示 noError(一切正常)，1 表示 tooBig，2 表示 noSuchName，3 表示 badValue，等等，具体可参考 RFC 3416。
- 差错索引(Error Index)：在请求报文中，这个字段是零。当代理进程响应时，若出现 noSuchName、badValue 的差错，代理进程就设置一个整数，指明有差错的变量在变量列表中的偏移。
- 变量绑定(Variable-bindings)：指明一个或多个变量的名称和对应值。在 Get 或 Getnext 报文中，变量的值被忽略。

### 2.5.2　SNMP 安全控制

目前的网络管理是一种分布式的应用，由于 SNMP 协议自身安全问题以及所处的网络环境状况，SNMP 经常成为攻击者关注的目标，目前 SNMP 面临以下 5 种主要的安全威胁。

- 伪造：攻击者假冒侵权用户对被管设备进行未授权管理操作，导致网络管理混乱或失控。
- 消息流修改：SNMP 消息的传输是基于无连接的 UDP 协议传输，这种传输服务容易产生消息的重新排序、延迟、重放。攻击者可以利用 SNMP 协议传输的脆弱性，以授权用户的身份修改 SNMP 消息，生成虚假的管理信息。
- 拒绝服务攻击：攻击者利用 SNMP 系统的脆弱性，发送大量的管理信息或者虚假管理配置信息，导致网络中断。
- 消息窃听：攻击者通过安装特殊软件或设备，窃听明文传送的 SNMP 消息，特别是管理设备的访问口令。

• 流量分析：攻击者通过分析 SNMP 消息传递，挖掘出一些敏感信息。

正是由于对 SNMP 安全威胁分析和 SNMP 应用特点的研究，增强安全功能成为 SNMP 关注的重点。RFC1157 给出了 SNMP 中管理站和被管理的一种认证访问控制机制，这种机制由两部分组成：基于团体名认证(Community Authentication)机制和基于共同体名的访问授权(Community Profile)机制。该共同体名认证机制保证管理站和代理之间的通信是经过授权的，从管理站发送到代理的消息都有一个共同体名，与口令类似，通过共同体名验证的消息才是有效的。

共同体是一个在被管理设备中定义的本地概念。被管理设备为每组可选的认证、访问控制和代理特性建立一个共同体。每个共同体被赋予一个在被管理设备内部唯一的共同体名，该共同体名要提供给 SNMP 系统内的所有管理进程，以便它们在 Get 和 Set 操作中应用。

SNMP 除了提供共同体名认证机制外，还需要一个访问控制机制，解决代理如何控制自己的管理信息库的问题，以防止管理站非授权访问管理信息库。例如，只有授权的管理站才允许访问管理信息库，或限制不同的管理站可以访问管理信息库的不同部分。在 SNMP 管理中，提供了一种 SNMP 访问策略控制代理访问形式，它是通过定义代理访问被管理设备的 MIB 变量操作间接来实现。代理访问被管理设备的 MIB 变量操作有 4 种：无(none)、只读(read-only)、只写(write-only)、读写(read-write)。SNMP Community Profile 就是一个代理对被管理实体的 MIB 访问操作集合。

## 2.6 课后习题

1. 阅读 SNMP 相关的 RFC 文档。
2. SNMP 是什么？它的主要用途是什么？
3. 一个 SNMP 系统有哪三部分组成？简单介绍每一部分的功能。
4. 什么是 MIB?
5. 试分析 SNMP 基于 UDP 协议的原因。
6. 分析 SNMP 常见的 5 类 PDU 的功能。
7. 叙述 SNMP 协议的发展及应用。
8. 请简述 MIB、SMI 和 SNMP 协议之间的关系。

# 第3章　用户管理

## 3.1　导语：为什么要进行用户管理

在 Windows Server 2008 中，每个用户都必须要有一个帐户，以便利用这个帐户登录到某台计算机，返回访问该计算机的资源，或者利用这个帐户登录到域，然后访问网络上的资源。

Windows Server 2008 的用户管理有两种：本地用户帐户和域用户帐户。

本地用户帐户是创建在非域控制器的“本地安全帐户数据库”内，而不是域控制器的 Active Directory 数据库内。这些非域控制器包含 Windows Server 2008、Windows 2003、Windows 2000、Windows NT 独立服务器或成员服务器等计算机。本地用户帐户只存在于这台计算机内，它们既不会被复制到域控制器的活动目录，也不会被复制到其他计算机的“本地安全帐户数据库”内。当用户利用本地用户帐户登录时，由这台计算机利用其中的“本地安全帐户数据库”检查帐户名称与密码是否正确。

域用户帐户存储在域控制器的 Active Directory 数据库内。用户可以利用域用户帐户登录域，并利用它访问网络上的资源。当用户利用域用户帐户登录时，这个帐户数据会被送到域控制器，并由域控制器检查用户所输入的帐户名称与密码是否正确。在将用户帐户创建在某台域控制器后，这个帐户会被自动复制到同一个域内的其他所有域控制器内。因此，当用户登录时，该域内的所有域控制器都可以检查用户所输入的帐户名称与密码是否正确。

## 3.2　本地用户帐户

每台 Windows Server 2008 计算机都有一个本地安全帐户管理器(Security Account Manager，SAM)，用户在使用计算机前都必须登录该计算机，也就是要提供有效的用户名与密码。而这个帐户就是创建在本地安全帐户管理器内，这个帐户被称为本地用户帐户；同理，创建在本地安全帐户管理器内的组被称为本地组帐户。

### 3.2.1　内置本地用户帐户

Windows Server 2008 内置了两个用户帐户。

**1. Administrator(系统管理员)**

Administrator 拥有最高的权限，用户可以用它来管理计算机，例如创建、更改、删除用户与组帐户，设置安全原则、添加打印机、设置用户权限等。此帐户无法删除，不过为了更安全起见，建议将其改名。

**2. Guest(来宾)**

Guest 是提供给没有帐户的用户临时使用的,它只有有限的权限。可以更改其名称,但是无法将它删除。此帐户默认是禁用的。

## 3.2.2 内置本地组帐户

系统内置了许多本地组,这些组本身都已经被赋予一些权限,以便于它们具有管理本地计算机或访问本地资源的权限。只要将用户加入到这些本地组内,这些用户帐户也将具备该组所拥有的权限。

**1. Administrators**

此组内的用户具备系统管理员的权限,他们拥有对这台计算机最大的控制权,可以执行整台计算机的管理功能。内置的系统管理员帐户 Administrator 即属于此组,而且无法将它从此组内删除。

**2. Backup Operators**

此组内的用户可以通过 Windows Server Backup 工具来备份或还原计算机内的文件,不论它们是否有权限访问这些文件。

**3. Guests**

此组内的用户无法永久改变其桌面的工作环境,当用户登录时,系统会为其创建一个临时的用户配置文件,而注销时此配置文件就会被删除。此组默认成员为用户帐户 Guest。

**4. Network Configuration Operators**

此组内的用户可以执行一般的网络配置功能,例如更改 IP 地址;但是不可以安装、卸载驱动程序与服务,也不可以执行与网络服务器配置有关的功能。

**5. Performance Monitor Users**

这个组内的用户具备从本地和远程访问计算机的功能。

**6. Power Users**

为了简化组,这个在旧版 Windows 系统存在的组即将被淘汰。

**7. Remote Desktop Users**

此组内的用户可以从远程计算机使用终端服务登录。

**8. Users**

此组内的用户只拥有一些基本权限,但是他们不能将文件夹共享给网络上其他的用户、不能将计算机关闭等。添加的所有本地用户帐户都自动归属于此组。

## 3.2.3 特殊组帐户

Windows Server 2008 还有一些特殊组帐户,而且无法更改这些组的成员。

**1. Everyone**

任何一位用户都属于这个组。如果 Guest 帐户被启用,则给 Everyone 授予权限时需小心,因为如果一个在计算机没有帐户的用户,通过网络来登录该计算机时,他会被自动允许使用 Guest 帐户来连接。这样由于 Guest 属于 Everyone 组,他将会具有 Everyone 拥有的权限。

**2. Authenticated Users**

任何使用有效帐户登录计算机的用户。

**3. Interactive**

任何在被本地登录的用户。

**4. Anonymous Logon**

匿名登录。不属于 Everyone 组。

# 3.3 域用户帐户

## 3.3.1 域

域,是网络对象的逻辑组织单元。域既是 Windows Server 2008 网络操作系统环境下 Intranet 的逻辑组织单元,也是 Internet 的逻辑组织单元。这些对象如用户、组和计算机等。域中所有的对象都存储在 Active Directory 下。Active Directory 可以常驻在某个域中的一个或多个域控制器下。当一个域与其他域建立了信任关系后,两个域之间不但可以按需要相互进行管理,而且可以跨网分配文件和打印机等设备资源,使不同的域之间实现网络资源的共享与管理。

每个域都是一个安全界限,这意味着安全策略和设置(例如系统管理权利、安全策略和访问控制表)不能跨越不同的域。特定域的系统管理员有权设置仅属于该域的策略。每个域都是一个安全壁垒,因此不同的系统管理员可以在单位中创建和管理不同的域。

## 3.3.2 Active Directory 活动目录

Active Directory 即活动目录。Windows Server 2008 提供的目录服务,存储若干网络上的对象的信息,并使管理员和用户更方便地查找、使用这种信息。Active Directory 使用结构化的数据存储作为目录信息的逻辑化以及分层结构的基础。

通过登录验证及目录中对象的访问控制,将安全性集成到 Active Directory 中。通过一次登录,管理员可以管理整个网络中的目录数据和单位,并且获得授权的域用户可以访问网络上任何地方的资源。这样基于策略的管理减轻了复杂的管理带来的负担。

活动目录(Active Directory)主要提供以下功能:

(1) 基础网络服务——包括 DNS、WINS、DHCP、证书服务等。

(2) 服务器及客户端计算机管理——管理服务器及客户端计算机帐户,所有服务器及客户端计算机加入域管理并实施组策略。

(3) 用户服务——管理用户域帐户、用户信息、企业通信录(与电子邮件系统集成)、用户组管理、用户身份认证、用户授权管理等,实施组管理策略。

(4) 资源管理——管理打印机、文件共享服务等网络资源。

(5) 桌面配置——系统管理员可以集中的配置各种桌面配置策略,如:用户使用域中资源权限限制、界面功能限制、应用程序执行特征限制、网络连接限制、安全配置限制等。

(6) 应用系统支撑——支持财务、人事、电子邮件、企业信息门户、办公自动化、补丁管理、防病毒系统等各种应用系统。

### 3.3.3 域用户

域用户帐户是在整个域中的用户帐户，存储在域控制器中的活动目录里面。Windows Server 2008 通过 Active Directory 管理域用户帐户。

**1. 域用户帐户类型**

Windows Server 2008 系统安装并创建域是自动创建三个用户帐户：Administrator、Guest 和 HelpAssistant。

1）Administrator

Administrator 具有对域的完全控制权，可以在必要的时候为域用户指派用户权利和访问控制权限。该帐户只用于需要管理凭据的任务。该用户无法删除，但可以重命名或禁用该用户。

2）Guest

Guest 由域中没有实际帐户的人使用。帐户被禁用的用户也可以使用 Guest 帐户。默认时，该用户为禁用状态。

3）HelpAssistant

HelpAssistant 用于建立“远程协助”会话。

**2. 计算机帐户**

和用户帐户类似，计算机帐户提供了一种验证和审核计算机访问网络以及域资源的方法。每个计算机帐户必须是唯一的。

**3. 域组**

组可用于将用户帐户、计算机帐户和其他组帐户集中到可管理的单元中，使用组而不是单独的用户，可以大大简化网络的维护和管理。

Windows Server 2008 默认组位于 Builtin 容器和 Users 容器中。Builtin 容器包含用本地域作用域定义的组。Users 容器包含通过全局作用域定义的组合通过本地域作用域定义的组。这些组可以被移动到所在域中其他的组或组织单位中，但是不能移动到其他域。

在 Active Directory 中有两种类型的组：发布组和安全组。可以使用发布组创建电子邮件发布组列表，使用安全组给共享资源指派权限。

只有在电子邮件应用程序中，才能使用发布组将电子邮件发送给一组用户。发布组不启用安全，这意味着它们不能列在随机访问控制列表里。如果需要组来控制对共享资源的访问，则创建安全组。

**4. 组作用域**

组都有一个作用域，用来确定在域树或林中该组的应用范围。有 3 类不同的组作用域：通用、全局和本地域。

通用组的成员可包括域树或林中任何域中的其他组合帐户，而且可在该域树或林中的任何域中指派权限。

全局组的成员可包括在其中定义该组的其他组合帐户，而且可在林中的任何域中指派权限。

本地域组的成员可包括 Windows Server 2008、Windows Server 2003、Windows 2000 或 Windows NT 域中的其他组和其他帐户，而且只能在域内指派权限。

## 3.4 组 策 略

所谓组策略，就是基于组的策略。它以 Windows 中的一个 MMC 管理单元的形式存在，可以帮助系统管理员针对整个计算机或是特定用户来设置多种配置，包括桌面配置和安全配置。如，可以为特定用户或用户组定制可用的程序、桌面上的内容，以及“开始”菜单选项等，也可以在整个计算机范围内创建特殊的桌面配置。组策略是 Windows 中的一套系统更改和配置管理工具的集合。

组策略将系统重要的配置功能汇集成各种配置模块，供用户直接使用，达到方便管理计算机的目的。组策略设置就是在修改注册表中的配置。组策略使用了更完善的管理组织方法，可以对各种对象中的设置进行管理和配置，比手工修改注册表方便、灵活，功能也更加强大。

组策略包含着计算机配置与用户配置两部分，其中计算机配置只对计算机环境有影响，而用户配置只对用户工作环境有影响。

可以通过以下两个途径来设置组策略：

**1. 本地计算机策略**

本地计算机策略可用来设置某一计算机的策略，这个策略内的计算机配置只会被应用到这台计算机，而用户配置会被应用到在此计算机登录的所有用户。

**2. 域内的组策略**

在域内可以针对站点、域或组织单元来设置组策略，其中的域组策略内的设置会被应用到域内的所有计算机与用户，而组织单元的组策略会被应用到该组织单位内的所有计算机用户。

对加入域的计算机来说，如果其本地计算机策略的设置与域或组织单元的组策略设置有冲突，则以域或组织单元组策略的设置优先，也就是此时本地计算机策略的设置无效。

## 3.5 应用案例 1：管理本地用户帐户

### 3.5.1 案例内容

DHY 是国内知名电子产品生产企业，公司主要生产移动存储、MP3、MP4、显卡、主板等电子产品。公司正处于快速成长期，在 2～3 年中，人员规模从原先仅 100 人的团队，迅速扩张为现在的 800 人规模。

在公司的数据中心，有多台 Windows 2008 Server 服务器，这些服务器要有专人来维护，作为数据中心的负责人，你应该做如下设置：

(1) 在所分配的 Windows 2008 Server 服务器上为不同的维护人员分别创建登录帐户；

(2) 每台 Windows 2008 Server 服务器需有多名人员进行维护，因此要有多个用户使用 1 台计算机；

(3) 为了便于管理员管理这些帐户，需要按照维护人员的责任管理这些新的登录帐户；

(4) 不同维护人员对计算机上的资源使用的权限不一样；

(5) 为了保证计算机安全，必须保证计算机登录帐户的密码安全；

(6) 维护结束后，禁用这些新建登录帐户。

## 3.5.2 案例分析

本案例中不允许维护人员访问公司域，只允许他们使用本地计算机，因此，这里要为这些维护人员创建本地用户帐户和组，并对这些本地用户帐户进行管理。

(1) 为维护人员创建本地用户帐户；

(2) 每台计算机供多个维护人员使用，根据案例要求，要创建与维护人员职责对应的本地组，并且将新建本地用户帐户按照员工其职责，移入相应的本地组；

(3) 设置本地帐户锁定和密码策略；

(4) 根据实际需要设置本地组和本地用户帐户的权限；

(5) 禁用这些新建本地用户帐户。

## 3.5.3 案例实施过程

### 1. 创建本地用户帐户

本地帐户和组的管理工具位于"计算机管理"控制台中，具体操作是：单击"开始"|"管理工具"|"计算机管理"选项，展开目录树中的"本地用户和组"就可以进行帐户管理了。

操作：在目录树的"用户"上右击，选择"新用户"命令，如图 3-1 至图 3-4 所示。

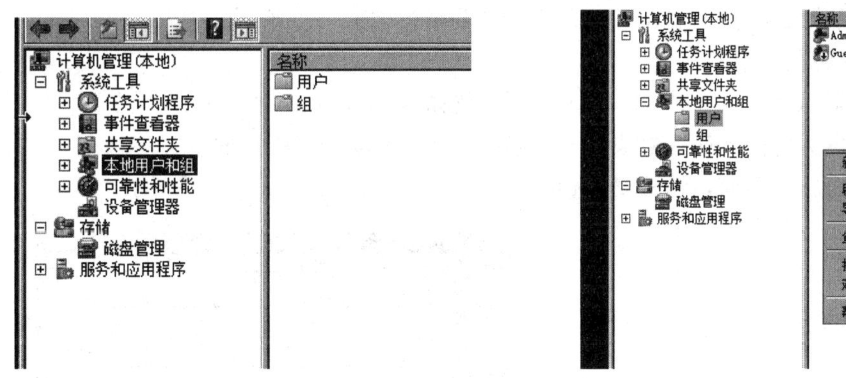


图 3-1 本地用户和组

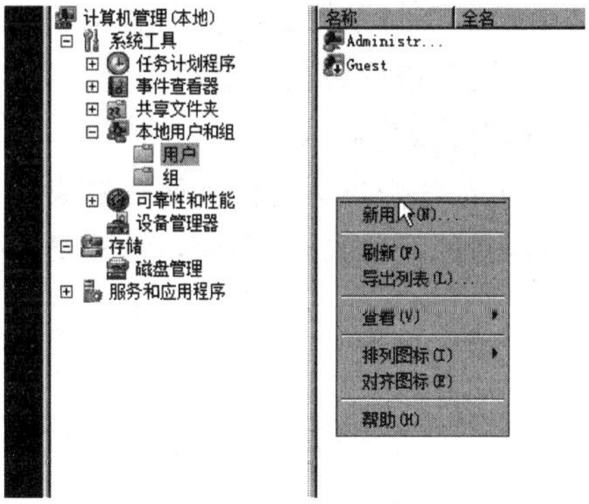

图 3-2 新建用户

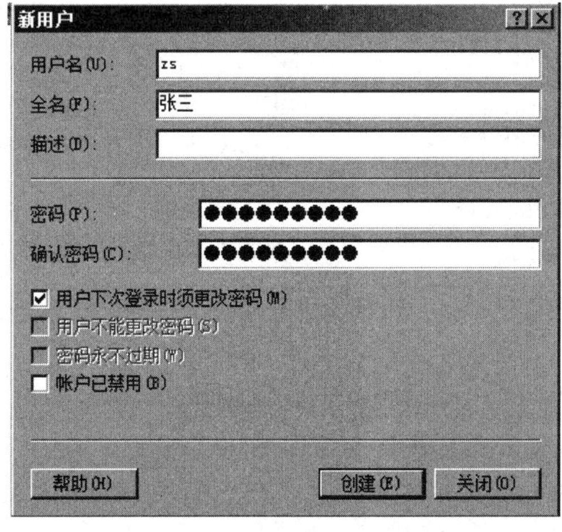


图 3-3 设置用户密码等属性

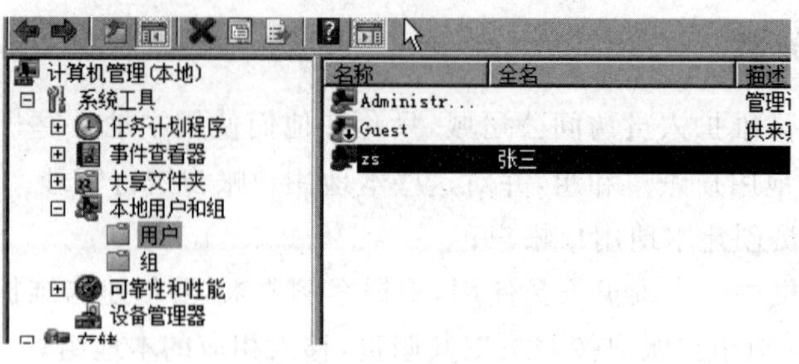


图 3-4 创建好用户

参数:

(1) 用户名:长度不能超过 20 个字符,同一台计算机中的帐户不能重名。

(2) 密码:长度不能超过 128 个字符。

(3) 密码选项。

**说明**:*只有 Administrators 组和 Power Users 组的成员有权创建用户帐户。*

**2. 创建本地组**

本地帐户和组的管理工具位于"计算机管理"控制台中:单击"开始"|"管理工具"|"计算机管理"选项。展开目录树中的"本地用户和组"就可以进行本地组管理。

操作:在目录树的"组"上右击,选择"新建组"命令,如图 3-5 所示。

**3. 设置帐户所在的组**

新建的帐户默认属于 Users 组。更改帐户所在的组主要有两种方法:

(1) 打开帐户的属性界面,在"隶属于"选项卡中设置该用户所在的组。

(2) 打开组的属性界面,在"成员"选项卡中设置该组的成员,如图 3-6 所示。

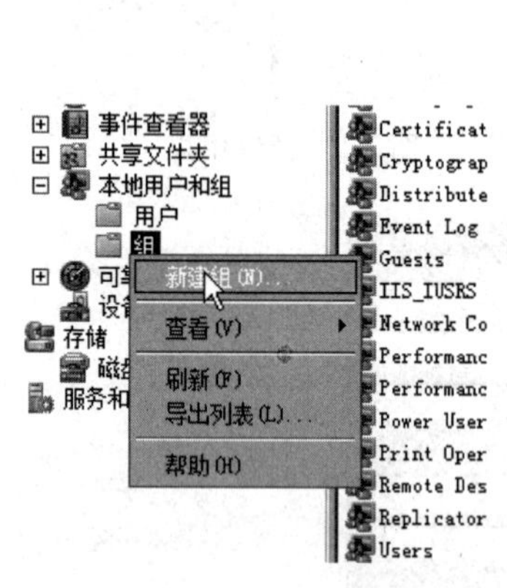


图 3-5 新建组

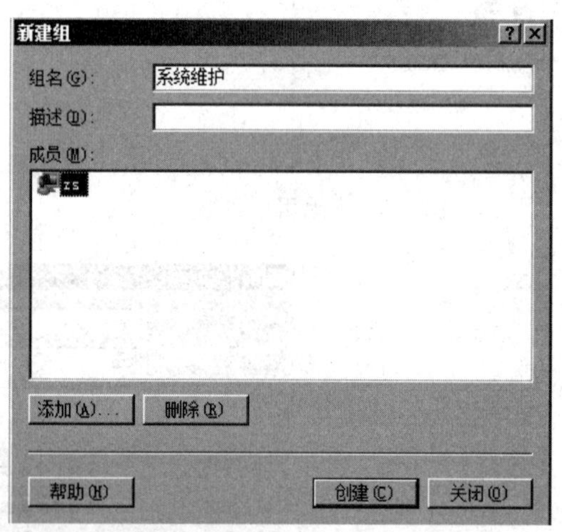


图 3-6 添加组成员

这里要注意,由于一个帐户可同时属于多个组,其权利是各组权利的叠加,所以如果想限定用户只属于某个组,应该把它从其余组中删除。

Administrators 组的成员有权将帐户加入任意组中,PowerUsers 组的成员只有权将帐户加入 Power Users 组、User 组和 Guest 组。

#### 4. 更改帐户密码

方法一：用帐户本地登录计算机，按下 Ctrl+Alt+Del 组合键，选择“修改密码”功能。这种方法需要先输入正确的旧密码，再输入新密码。

方法二：用一个管理员帐户登录计算机，打开“计算机管理”控制台，在相应帐户上右击，选择“设置密码”命令，如图 3-7 所示。

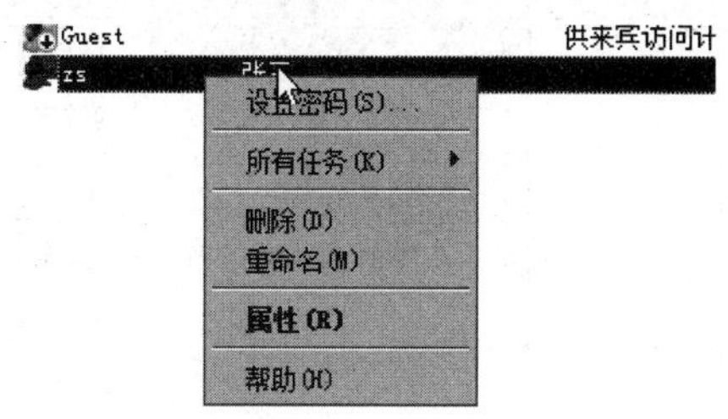


图 3-7　更改密码

这种方法不需要输入旧密码，可直接输入新密码。

**说明**：*方法二应该只用于忘记密码的情况，这时由管理员为你设置一个新密码。这种方法会导致该帐户的一些信息丢失，比如加密的信息会打不开等。*

#### 5. 禁用帐户

如果一个帐户暂不使用，可以禁用它，将来需要时再启用。

方法：用管理员身份登录计算机，打开“计算机管理”控制台，打开相应帐户的属性界面，选中“帐户已禁用”复选框，如图 3-8 所示。解除禁用时只需取消选中该复选框即可。

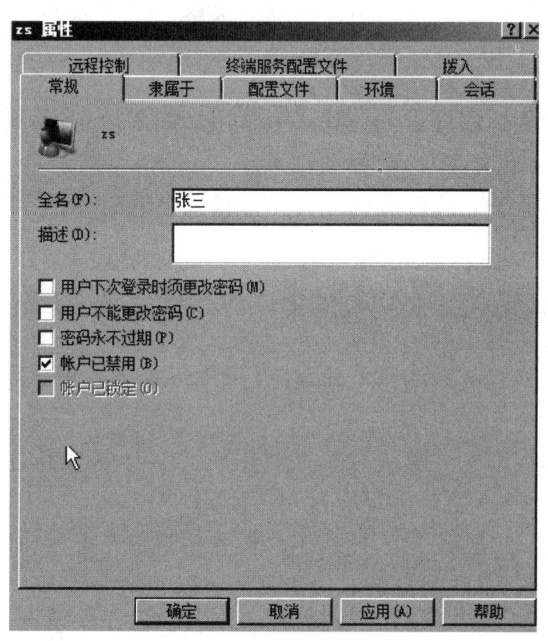


图 3-8　禁用帐户

#### 6. 设置本地帐户锁定和密码策略

为了保护计算机的安全，可以通过设置一些安全策略强制使用者养成使用计算机的良好习惯。

打开“本地安全策略”控制台：单击“开始”|“管理工具”|“安全设置”选项。展开目录树中的“帐户策略”选项。设置某项策略时，只需双击该项策略就可以进行设置，如图 3-9、图 3-10 所示。

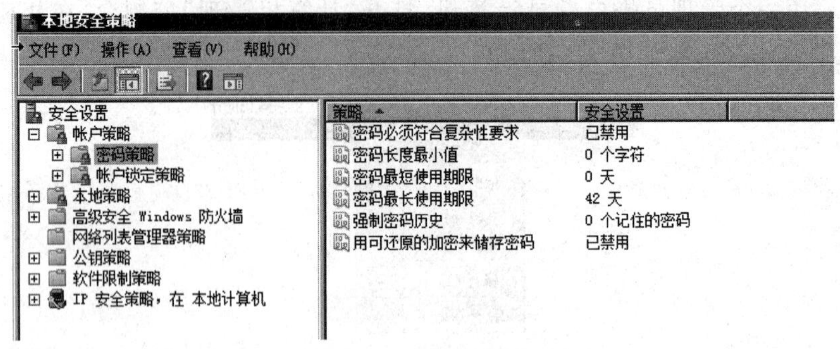


图 3-9　密码策略

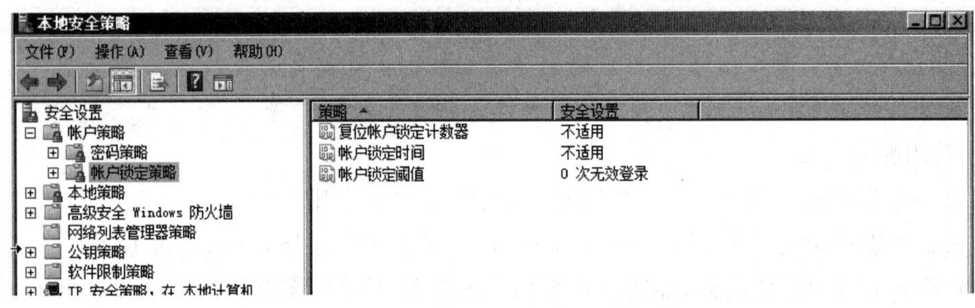


图 3-10　帐户策略

主要设置项目有：

(1) 密码必须符合复杂性要求——默认为禁用。如果启用了，则用户在设置密码时必须使用复杂密码，即必须包含字母、数字和符号。

(2) 密码长度最小值——默认为 0，此时可以设置空密码。设置后就可以要求用户必须使用足够长的密码。

(3) 密码最长使用期限——默认为 42 天。当超过此期限时，用户在登录时会被要求更改密码。

**说明**：如果一个帐户的密码选项设置为“密码永不过期”，则该帐户的密码不受该期限限制。

(4) 密码最短使用期限——默认为 0，此时用户可随时更改密码。如果设置为 1 天，则用户更改密码后，必须在 1 天之后才能再次更改密码。

(5) 强制密码历史——默认为 0，此时用户设置的新密码可以和旧密码相同。假如设置为 3，则用户设置的新密码不能与最近 3 次用过的密码相同。

(6) 帐户锁定阈值——默认为 0，此时用户输入错误密码不会导致帐户锁定。假如设置为 5，则当一个用户登录时，如果输入了 5 次错误的密码，则该帐户将被自动锁定。

(7) 帐户锁定时间——假如该值设置为 10 分钟，则当一个帐户被锁定后，过 10 分钟就自动解除锁定。如果该值设置为 0，则该帐户不会自动解锁，只能由管理员手工解锁。

**说明**：设置锁定功能的目的是防止有人用猜测的方式破解密码。如果一个帐户被锁定，则在解锁之前，该帐户不能登录计算机。

解除锁定的方法：可以耐心等待，直到系统自动解锁。也可以由管理员登录计算机，打开该帐户的属性界面，取消选中“帐户已锁定”复选框。

**7. 本地用户权限分配**

(1) 权利设置在“本地安全设置”控制台中：单击“开始”|“管理工具”|“本地安全设置”选项。在目录树中选择“本地策略”→“用户权限分配”选项，如图 3-11 所示。

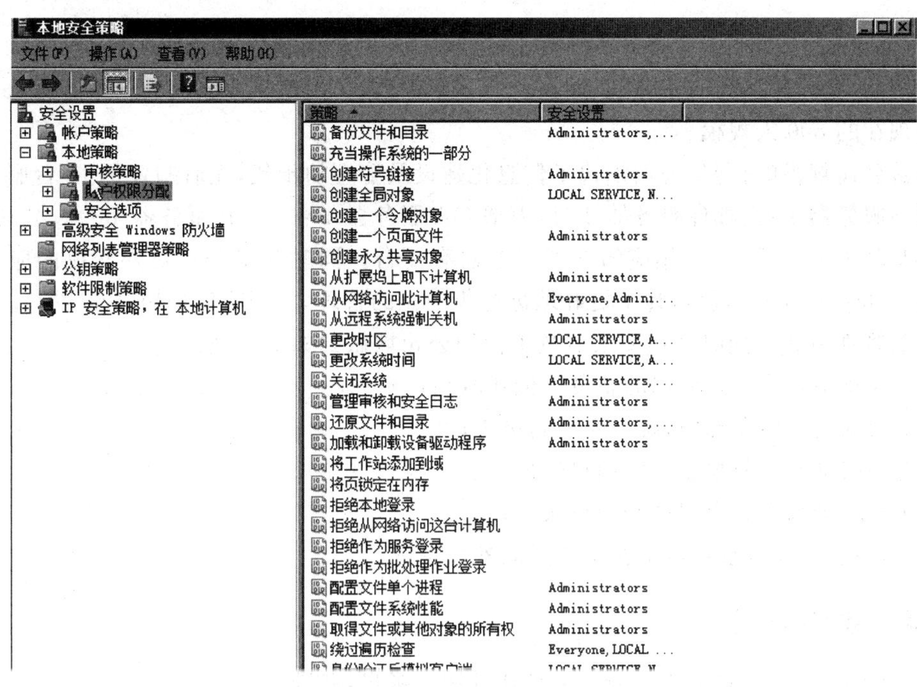

图 3-11　用户权限分配

(2) 在右侧的窗口中列出的是各种权限，以及拥有权限的用户和组。设置时，只要双击权利名称，就可以修改拥有该权限的用户和组了，如图 3-12 所示。

图 3-12　添加用户权限

**说明**：有些权限同时具有“允许”和“拒绝”两种，如有“允许本地登录”权限，也有“拒绝本地登录”权限。如果一个用户或组同时设置了这两种权限，则“拒绝”权限优先。

## 3.6 应用案例2：创建域并管理域用户

### 3.6.1 案例内容

DHY是国内知名电子产品生产企业，公司主要生产移动存储、MP3、MP4、显卡、主板等电子产品。公司正处于快速成长期，在2～3年中，人员规模从原先仅100人的团队，迅速扩张为现在的800人规模。

随着公司规模的扩张，公司加快了信息化建设及管理的步伐，先后购置了10台服务器，其中网站服务器1台，邮件服务器3台，内部OA服务器1台，FTP服务器1台。公司很多业务都是基于B/S系统的，相应的处理服务器有4台。同时为了公司对外交流的应用，公司申请了dhynet.com域名，为了更好地进行集中化的管理，公司决定采用基于Windows活动目录的管理方式。同时公司要求对员工使用公司域做到如下管理：

(1) 为每个正式加入公司的新员工创建域用户帐户；

(2) 根据员工所在部门，统一管理新员工；

(3) 在培训结束前禁止这些用户帐户；

(4) 在培训结束后启用这些用户帐户；

(5) 正式工作时，禁止员工在工作时间外登录域。

### 3.6.2 案例分析

本案例中，作为管理员要为新员工创建域用户帐户，并进行管理。

(1) 为公司创建域，创建网络当中的第一台域控制器；

(2) 为新员工创建域用户帐户，因新建域用户很多，可以使用复制用户帐户功能；

(3) 为部门创建域组，并将用户按其所在部门移入相应组；

(4) 暂时禁用这些域用户帐户，在新员工培训结束后，启用这些域用户帐户；

(5) 设置域用户登录时间。

### 3.6.3 案例实施过程

**1. 创建域**

(1) 首先将计算机的IP地址设置为10.0.0.1，并完成相应“子网掩码”及“首选DNS服务器”的设置，如图3-13所示。

(2) 单击“开始”按钮，选择“管理工具”→“服务器管理器”命令，如图3-14所示。

(3) 在“服务器管理器”对话框中，单击“角色”选项，如图3-15所示。

(4) 在如图3-15所示的对话框中，在右侧的“角色摘要”处单击“添加角色”选项，在弹出的“添加角色向导”对话框中，选中“Active Directory域服务”选项，然后单击“下一步”按钮，如图3-16所示。

(5) 此时会出现“Active Directory域服务安装向导”对话框，单击“下一步”按钮，如

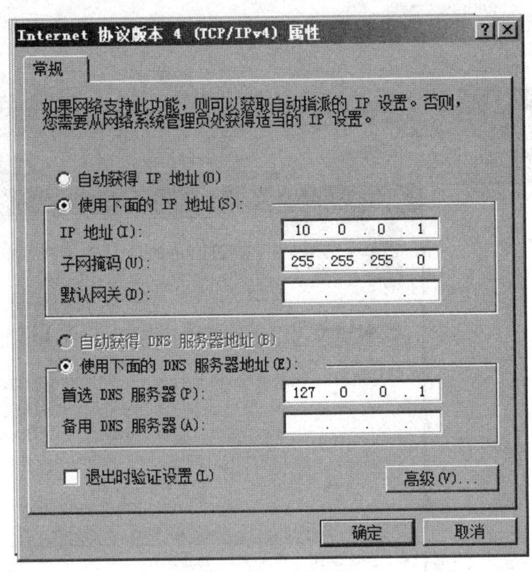


图 3-13 IP 地址的设置

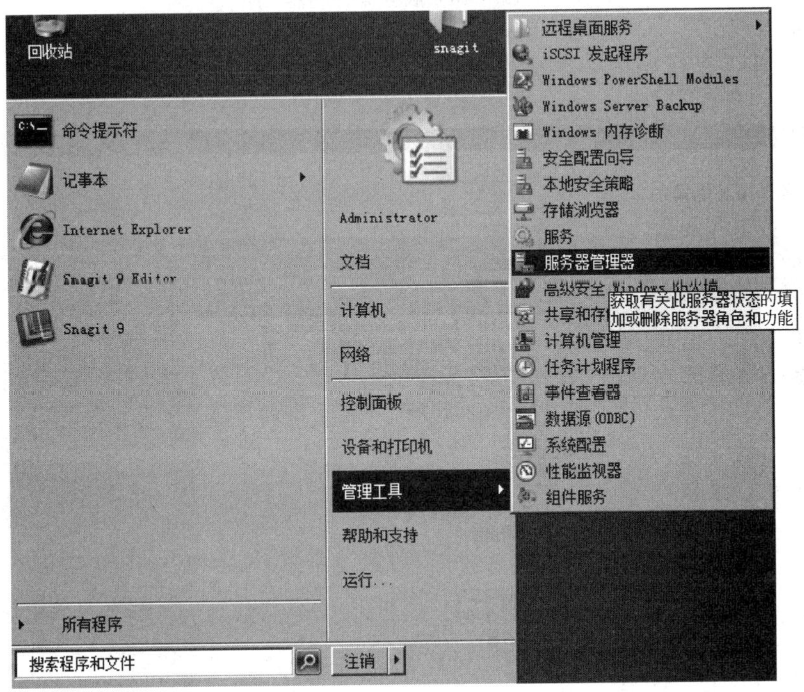


图 3-14 安装 DNS 服务

图 3-17 所示。

(6) 出现如图 3-18 所示对话框之后，选择“在新林中新建域”单选按钮，并且单击“下一步”按钮。

(7) 之后，在出现的“命名林根域”窗格中输入域名 dhynet. com，并且单击“下一步”按钮，如图 3-19 所示。

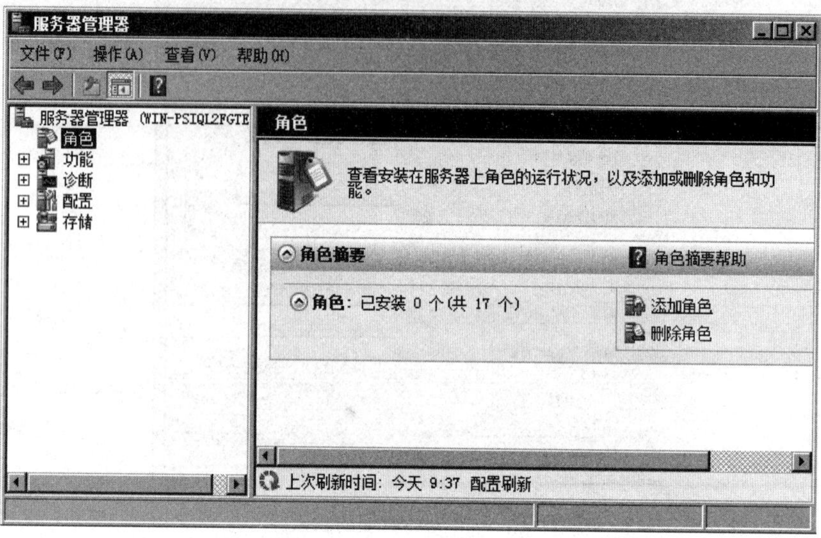


图 3-15　服务器管理器

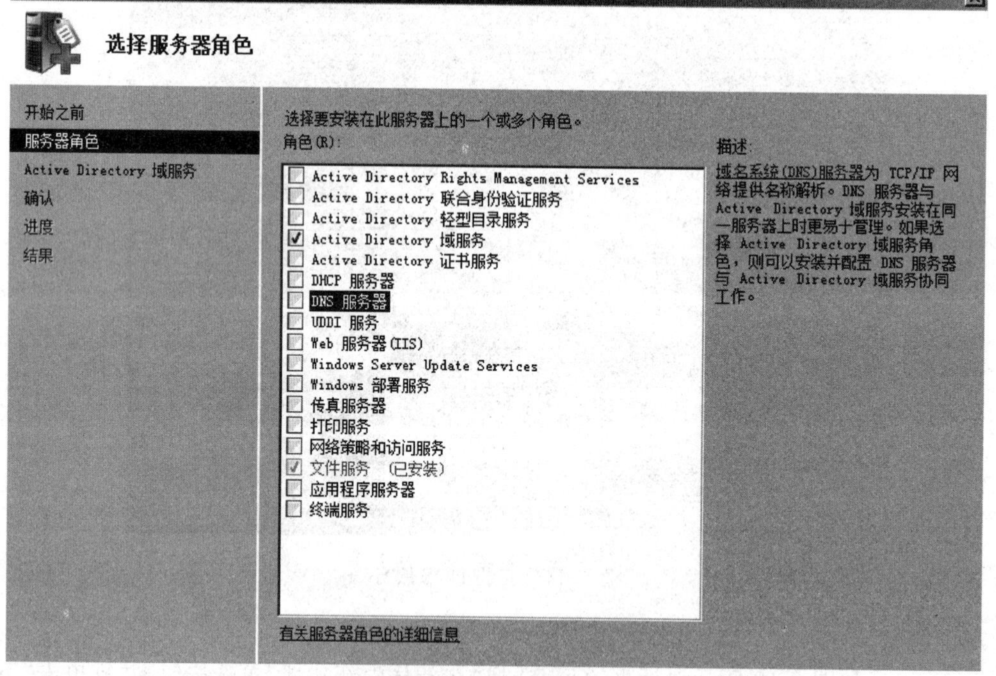


图 3-16　添加 Active Directory 域服务

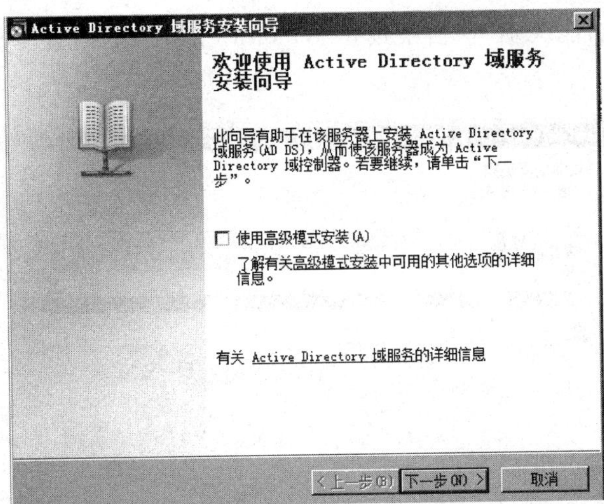


图 3-17　Active Directory 域服务向导

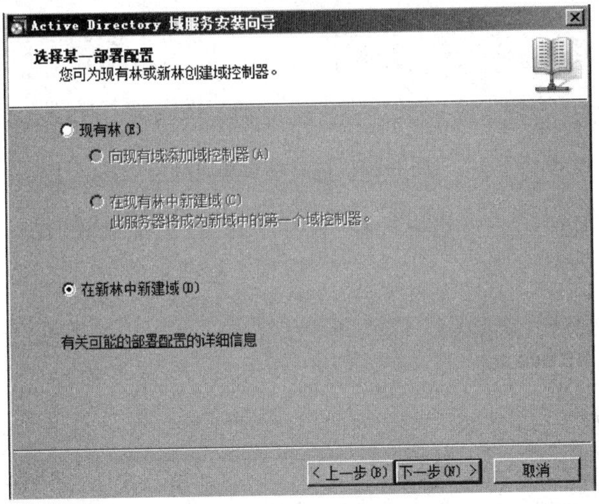

图 3-18　在新林中新建域

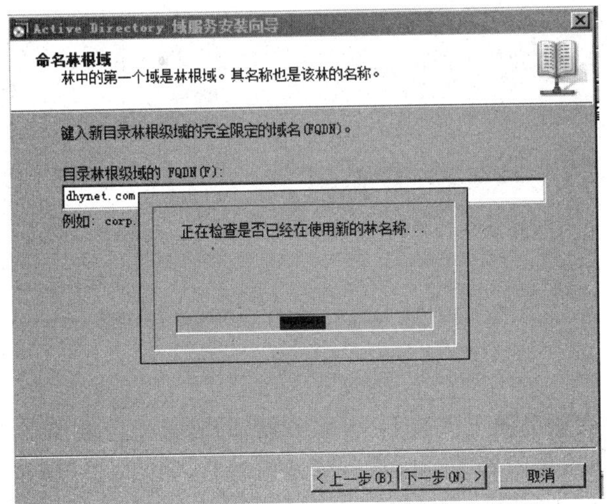


图 3-19　输入域名

(8) 在“设置林功能级别”窗格中选择 Windows 2000 选项,并单击“下一步”按钮,如图 3-20 所示。

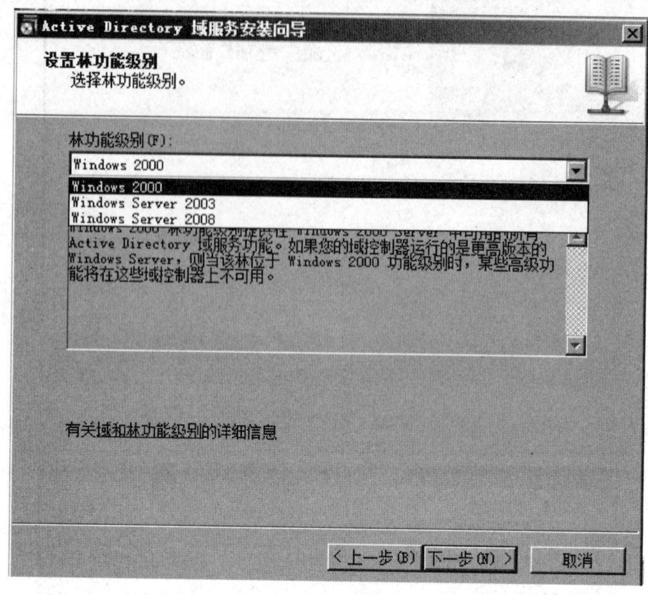


图 3-20 选择林功能级别

(9) 在“设置域功能级别”窗格中选择“Windows 2000 纯模式”选项,并单击“下一步”按钮,如图 3-21 所示。

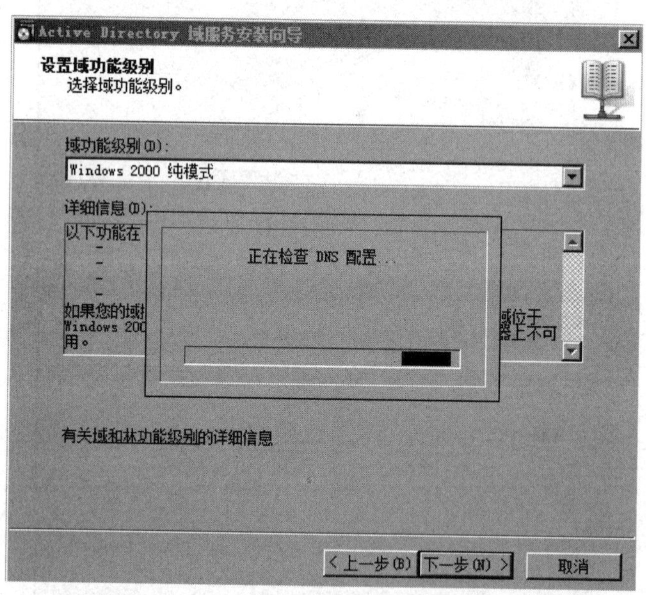


图 3-21 设置域功能级别

这里向导会在这台服务器上安装 DNS 服务器,同时第一台域控制器也必须是全局编录服务器的角色,第一台域控制器不可以是只读域控制器,如图 3-22 所示。

之后出现如图 3-23 所示界面,其中数据库文件夹:用来存储 Active Directory 数据库。

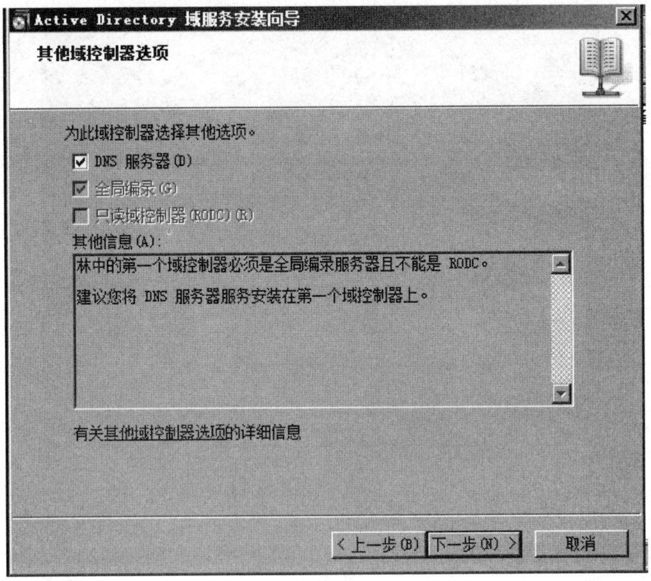

图 3-22　选择 DNS 服务器

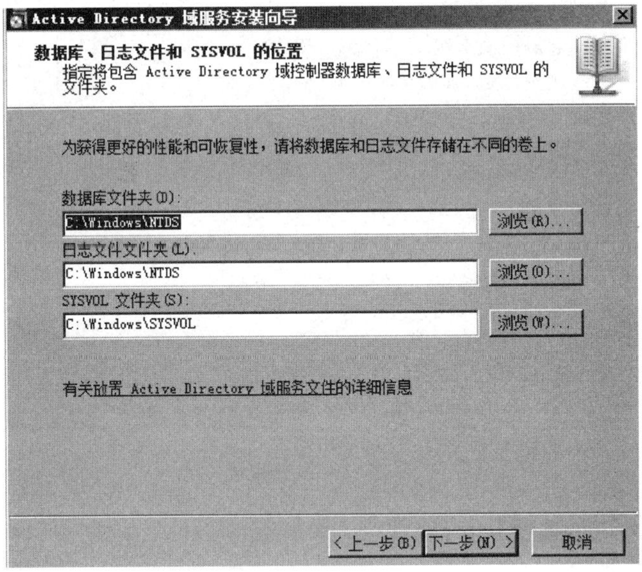

图 3-23　数据库、日志文件和 SYSVOL 文件夹位置

日志文件文件夹：用来存储 Active Directory 的变更日志，此日志文件可用来修复 Active Directory。

SYSVOL 文件夹：用来存储域共享文件。选择“下一步”按钮。出现如图 3-24 所示对话框，此时要求设置目录服务还原模式的管理员密码，设置完密码后，单击“下一步”按钮。

这里要求域用户的密码默认是必须至少 7 个字符，且不可包含用户帐户名称中超过两个以上的连续字符，还有至少要包含 A～Z、a～z、0～9、非字母数字这 4 组字符中的 3 组。

设置成功后，会出现如图 3-25 所示对话框。

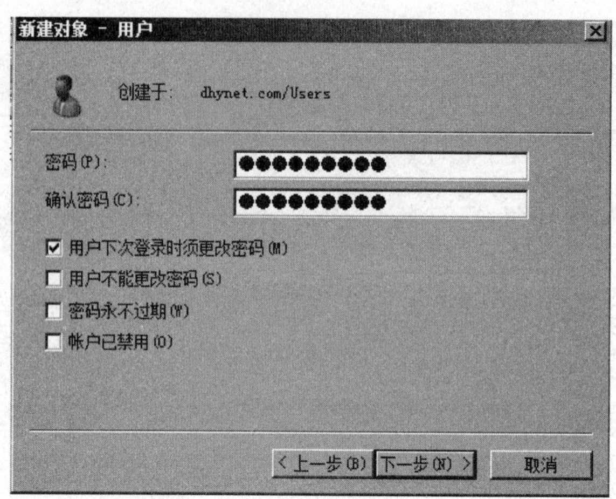


图 3-24 设置密码

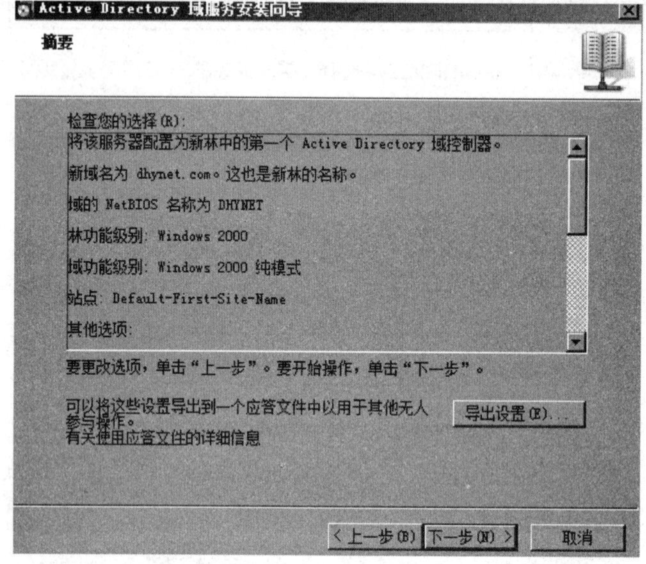


图 3-25 设置完成

完成后重启计算机，重新登录。

**2. 创建域用户帐户**

在服务器升级为域控制器后，原本位于本地安全数据库内的本地帐户，会被移动到 Active Directory 数据库内，而且被保存到 Users 容器中。

只有创建域中第一台域控制器时，该服务器原本的本地用户会被移动到 Active Directory 数据库，其他域控制器中原有的本地用户帐户并不会被移动到 Active Directory 数据库，而是被删除。

下面是在 Active Directory 中创建域用户帐户：

(1) 单击"开始"→"管理工具"→"Active Directory 用户和计算机"命令，在出现的窗口中右击域名：dhynet.com，选择"新建"→"用户"命令，如图 3-26 所示。

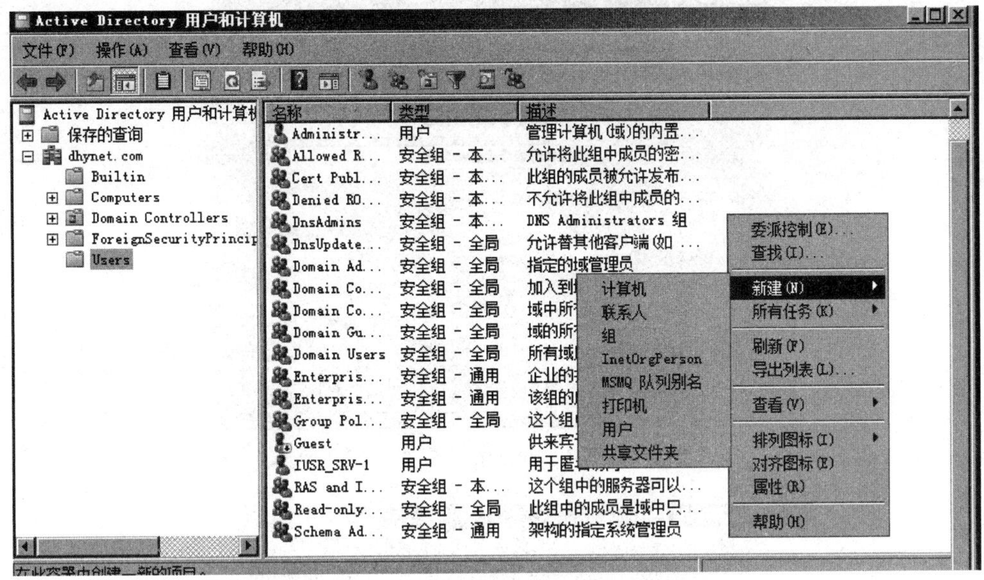


图 3-26 新建域用户

(2) 设置用户名等用户信息，如图 3-27 所示。

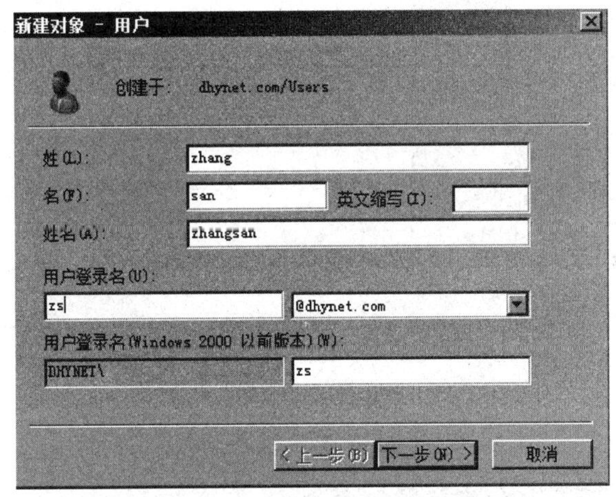


图 3-27 设置用户信息

(3) 单击“下一步”按钮，设置密码，如图 3-28 所示。

(4) 单击“下一步”按钮，设置用户属性，这里根据实际用户情况输入地址、电话等信息，如图 3-29 所示。

**3. 创建域组**

(1) 单击“开始”按钮，选择“管理工具”→“Active Directory 用户和计算机”选项，右击域名，选择“新建”→“组”命令，出现如图 3-30 所示对话框。

(2) 右击组帐户，选择“重命名”命令可以更改组名，选择“删除”命令可以将组删除，如图 3-31 所示。

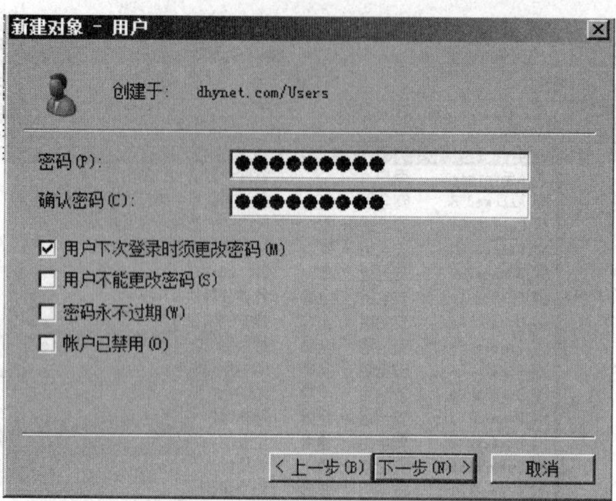


图 3-28　密码设置

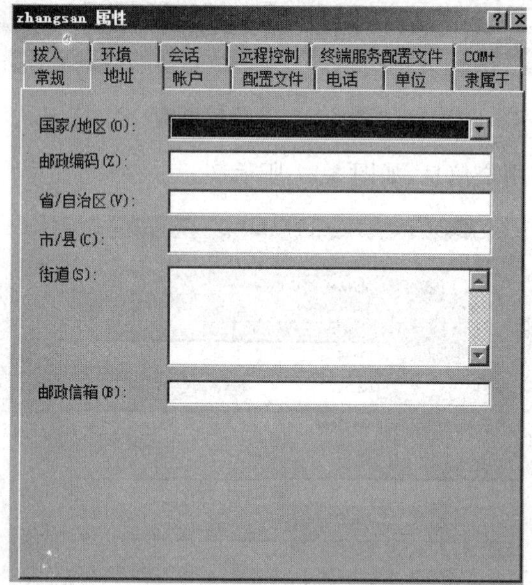


图 3-29　设置用户信息

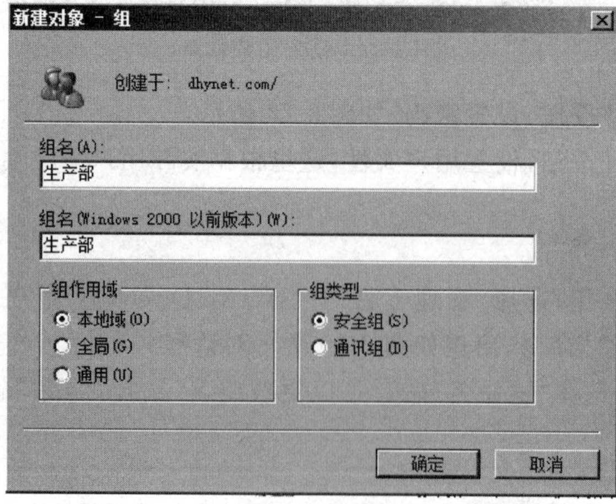


图 3-30　新建组

图 3-31　对组进行操作

**4. 添加组成员**

右击刚刚新建的“生产部”组，选择“属性”，在弹出的属性对话框中选择“成员”选项卡，然后单击“添加”和“确定”按钮。

单击“添加”按钮，在弹出来的对话框中选择“高级”按钮，通过“立即查找”功能，可以选择想要添加的成员，如图 3-32 所示。

**5. 禁用/启用域帐户**

用域管理员身份登录计算机，打开“Active Directory 用户和计算机”控制台，选中相应帐户，右击选择“禁用帐户”命令即可，如图 3-33 所示。

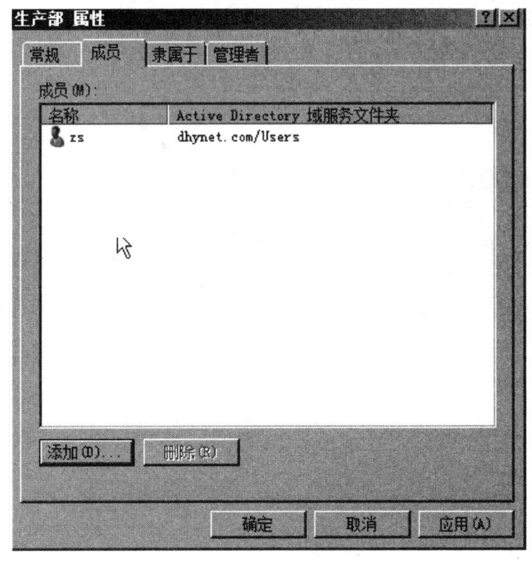


图 3-32　添加组成员

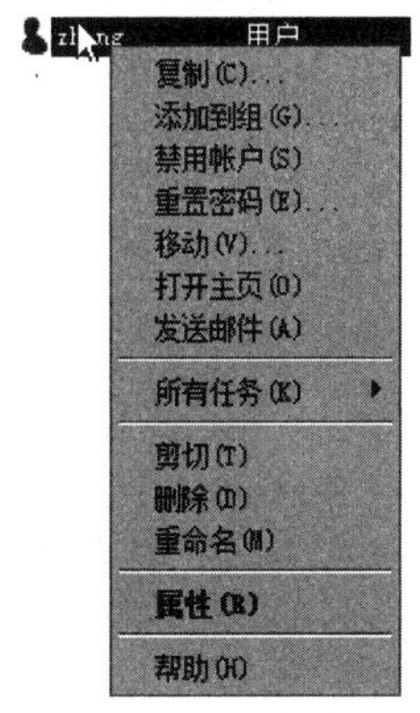


图 3-33　禁用帐户

### 6. 设定用户登录时间

用管理员身份登录计算机，打开“Active Directory 用户和计算机”控制台，打开相应帐户的属性界面，如图 3-34 所示，单击“登录时间”按钮，如图 3-35 所示。

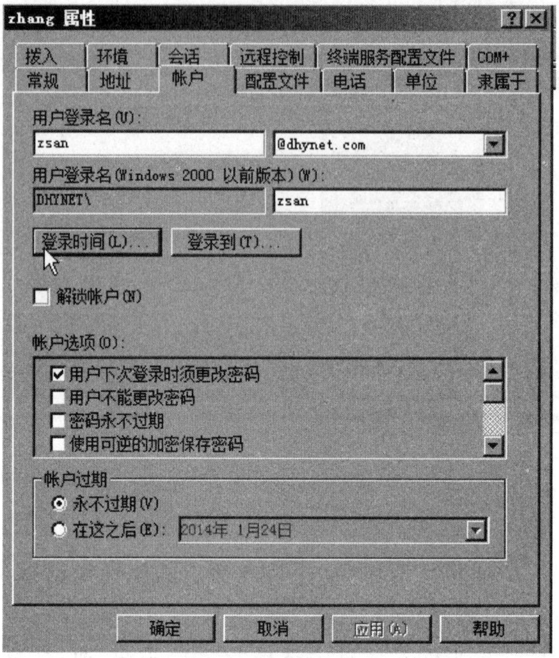

图 3-34　设定登录时间

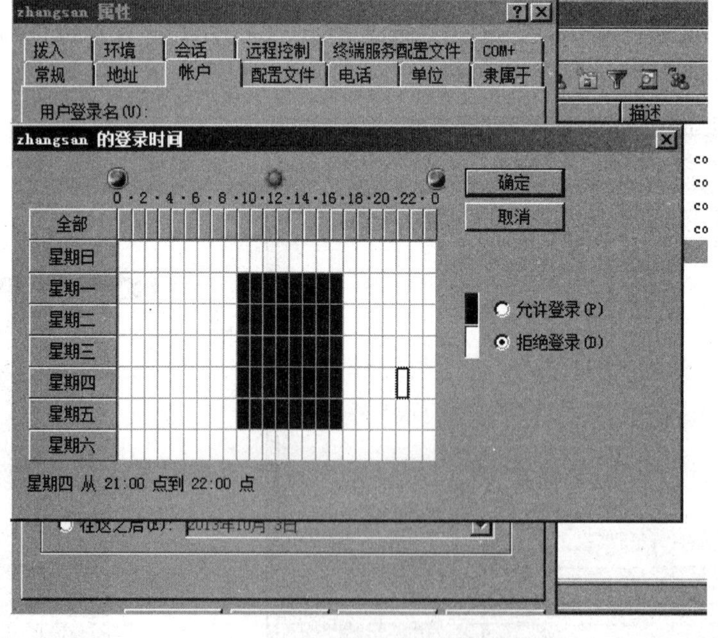


图 3-35　登录时间

# 3.7 应用案例3：设置组策略

## 3.7.1 案例内容

DHY 公司已经实现了统一的域管理。域名为 DHYnet.com，第一台域控制器由公司网络中心管理员专门管理。管理员在创建 DHYnet.com 域的开始，已经为各个部门统一建立了组织单位(OU)。

目前，DHY 公司域已经运行了一段时间。公司网络中心为了方便管理，也为了减轻管理员日后维护域的工作，希望有方法能够统一地管理各个部门的计算机。要求如下：

(1) 设置统一的计算机工作环境，如统一桌面壁纸，实现 DHY 企业工作环境统一的形象；

(2) 确保用户在网络中任意节点登录，都可访问各自的数据，且确保不因为客户端故障导致"我的文档""桌面"中文件丢失。

## 3.7.2 案例分析

根据案例要求，管理员可以通过设置 Windows Server 2008 中的组策略解决案例中的问题。

## 3.7.3 案例实施过程

由于会立即应用对 GPO 的更改，因此，在测试环境中全面测试 GPO 之前，请将 GPO 与其生产位置(站点、域或 OU)取消链接。在开发 GPO 时，请将其与测试 OU 保持链接或取消链接。

**1. 创建未链接的 GPO**

(1) 在 GPMC 控制台树中，在要创建新的未链接 GPO 的林和域中右击"组策略对象"选项，如图 3-36 所示。

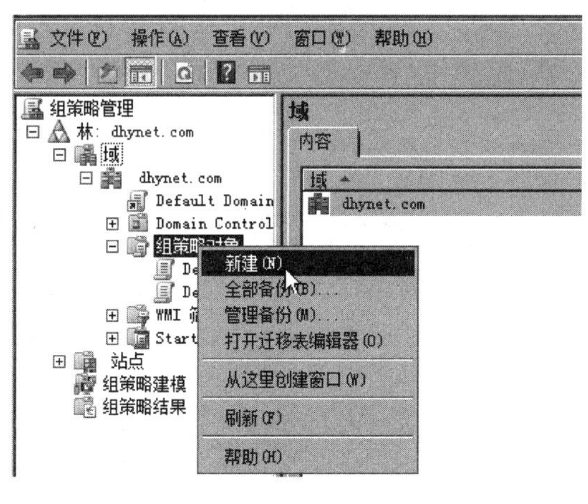


图 3-36　创建 GPO

(2) 单击“新建”命令,在“新建 GPO”对话框中,指定新 GPO 的名称,如“全域用户环境策略”,然后单击“确定”按钮,如图 3-37 所示。

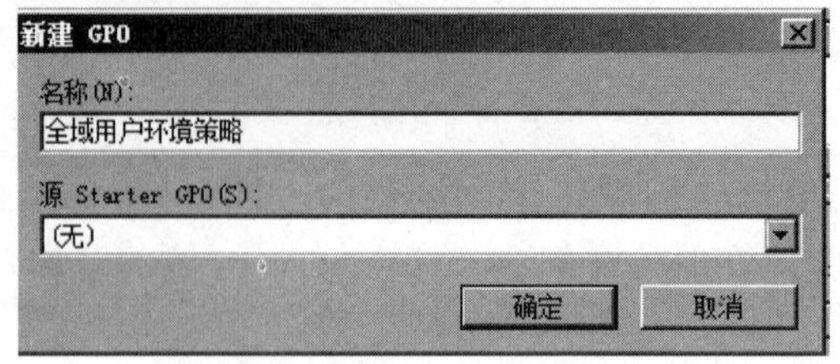


图 3-37 输入 GPO 名称

**2. 链接 GPO**

将 GPO 中的策略设置应用于用户和计算机的主要方法是:将 GPO 链接到 Active Directory 中的容器。GPO 可以链接到 Active Directory 中的三种类型的容器:站点、域和 OU。每个 GPO 可以链接到多个 Active Directory 容器。GPO 是针对各个域分别存储的。例如,如果将 GPO 链接到某个 OU,那么该 GPO 实际并未位于该 OU 中。GPO 是针对每个域的对象,可以将其链接到林中的任意位置。GPMC 中的 UI 可帮助指明链接和实际 GPO 之间的差异。

(1) 右击某个站点、域或 OU 项目,然后单击“链接现有 GPO”命令,如图 3-38 所示。此步骤相当于在安装 GPMC 之前在“Active Directory 用户和计算机”管理单元中提供的“组策略”选项卡中选择“添加”选项。

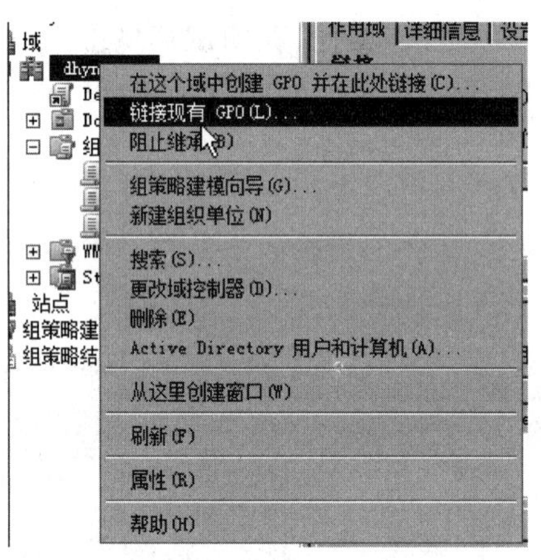


图 3-38 链接 GPO

(2) 除了上述方法还可以在“组策略对象”项目下面,将一个 GPO 拖到要将该 GPO 链接到的 OU 中。此拖放功能仅在相同的域中有效。

**3. 统一桌面壁纸**

(1) 打开编辑“全域用户环境策略”选项,定位到“用户配置”选项,选择“管理模板”→在后侧选择“桌面”选项,如图 3-39 所示。

(2) 设定统一的桌面墙纸文件,双击图 3-40 中右边的“桌面墙纸”选项,如图 3-41 所示进行配置。

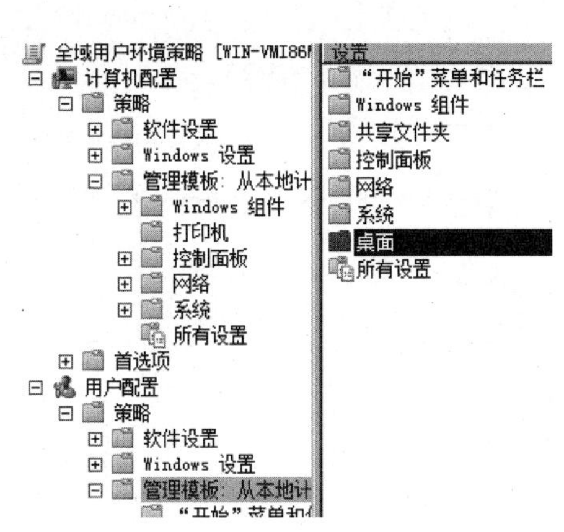


图 3-39　选定“桌面”选项

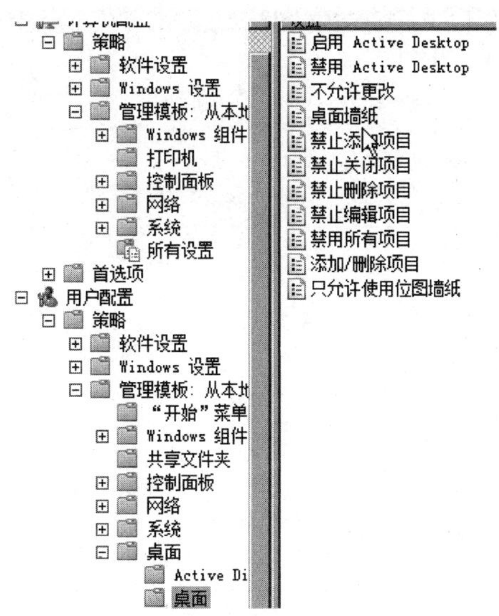


图 3-40　设置“桌面墙纸”

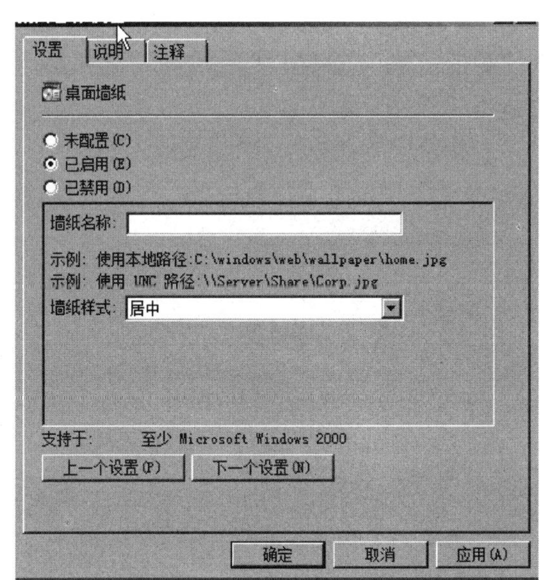


图 3-41　启用“桌面墙纸”

(3) 设定用户不能自行修改桌面,双击“桌面墙纸”之上的“不允许更改”配置项进行启用配置,如图 3-42 所示。

**4. 文件夹重定向**

(1) 在域内文件服务器上新建一个共享文件夹,并赋予所有用户都有通过网络对此文件进行读写的权限。这里假定共享文件夹的访问路径为“\\Win-vmi86mg3i6q\文件夹重定向”,如图 3-43 所示。

(2) 在“全域用户环境策略”选项下定位到“用户配置”→“文件夹重定向”→“文档”选项,在右键快捷菜单中选择“属性”命令,进行属性配置编辑,如图 3-44 所示。

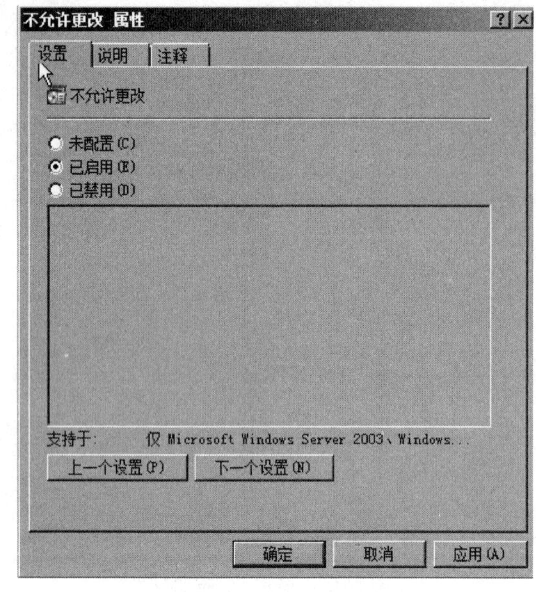


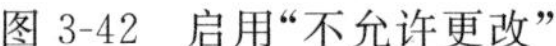
图 3-42 启用“不允许更改”

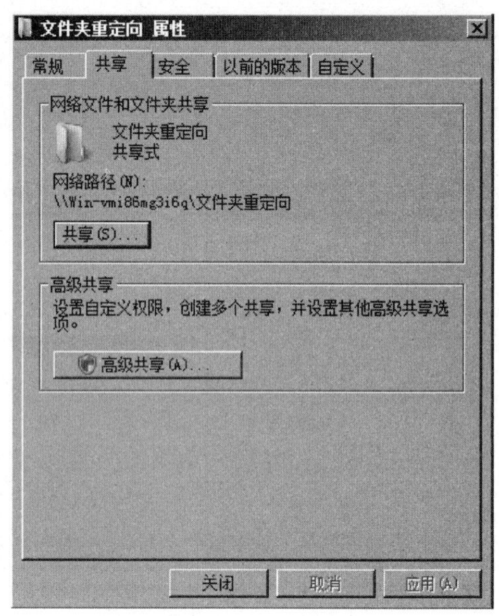


图 3-43 设置共享文件夹

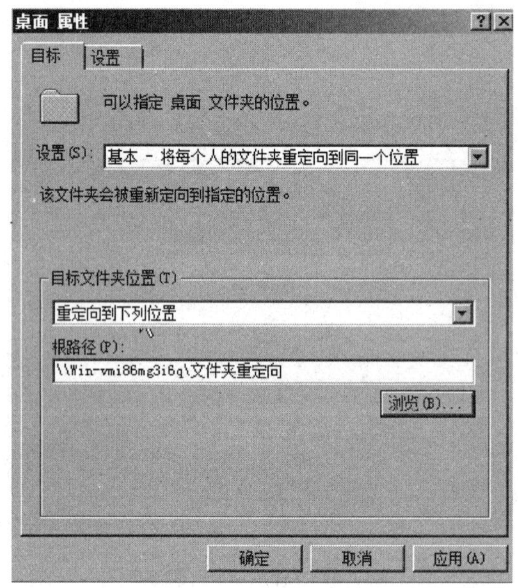


图 3-44 将桌面重定向

# 3.8 练习案例

你是公司的网络管理员，公司名为 fabrikam。

你在数据中心有多台服务器，需要进行管理，并且有一台新的 Windows Server 2008 计算机需要安装活动目录并进行管理。你将该计算机命名为 server1，并配置成具有 IP 地址 10.10.30.1。

公司要求注重网络资源的安全性，要求严格管理公司网络资源。要求如下：

(1) 建立公司域，由专人管理；

(2) 严格限制公司员工使用公司域的权限；

(3) 为树立良好的企业形象，统一域内计算机的桌面壁纸；

(4) 域用户在域中任意计算机上登录时，“我的文档”中的文档不会丢失。

## 3.9 课后习题

1. 什么时候使用本地帐户登录？
2. 什么时候使用域用户登录？
3. “文件夹重定向”可以将哪些文件夹重定向？

# 第4章　磁 盘 管 理

## 4.1　导语：为什么要管理磁盘

磁盘是所有计算机的常规设备。Windows Server 2008 系统中，所有数据都存储在磁盘里。数据如何输入、输出到磁盘，数据存储在磁盘的哪个位置这样的复杂原理，在实际中用户并不关心。

但是，用户在使用 Windows Server 2008 的时候，需要能够方便地将数据存储并管理包括 Active Directory 等数据的工具，因此，需要进行磁盘管理。

## 4.2　磁 盘 管 理

“磁盘管理”程序是用于管理硬盘、卷或它们所包含的分区的系统实用工具。利用“磁盘管理”程序，可以初始化磁盘、创建卷、格式化卷以及创建容错磁盘系统。

“磁盘管理”程序可以在不需要重新启动系统或中断用户服务的情况下执行多数与磁盘相关的任务，大多数配置更改将立即生效。

有效的“磁盘管理”，不但可以使服务器发挥最佳性能，满足许多先进的磁盘数据存储应用的需要，而且可以确保服务器的安全和用户有效的登录。

Windows Server 2008 的磁盘分为 MBR 磁盘与 GPT 磁盘两种分区形式，MBR 磁盘是标准的传统形式，其磁盘存储在 MBR(Master Boot Record，主引导记录)内，而 MBR 位于磁盘的最前端。计算机启动时，主机板上的 BIOS(基本输入输出系统)会先读取 MBR，并将计算机的控制权交给 MBR 内的程序，然后由此程序来继续启动工作。GPT 磁盘的磁盘分区表示存储在 GPT(GUID Partition Table)内，它也位于磁盘的最前端，而且它有主分区表与备份磁盘分区表，可提供故障转移功能。GPT 磁盘通过 EFI(Extensible Firmware Interface)作为计算及硬件与操作系统之间沟通的桥梁，EFI 所扮演的角色类似于 MBR 磁盘的 BIOS。

补充一点：MBR 磁盘分区最多可分四个主分区，或三个主分区与一个扩展分区，GPT 磁盘分区最多可创建 128 个主分区，大于 2TB 的分区必须使用 GPT 磁盘。(注：可以利用图形接口的磁盘管理命令或 Diskpart 命令将空的 MBR 磁盘转换成 GPT 磁盘，或将空的 GPT 磁盘转换成 MBR 磁盘。)

(1) 基本磁盘是传统的磁盘系统，在 Windows Server 2008 内新安装的硬盘默认是基本磁盘。

(2) 动态磁盘支持多种特殊的卷，其中有的可以提高系统的访问效率，有的可以提供故障转移功能，有的可以扩大磁盘的使用空间。

Windows Server 2008 也支持动态磁盘。动态磁盘是从 Windows 2000 时代开始的新特性，Windows Server 2008 继续使用了这个特性。相比基本磁盘，它提供更加灵活的管理和使用特性。在动态磁盘上可实现数据的容错、高速的读写、相对随意地修改卷大小等操作，而不能在基本磁盘上实现。

一块基本磁盘只能包含四个分区，它们是最多三个主分区和一个扩展分区，扩展分区可以包含数个逻辑盘。而动态磁盘没有卷数量的限制，只要磁盘空间允许，可以在动态磁盘中任意建立卷。在基本磁盘中，分区是不可跨越磁盘的。然而，通过使用动态磁盘，可以将数块磁盘中的空余磁盘空间扩展到同一个卷中以增大卷的容量。

基本磁盘的读写速度由硬件决定，不可能在不付出额外成本的情况下提升磁盘效率。在动态磁盘上创建带区卷来同时对多块磁盘进行读写，能够显著提升磁盘效率。

基本磁盘不可容错，如果没有及时备份而遭遇磁盘失败，会有极大的损失。可以在动态磁盘上创建镜像卷，所有内容自动实时被镜像到镜像磁盘中，这样即使遇到磁盘失败也不必担心数据损失了。还可以在动态磁盘上创建带有奇偶校验的带区卷，从而保证在提高性能的同时为磁盘添加容错性。

## 4.3 应用案例 1：管理基本磁盘

### 4.3.1 案例内容

DHY 公司业务蒸蒸日上。年初，该公司因为业务扩张，购买了两个 500GB 大小的硬盘，用来扩展域控制器的存储容量。作为管理员，你应该做如下工作：

（1）将其中一个硬盘的存储空间划分为 4 个 125GB 大小的区域；

（2）将另一台服务器的存储空间划分为 10 个 50GB 大小的区域。

### 4.3.2 案例分析

可以使用“磁盘管理”工具，将两张磁盘初始化，根据要求划分为主磁盘分区以及扩展磁盘分区。

### 4.3.3 案例实施过程

**1. 初始化新磁盘**

（1）刚刚安装的磁盘，是脱机状态，选择磁盘，在右键快捷菜单中选择“联机”命令，如图 4-1 所示。

（2）提示需要先初始化磁盘，如图 4-2 和图 4-3 所示。刚刚被初始化的磁盘，默认状态为基本磁盘。

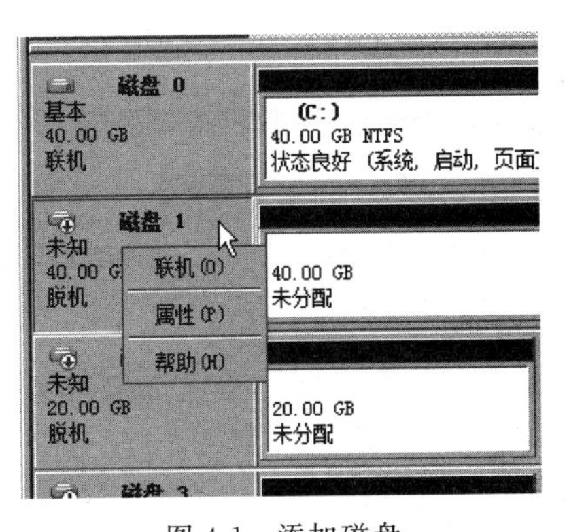

图 4-1　添加磁盘

**2. 划分磁盘**

基本磁盘是包含主磁盘分区、扩展磁盘分区或逻辑驱动器的物理磁盘。可在基本磁盘上创建的分区个数取决于磁盘分区的样式。

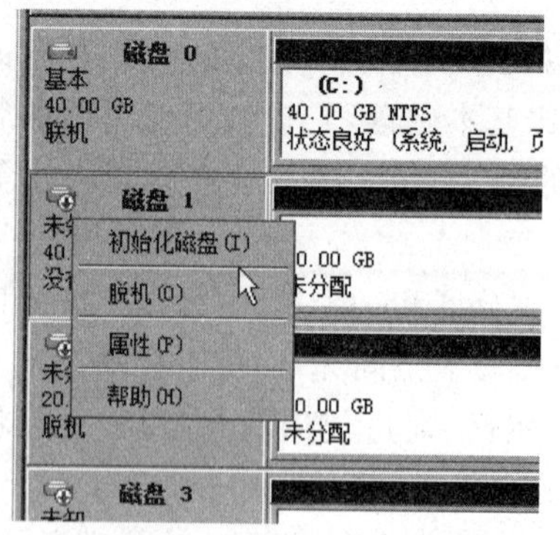


图 4-2 初始化磁盘

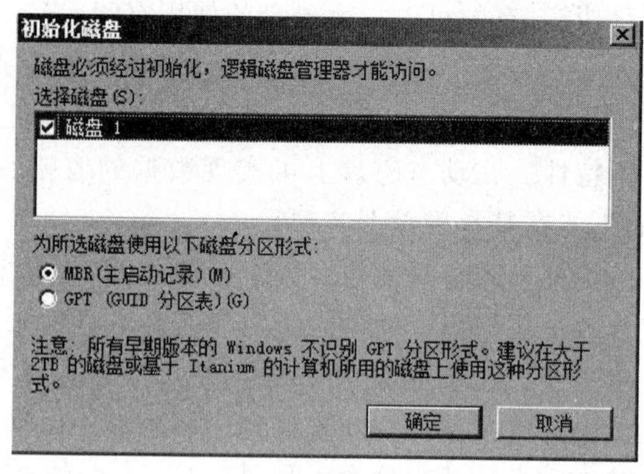


图 4-3 选择磁盘

对于主启动记录(MBR)磁盘，可以最多创建 4 个主磁盘分区，或最多 3 个主磁盘分区加上 1 个扩展磁盘分区。在扩展磁盘分区内可以创建多个逻辑驱动器。

对于 GUID 分区表(GPT)磁盘，最多可创建 128 个主磁盘分区。由于 GPT 磁盘并不限制 4 个分区，因而不必创建扩展磁盘分区和逻辑驱动器。

本案例中磁盘为 MBR 磁盘。

主磁盘分区是在基本磁盘上创建的一种分区类型。主磁盘分区是物理磁盘的一部分，它像物理上独立的磁盘那样工作。对于基本主启动记录磁盘，在一个基本磁盘上最多可以创建 4 个主磁盘分区，或者 3 个主磁盘分区和 1 个有多个逻辑驱动器的扩展磁盘分区。对于 GUID 分区表磁盘，最多可以创建 128 个主磁盘分区。

扩展磁盘分区是一种分区类型，只可以在基本的主启动记录磁盘上创建。如果需要在基本的 MBR 磁盘上创建 4 个以上的分区，扩展磁盘分区是很有用的。在创建扩展磁盘分区时，不需要格式化，也不需要给它指派驱动器号。可以在扩展磁盘分区中创建一个或多个逻辑驱动器。创建逻辑驱动器的时候，应将其格式化并指派驱动器号。

在磁盘上右击，选择“新建简单卷”命令，如图 4-4 所示。

Windows Server 2008 与旧版的 Windows 基本磁盘中创建主磁盘分区和扩展磁盘分区不同，在 Windows Server 2008 中创建主磁盘分区、扩展磁盘分区和逻辑驱动器时直接选择“简单卷”选项即可，不需要再区分三者。创建完成后，如图 4-5 所示。

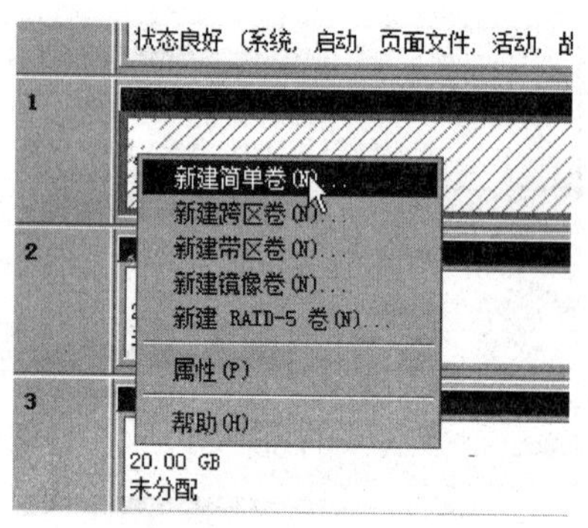


图 4-4 新建简单卷

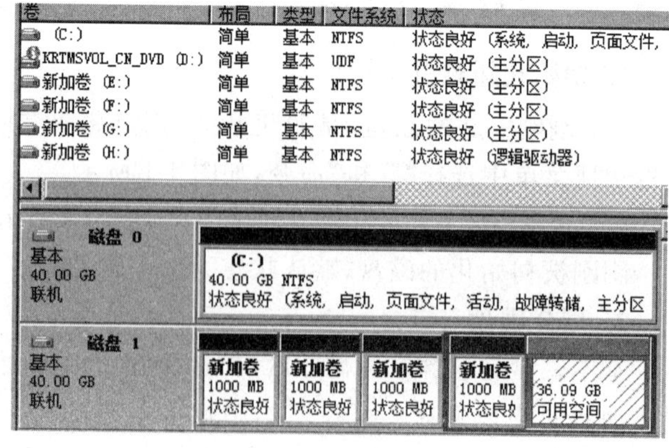


图 4-5 主磁盘分区

## 4.4 应用案例 2：管理动态磁盘

### 4.4.1 案例内容

DHY 公司业务蒸蒸日上。年初，该公司因为业务扩张，之前购买的大容量磁盘空间早已不够，公司服务器的存储空间严重不足。为了方便将来服务器磁盘空间的扩展，同时考虑到公司磁盘的安全性，作为管理员，拟采取如下计划：

(1) 再添加两块大容量磁盘；

(2) 磁盘空间可扩展；

(3) 磁盘在遇到不可控因素破坏的情况，磁盘存储信息可恢复。

### 4.4.2 案例分析

根据案例要求，拟定如下解决方法：

(1) 将原有磁盘转换成动态磁盘；

(2) 扩展原有卷的空间；

(3) 创建动态卷，如镜像卷、RIED 5 卷。

### 4.4.3 案例实施过程

**1. 基本磁盘转换成动态磁盘**

(1) 要将基本磁盘升级到动态磁盘，右击“我的电脑”图标，并选择“管理”命令，打开计算机管理控制台。在计算机管理控制台中，单击“磁盘管理”按钮，右击想升级到动态磁盘的基本磁盘，并选择“转换到动态磁盘”命令，如图 4-6 所示。

(2) 在“转换为动态磁盘”对话框中选择想升级到动态磁盘的磁盘，如图 4-7 所示。

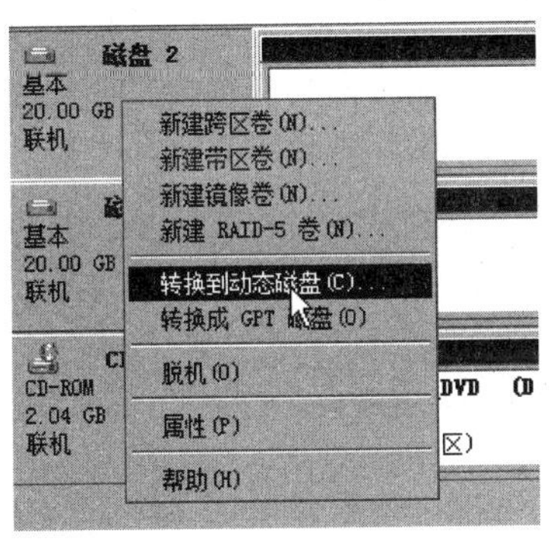


图 4-6 转换磁盘

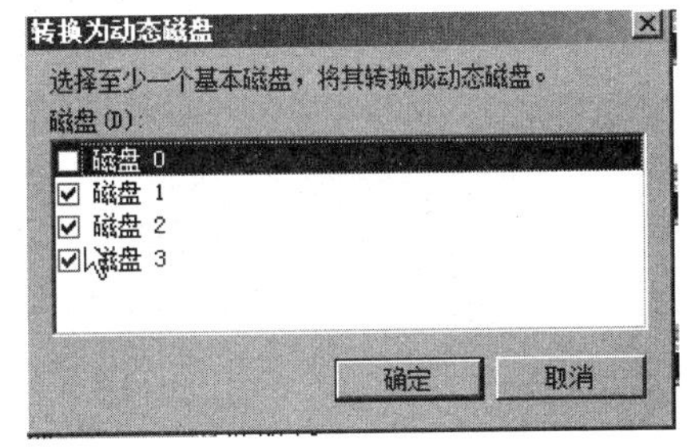


图 4-7 选择磁盘

**注意**：如果升级的磁盘中包含启动、系统分区或使用中的页面文件，就需要重新启动计算机来完成升级过程。在升级之前，建议备份要升级的磁盘中的所有文件，虽然正常的升级过程不会损坏任何文件，但是当转换过程中出现问题时，备份就很有用了。一旦磁盘被升级成动态磁盘后，如果需要回转成普通磁盘，全部数据将会丢失。

升级完成后，原系统、启动分区和主分区将成为“简单卷”；原扩展分区中的逻辑盘将成为“简单卷”，而剩余空间将成为“未分配的空间”。

**2. 扩展卷**

（1）选择需要扩展的简单卷或跨区卷（注：其他动态卷不可扩展），如图 4-8 所示。

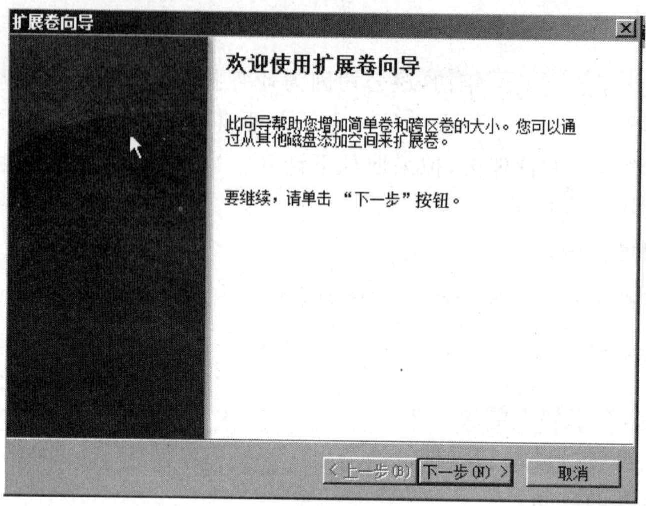


图 4-8　扩展卷向导

（2）在未分配的区间上选择卷容量，如图 4-9 所示。

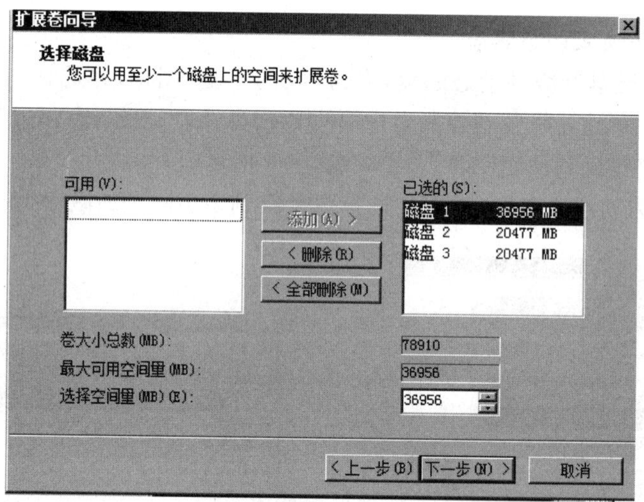


图 4-9　添加磁盘

根据选择的扩展卷，原有的简单卷的容量会变大，同时也有可能变成跨区卷。

**3. 新建跨区卷**

一个跨区卷是一个包含多块磁盘上的空间的卷（最多 32 块），向跨区卷中存储数据信息的顺序是存满第一块磁盘再逐渐向后面的磁盘中存储。通过创建跨区卷，可以将多块物理磁盘中的空余空间分配成同一个卷，从而提高了资源利用率。但是，跨区卷并不能提高性能或容错。

（1）打开计算机管理控制台，单击“磁盘管理”按钮，在“磁盘管理”界面中，右击未分配的空间，并选择“新建跨区卷”命令。

(2) 出现“新建跨区卷”向导，如图 4-10 所示，单击“下一步”按钮，在如图 4-11 所示的对话框中选择想使用的磁盘和输入想在每块磁盘中分配给该卷的空间，并单击“下一步”按钮。然后根据屏幕提示完成向导。

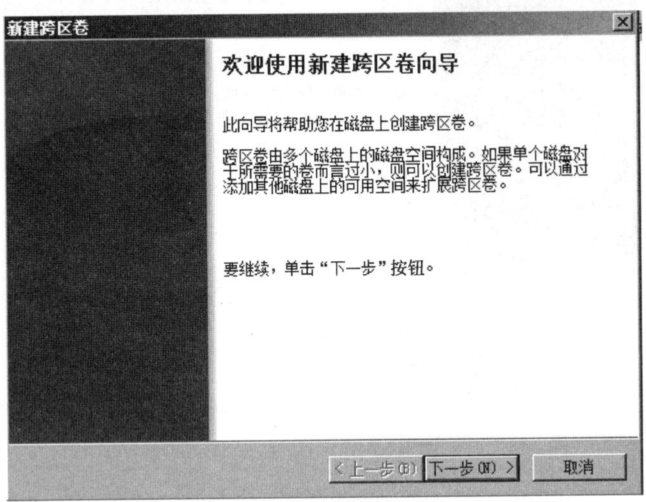


图 4-10　新建跨区卷向导

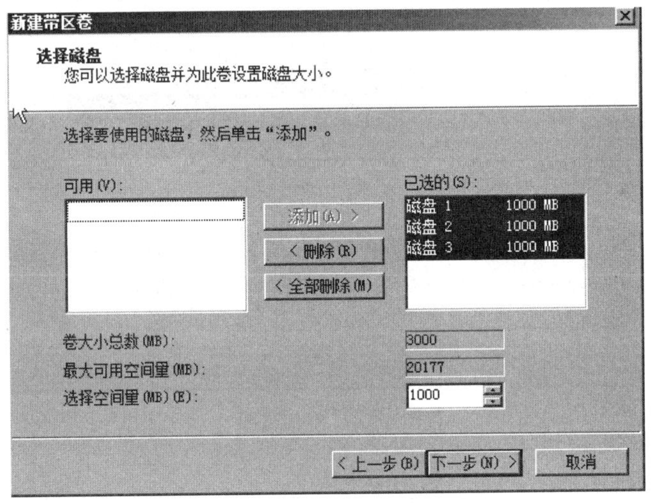


图 4-11　添加磁盘

**4. 新建带区卷**

带区卷是由两个或多个磁盘中的空余空间组成的卷(最多 32 块磁盘)，在向带区卷中写入数据时，数据被分割成 64KB 的数据块，然后同时向阵列中的每一块磁盘写入不同的数据块。这个过程显著提高了磁盘效率和性能，但是带区卷不提供容错性。

(1) 打开计算机管理控制台，单击“磁盘管理”按钮，在“磁盘管理”界面中，右击未分配的空间，并选择“新建带区卷”命令，出现“新建带区卷”向导，单击“下一步”按钮，如图 4-12 所示。

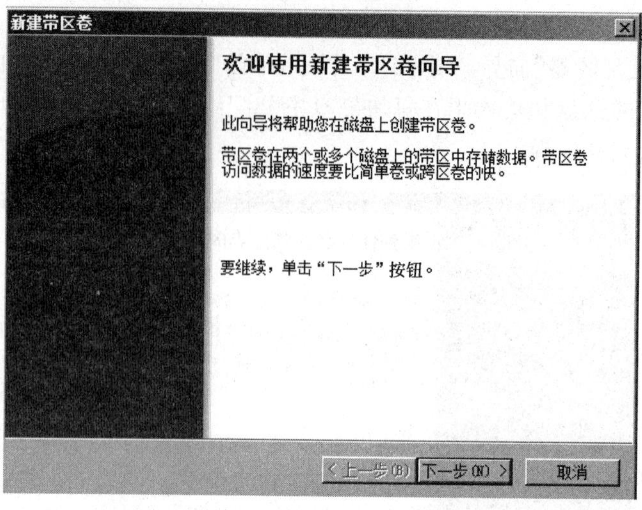


图 4-12　新建带区卷向导

(2) 在如图 4-13 所示的对话框中选择想使用的磁盘，输入在每块磁盘中分配给该卷的空间，并单击“下一步”按钮，然后根据屏幕指示完成操作。

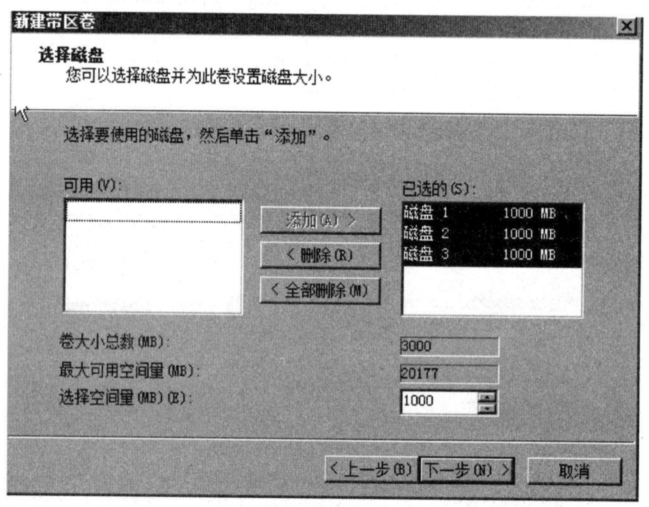


图 4-13　添加磁盘

**5. 新建镜像卷**

镜像卷为一个带有一份完全相同的副本的简单卷，它需要两块磁盘：一块存储运作中的数据，一块存储完全一样的那份副本，当一块磁盘失败时，另一块磁盘可以立即使用，避免了数据丢失。镜像卷提供了容错性，但是它不提供性能的优化。

创建镜像卷的方法如下：

(1) 首先确保计算机包含两块磁盘，一块作为另一块的备份。打开计算机管理控制台，选择“磁盘管理”选项，右击未分配的空间，并选择“新建镜像卷”命令，出现“新建镜像卷”向导，如图 4-14 所示。

(2) 单击“下一步”按钮，选择要使用的两块磁盘，输入分配给该卷的空间数据，如图 4-15 所示，并单击“下一步”按钮，然后根据屏幕提示完成操作。

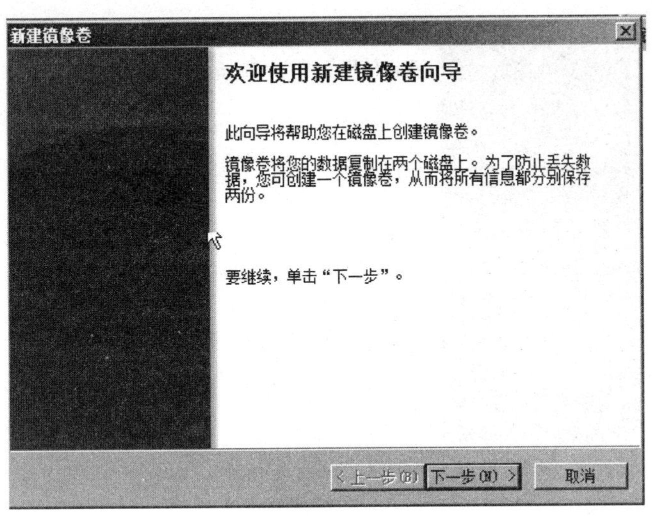


图 4-14　新建镜像卷向导

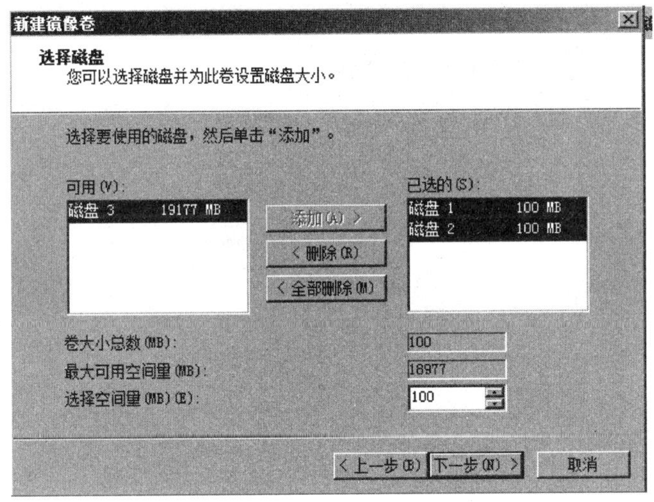


图 4-15　添加磁盘

**6. 新建 RAID-5 卷**

所谓 RAID-5 卷就是含有奇偶校验值的带区卷，Windows Server 2008 为卷集中的每一个磁盘添加一个奇偶校验值，这样在确保了带区卷优越性能的同时，还提供了容错性。

RAID-5 卷至少包含 3 块磁盘，最多 32 块，阵列中任意一块磁盘失败时，都可以由另两块磁盘中的信息做运算，并将失败的磁盘中的数据恢复。

创建 RAID-5 卷的方法如下：

(1) 确保计算机包含 3 块或以上磁盘。打开计算机管理控制台。在计算机管理的“磁盘管理”选项中，右击未分配的空间，选择“新建 RAID-5 卷”命令，出现“新建 RAID-5 卷”向导，如图 4-16 所示。

(2) 单击“下一步”按钮，在如图 4-17 所示的对话框中选择想使用的三块磁盘并输入分配给该卷的空间大小，单击“下一步”按钮并根据屏幕提示完成操作。

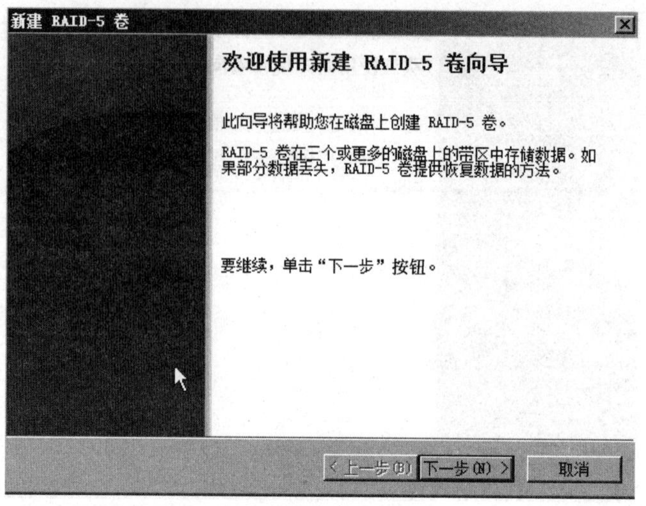


图 4-16　新建 RAID-5 卷向导

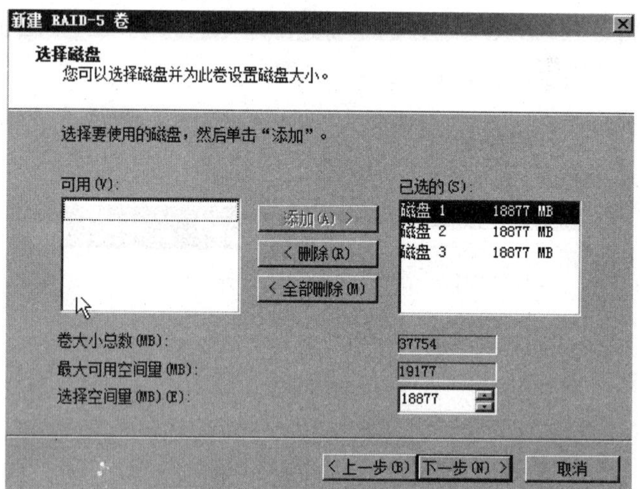


图 4-17　添加磁盘

## 4.5　练习案例

你是公司的网络管理员。公司名为 fabrikam,Inc.,公司网络由名为 fabrikam.com 的单一 active directory 域组成。

你在数据中心一台新的 Windows Server 2008 计算机上安装了磁盘阵列。你将该计算机命名为 server1。

随着公司业务的发展,公司各类服务器上信息量越来越大,原有的分区(卷)容量已经不能满足需要。公司的各部门信息的依赖程度也越来越高,任何部门服务器资源都是自身及其他部门正常工作不可或缺的。

为了能够保证磁盘资源的可用性、可靠性、可恢复性,确保能满足下列要求:

(1) 各部门服务器的磁盘或分区可扩容。

(2) 公司关键部门的磁盘资源必须有一个安全副本。

(3) 某些部门磁盘资源不仅要保证可恢复性,同时也要保证磁盘的优化。

## 4.6 课后习题

1. Windows Server 2008 磁盘分为哪两种分区形式?

2. Windows Server 2008 磁盘分为哪两种类型?

3. 什么是主磁盘分区?

4. 基本磁盘转换为动态磁盘后,基本磁盘中原有的主磁盘分区以及扩展磁盘分区和逻辑驱动器会怎样转变?

5. Windows Server 2008 动态磁盘支持几种动态卷? 分别是什么?

6. 有镜像卷 E,其有效容量为 20GB,它实际占用多少容量?

# 第5章 文件管理

## 5.1 导语：为什么要进行文件管理

任何一个公司和单位都有大量的文件。这些文件怎么存储？怎么访问？如何快速检索和获取？文件的安全如何保证？允许什么人访问这些文件？不能让什么人访问？这些都是文件管理要做的事情。

文件管理是操作系统的五大职能之一，主要涉及文件的逻辑组织和物理组织以及目录的结构和管理。所谓文件管理，就是操作系统中实现文件统一管理的一组软件、被管理的文件以及为实施文件管理所需要的一些数据结构的总称。从系统角度来看，文件系统是对文件存储器的存储空间进行组织、分配和回收，负责文件的存储、检索、共享和保护。从用户角度来看，文件系统主要是实现“按名取存”，文件系统的用户只要知道所需文件的文件名，就可存取文件中的信息，而无须知道这些文件究竟存放在什么地方。

常用的文件管理方法有文件共享、文件服务器、FTP 服务器。

## 5.2 文件共享

### 5.2.1 为什么使用文件共享功能

在网络中，特别是局域网中，经常涉及用户之间的文件传输，如何简单高效地进行文件传输，是提高工作效率的关键之一。

使用文件共享功能，可以让用户简单快捷地将需要共享给其他人的文档放在网络中，让大家进行访问，高效便捷地传输文件，并且可以结合 NTFS 权限功能，继续进行更加细致的访问权限设置，在提高工作效率的同时，还能增强安全性。

### 5.2.2 共享权限和 NTFS 权限相关知识

**1. 共享权限和 NTFS 权限的对比**

(1) 共享权限分类：读者、参与者、所有者；NTFS 权限分类：读、写、执行、修改、完全控制等，其权限的设置更加详细。

(2) 共享权限的设置对象是文件夹，只对文件夹起作用，无法对文件设置共享权限；NTFS 不仅能对文件夹进行设置，还可以对文件进行设置。

(3) 共享权限只对网络访问行为有效，从本地访问设置了拒绝访问权限的共享文件夹时，将不起任何作用；NTFS 权限不管是从网络访问，还是从本地访问，都有作用。

**2. 共享权限和 NTFS 权限的特点**

(1) 两种权限均具有累加性。

(2) 两种权限均遵循"拒绝"权限优先的原则,即如果既设置了共享中的访问权限,又设置了 NTFS 的拒绝访问权限,则最终有效权限为"拒绝"。

(3) 从网络中访问共享文件时,用户的最终有效权限是两者的"交集",同时遵循"拒绝优先"的原则。

# 5.3 应用案例 1:设置共享文件夹

## 5.3.1 案例内容

某学院为了方便老师上机课教学,计划在机房的 Windows Server 2008 服务器上设置共享文件夹,来满足如下要求:

(1) "作业布置"文件夹存放老师留的作业,学生组(students)能通过网络访问到该文件夹,并下载里面的内容,但不能上传。教师组(teachers)既可以通过网络读取该文件夹,也可以向该文件夹中写入文件。

(2) "作业提交"文件夹,要求 students 能通过网络向该文件夹中写入文件,提交作业,但只能对自己提交的文件有完全控制权,不能读取别人上传的文件,以防止抄袭出现。而 teachers 可以下载(即读取)该文件夹下的全部内容。

## 5.3.2 案例分析

在本案例中,涉及了对某组用户进行统一访问权限设置,这可以通过简单共享方式来实现,而在需求(2)中,又涉及了对 students 组中单独用户的权限设置,则需要再通过设置 NTFS 权限来实现。

## 5.3.3 案例实施过程

(1) 以管理员身份登录服务器(只有管理员组和 power users 组用户可以创建共享),创建一个文件夹"作业布置",右击该文件夹,在弹出的快捷菜单中单击"共享"命令。

(2) 在出现的"文件共享"对话框中,输入 students,然后单击"添加"按钮,再单击其"权限级别"选项,在出现的下拉列表中,设置其权限级别为"读者"(只有访问权限);输入 teachers,然后单击"添加"按钮,将这两组用户添加进共享权限设置中,设置其权限级别为"参与者"(具有访问权限和写入权限)。最后单击"共享"按钮,进行共享,如图 5-1 所示。若出现如图 5-2 所示情况,则单击"是,启用所有公用网络的网络发现和文件共享"选项。

在之前创建的文件夹上右击,在出现的快捷菜单中单击"属性"命令,然后在出现的对话框中的"安全"选项卡中,可以看到 students 组和 teachers 组已经同时被系统自动设置了与共享相同的 NTFS 权限,如图 5-3 和图 5-4 所示。

**注:** 至此,我们已经完成了案例中需求(1)的要求。

以管理员身份新建文件夹"作业提交",右击该文件夹,在出现的快捷菜单中选择"属性"命令。

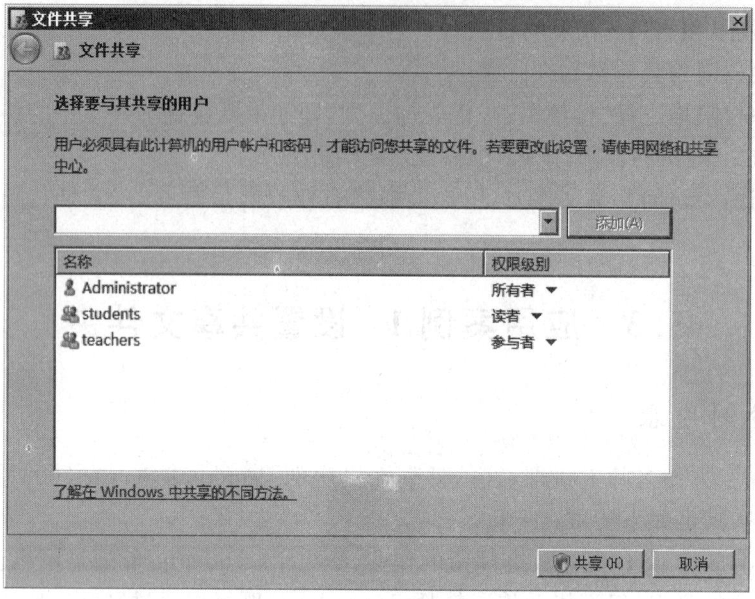


图 5-1　设置共享

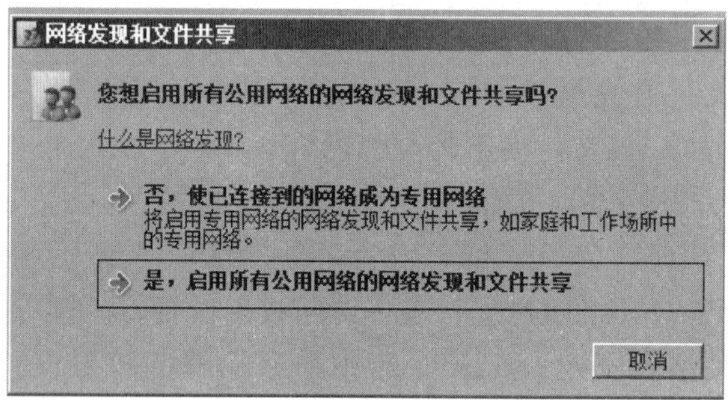


图 5-2　启动文件共享

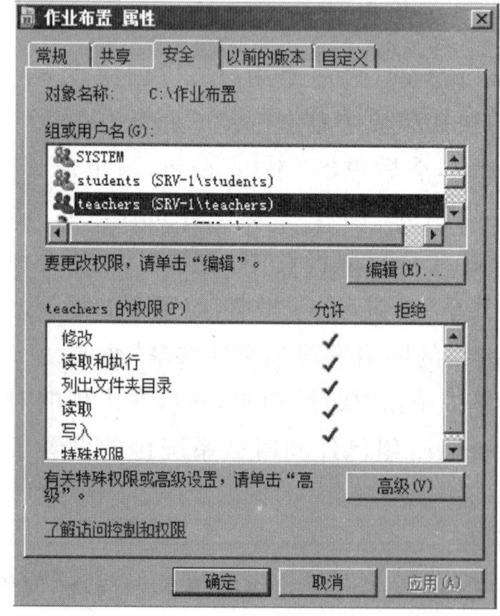


图 5-3　teachers 的 NTFS 权限

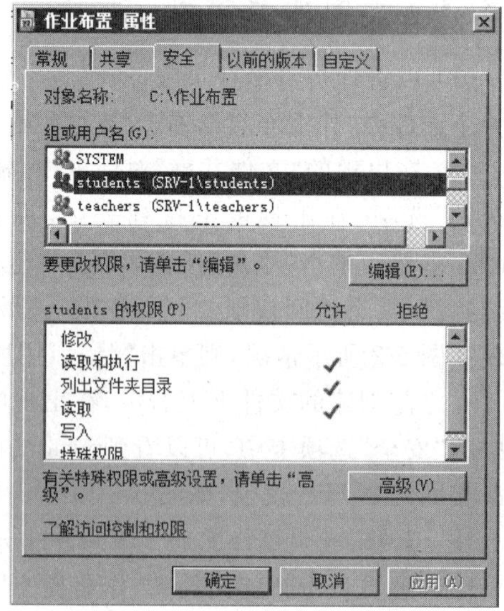


图 5-4　students 的 NTFS 权限

在出现的对话框的“共享”选项卡中，单击“高级共享”按钮，如图 5-5 所示。选中“高级共享”对话框中的“共享此文件夹”选项，填入共享名称和并发连接数，如图 5-6 所示。

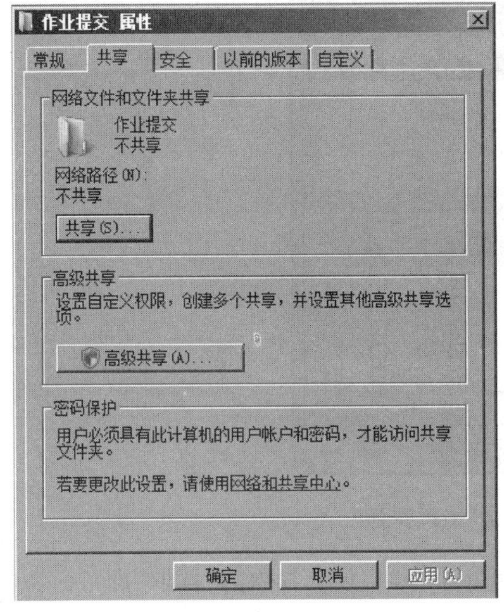

图 5-5　单击“高级共享”按钮

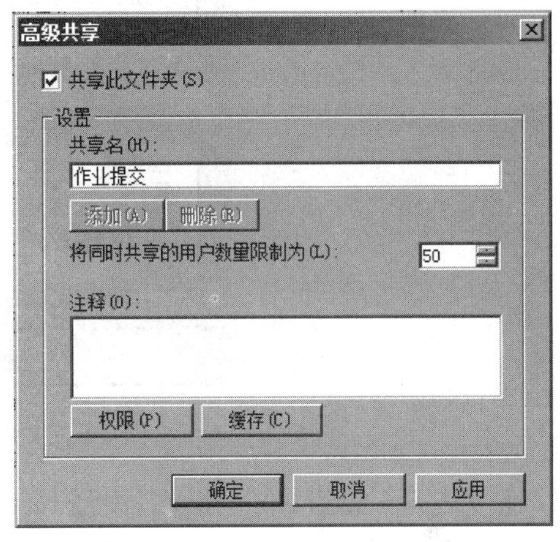

图 5-6　设置共享名称

然后单击“权限”按钮，在弹出的对话框中删除 everyone 用户，添加 students 用户组，选中“读取”和“更改”复选框，如图 5-7 所示。单击“确定”按钮，关闭对话框。

再次右击该文件夹，选择“属性”命令，在出现的对话框中单击“安全”标签，可以看到 NTFS 权限没有被设置(简单共享时会同时设置 NTFS 权限)，如图 5-8 所示。单击“编辑”按钮，对 creator owner 用户进行权限设置，如图 5-9 所示。

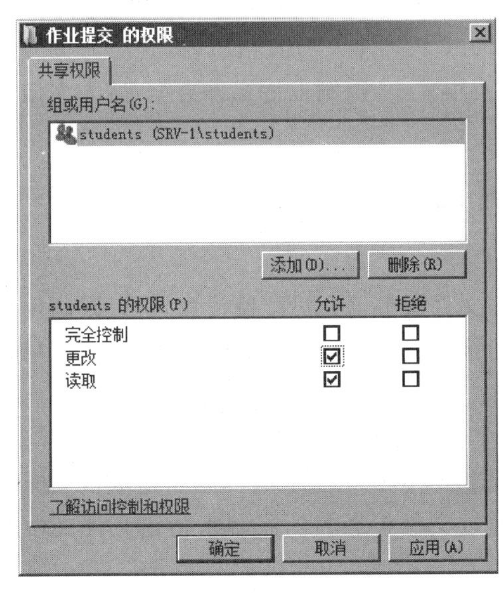

图 5-7　设置 students 的共享权限

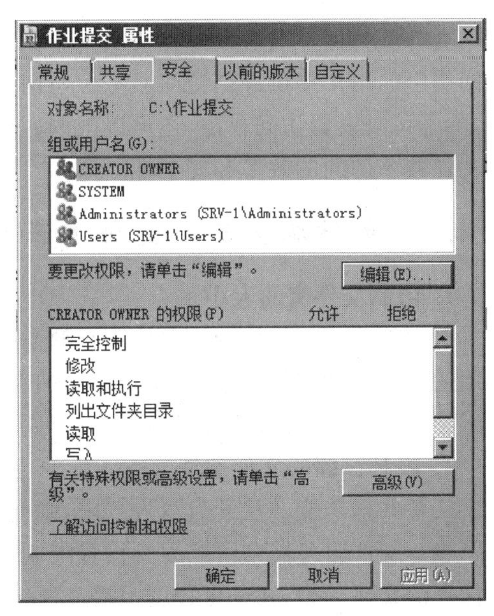

图 5-8　文件夹“安全”标签

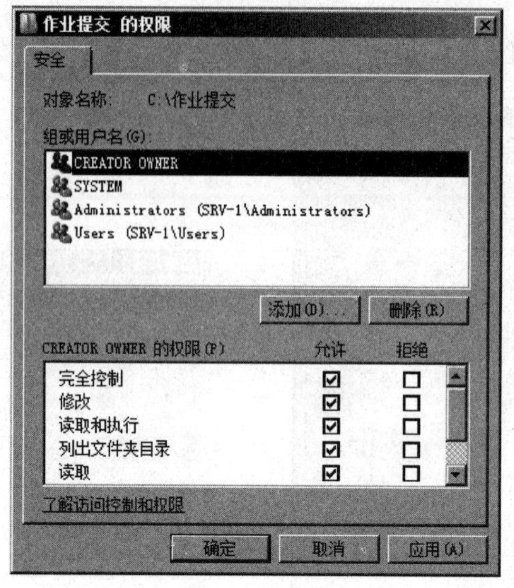


图 5-9　文件夹"安全"编辑界面

重复图 5-6 和图 5-7 的操作，添加 teachers 组共享权限，设置权限为"读取"即可。

**注**：至此，我们完成了本案例需求的全部内容，请在"开始"→"运行"对话框中，自行使用"\\IP 地址"的方式进行网络访问测试，使用不同的用户身份测试权限设置是否达到需求。

# 5.4　文件服务器

## 5.4.1　为什么使用文件服务器

文件服务器一般被设置在局域网中具有大容量硬盘空间的服务器上，利用共享文件夹为网络中的用户提供存储访问服务。与前面所讲的共享文件夹功能相比较，其功能更为强大，除了可以设置访问权限，还可以限制磁盘空间使用大小、限制上传文件类型等，大大增强了文件共享访问的效率和安全性。

## 5.4.2　文件服务器与文件共享功能对比

### 1. 限制文件夹的大小

与文件共享不能控制用户使用存储空间不同，文件服务器通过配额设置，可以限制用户使用的共享存储空间大小，当用户使用的存储空间接近或达到配额空间时发出通知，如果超过配额，则可根据设置情况，进行限制存储等操作。

### 2. 限制存储的文件类型

文件共享功能一旦开启写入权限，则允许用户上传任何类型的文件，这将造成极大的安全隐患。文件服务器则可以通过设置限制规则，通过文件扩展名的限制来指定文件夹中所能保存的文件类型，在一定程度上提高系统安全性。

## 5.5 应用案例 2：安装并使用文件服务器

### 5.5.1 案例内容

某学院为了教学需要，计划安装一台文件服务器，为了防止空间浪费，决定使用空间限制，用户空间限制为 200MB。出于安全考虑，共享文件夹内不允许存放可执行文件(.exe)。

### 5.5.2 案例分析

本案例中，文件服务器还没有搭建，任何设置都没进行，因此需要如下步骤：

(1) 安装文件服务器。

(2) 创建共享文件夹。

(3) 在文件服务器中，对共享文件夹进行相关设置，满足案例需求，如存储空间限制(即配额限制)，存放文件限制(即文件屏蔽)等。

### 5.5.3 案例实施过程

**1. 安装文件服务器**

(1) 以管理员身份登录服务器，打开"服务器管理器"窗口，选择"角色"→"文件服务"选项，在右侧内容框中向下拖动，将会看到"角色服务"选项，显示文件服务器已经安装(只要创建过共享，此选项就会出现)，单击其旁边的"添加角色服务"选项，进行文件管理器的安装，如图 5-10 所示。

图 5-10 单击添加角色服务

(2) 在出现的“添加角色服务”对话框中，选中“文件服务器资源管理器”复选框，单击“下一步”按钮，如图 5-11 所示。

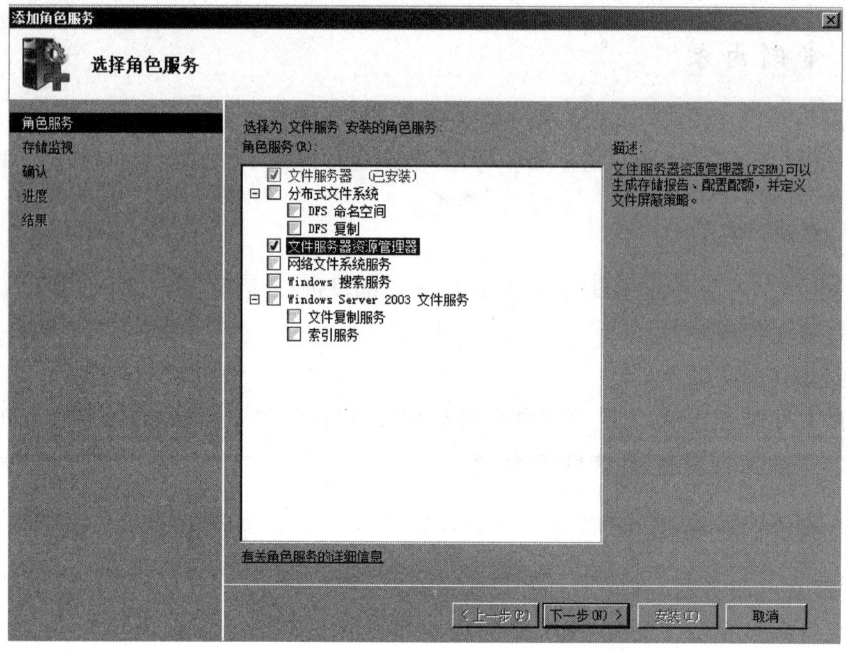


图 5-11 选中“文件服务器资源管理器”复选框

(3) 在出现的“配置存储使用情况监视”窗口中，选择一个磁盘进行监视，注意：只能是 NTFS 格式的，如图 5-12 所示。

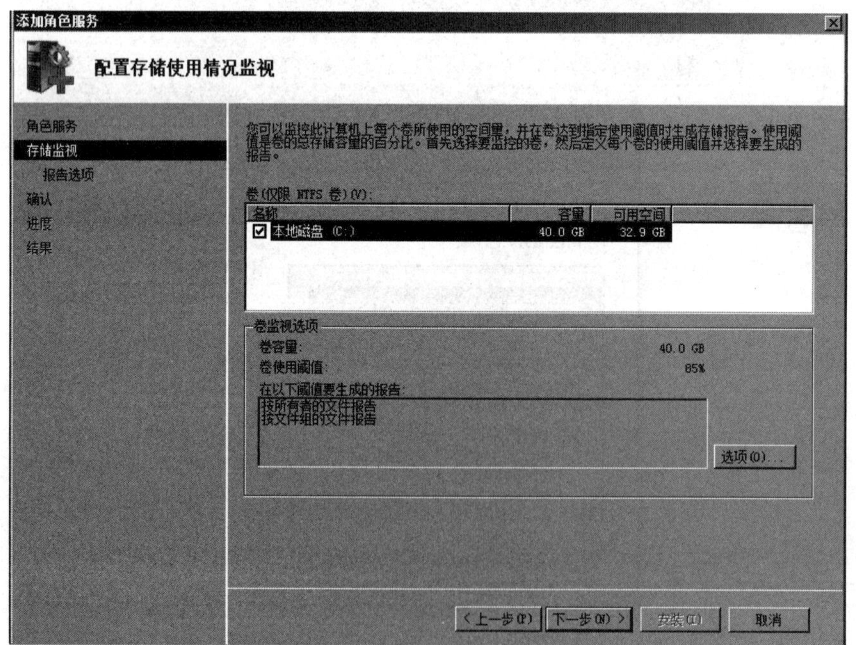


图 5-12 选择磁盘

(4) 单击“选项”按钮，可以设置该磁盘的使用记录报告，如图 5-13 所示。确定后，单击“下一步”按钮，设置报告存储位置及报告发送到哪个邮箱(如需要)，如图 5-14 所示。然后单击“下一步”按钮，完成文件服务器的安装。

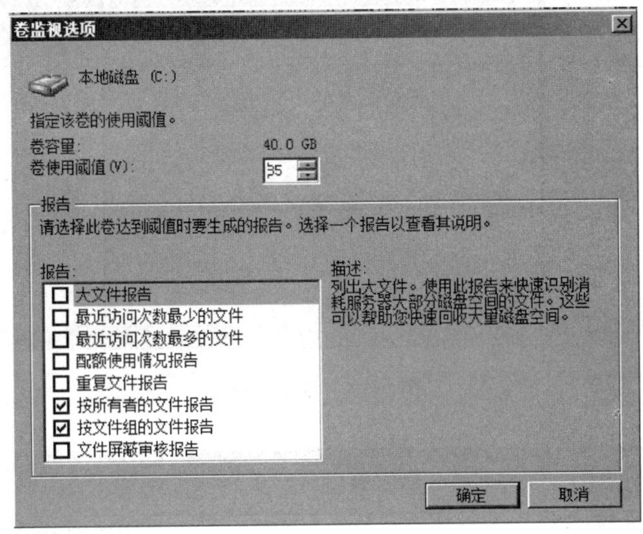


图 5-13　设置监视选项

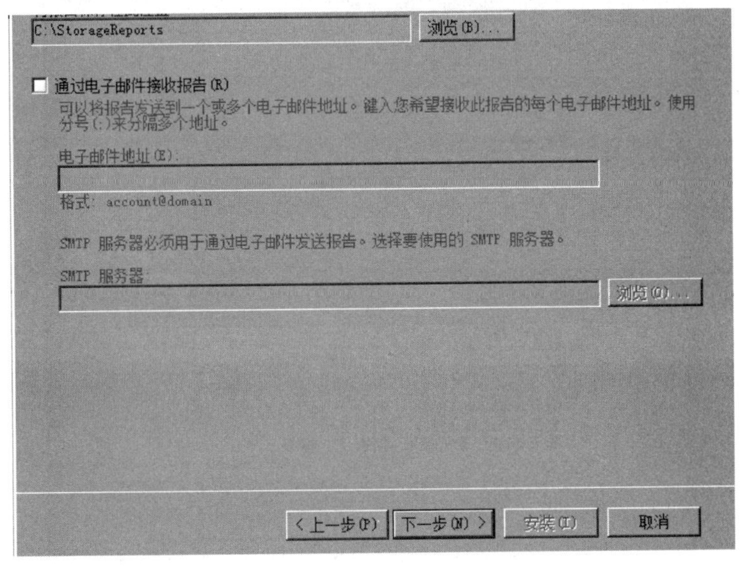


图 5-14　设置报告发送邮箱

**2. 配置“配额”功能限制存储空间**

(1) 选择“开始”→“程序”→“管理工具”→“文件服务器资源管理器”命令，打开管理器窗口。在“文件服务器资源管理器”窗口中，单击“创建配额”选项，如图 5-15 所示。

(2) 在“创建配额”对话框中，选择需要设置配额的文件夹。配额属性设置如图 5-16 所示，单击“创建”按钮，则配额设置完成。如果模板所提供的配额限制不符合自己的需要，则可以进行自定义设置。

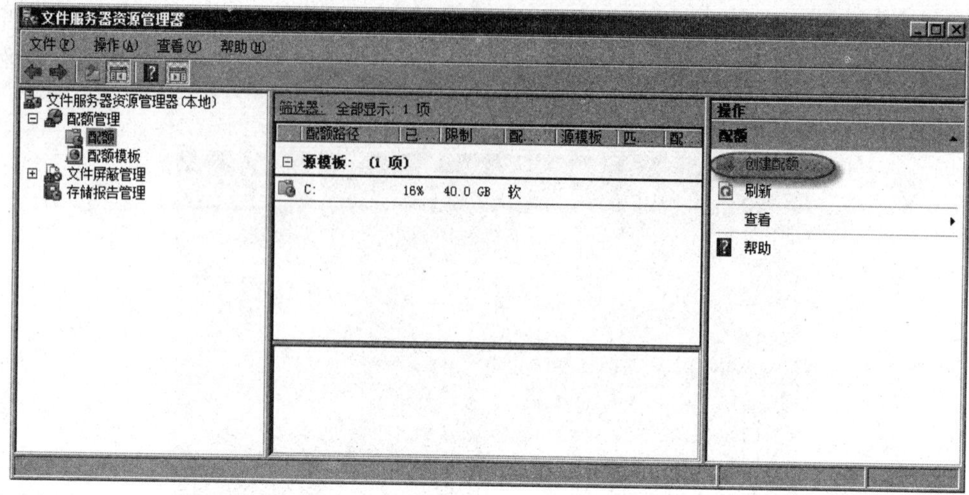


图 5-15 创建配额

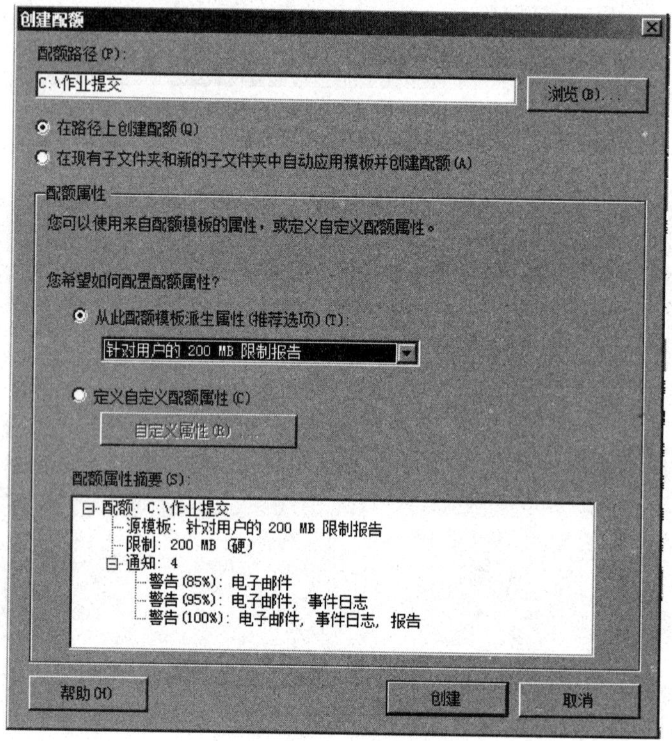


图 5-16 配额属性

(3) 测试：通过网络访问方式，复制一个大于 200MB 的文件到这个共享文件夹中，将会提示磁盘空间不足，表明磁盘空间配额配置生效。

**3. 创建文件屏蔽，限制文件存放类型**

(1) 在“文件服务器资源管理器”中，展开“文件屏蔽管理”选项，单击“文件屏蔽”选项，在右侧窗格中单击“创建文件屏蔽”选项，选中“从此文件屏蔽模板派生属性(推荐选项)”单选按钮，然后选择“阻止可执行文件”选项，单击“创建”按钮，如图 5-17 所示。

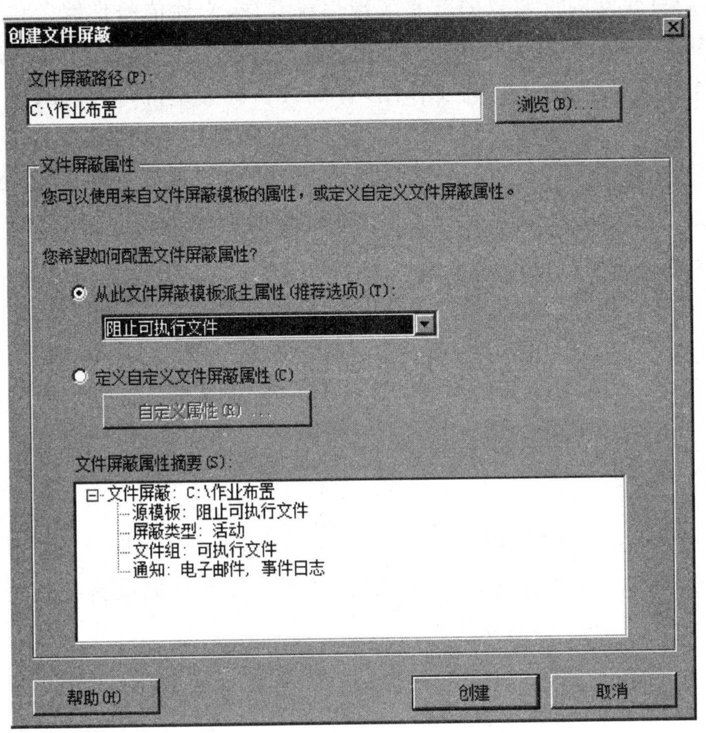


图 5-17　创建文件屏蔽类型

（2）验证：将一个扩展名为.exe 的文件通过网络访问方式复制到“作业布置”文件夹，将会出现“您需要权限来执行此操作”的提示，如图 5-18 所示。

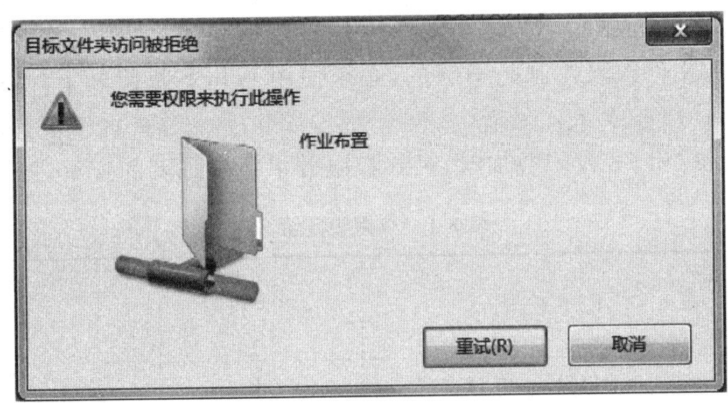


图 5-18　测试文件类型限制

## 5.6　FTP 服务

FTP 服务器是在互联网上提供存储空间的计算机，它们依照 FTP 协议提供服务。FTP 的全称是 File Transfer Protocol（文件传输协议）。顾名思义，FTP 就是专门用来传输文件的协议。简单地说，支持 FTP 协议的服务器就是 FTP 服务器。

一般来说，用户联网的首要目的就是实现信息共享，文件传输是信息共享非常重要的一个内容之一。Internet 上早期实现传输文件，并不是一件容易的事，我们知道 Internet 是一个非常复杂的计算机环境，有 PC，有工作站，有 MAC，有大型机，据统计，连接在 Internet 上的计算机已有上千万台，而这些计算机可能运行不同的操作系统，有运行 UNIX 的服务器，也有运行 DOS、Windows 的 PC 和运行 Mac OS 的苹果机等，而各种操作系统之间的文件交流问题，需要建立一个统一的文件传输协议，这就是所谓的 FTP。基于不同的操作系统有不同的 FTP 应用程序，而所有这些应用程序都遵循同一种协议，这样用户就可以把自己的文件传送给别人，或者从其他的用户环境中获得文件。

## 5.7 应用案例 3：搭建 FTP 服务器

### 5.7.1 案例内容

公司的销售部（sales）和研发部（research）需要在公司内部进行一些文件的交换与保存，他们希望这些操作尽可能方便，不需要使用 U 盘等外部存储设备在各个部门间奔走，就可进行文件的保存与交换。你需要如何做？

### 5.7.2 案例分析

为了满足销售部（sales）和研发部（research）的文件保存和交换的需求，可以使用 FTP 服务器来完成这个任务，给普通员工（sales users 和 research users）有上传文件和下载文件的权限，且只能上传文件到本部门所属的文件夹下，而完全权限（包括删除权限）则赋予部门经理（sales manager 和 research manager），从而达到安全使用的目的。

在 FTP 文件上传下载中，涉及了文件操作权限的设定，而要达到安全控制，只使用 FTP 服务器本身的文件权限控制是不够的，必须使用 NTFS 权限和 FTP 权限相结合的方式来进行控制。

当 FTP 权限和 NTFS 权限叠加时，最终权限效果将是二者的交集，如表 5-1 所示。

**表 5-1 权限设定要求**

| 权限类型 / 用户 | FTP 权限 | NTFS 权限 | 最终权限 |
|---|---|---|---|
| A | 下载（读），写（上传），删除 | 读 | 下载（读） |
| B | 下载（读），写（上传），删除 | 读，写 | 下载（读），写（上传） |
| C | 下载（读），写（上传），删除 | 读，删除 | 下载（读），删除 |

### 5.7.3 案例实施过程

#### 1. FTP 服务器角色的安装

（1）选择“开始”→“管理工具”→“服务器管理器”命令，打开“服务器管理器”窗口。单击“角色”前的＋号，在出现的“Web 服务器（IIS）”选项上右击，在弹出的快捷菜单中选择“添加角色服务”命令，如图 5-19 所示。

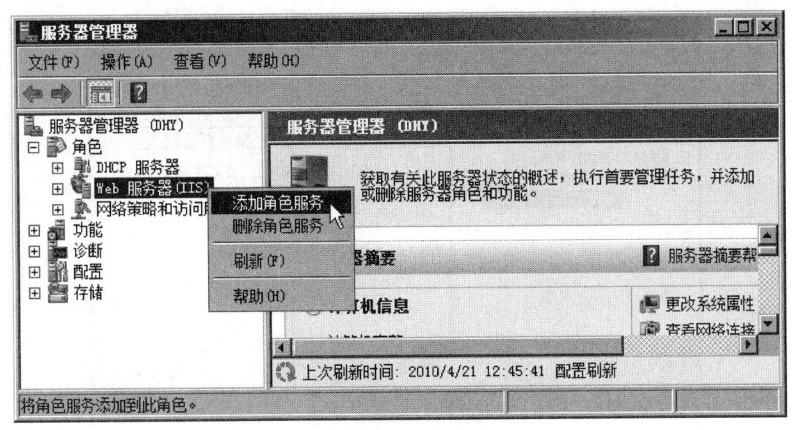


图 5-19 添加角色服务

(2) 在出现的"选择角色服务"对话框中，选中最下面的"FTP 发布服务"复选框，此时会出现"添加必需的角色服务"确认框，确认后，如图 5-20 所示。

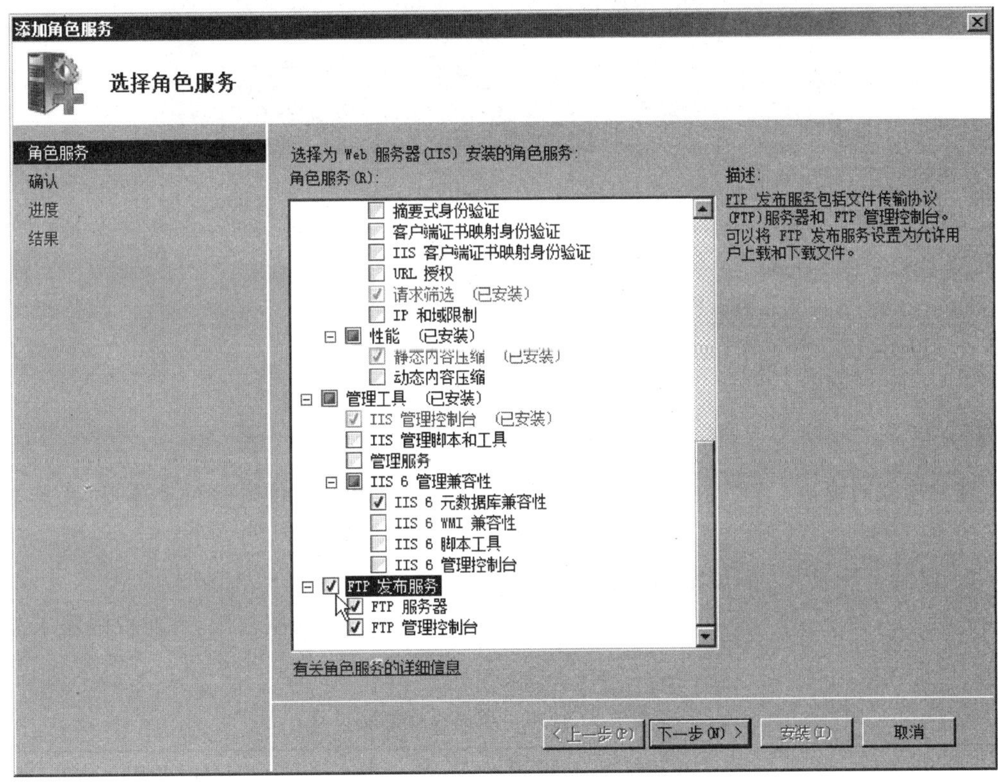


图 5-20 添加 Web 服务器角色

(3) 单击"下一步"按钮，然后单击"安装"按钮。

(4) 完成安装后，在"管理工具"下会出现"Internet 信息服务(IIS)6.0 管理器"选项，单击此项即可进入 FTP 站点管理窗口。依次展开各个＋号，最终会看到默认 FTP 站点(Default FTP Site)，此时 FTP 功能还没有运行，右击 Default FTP Site 选项，选择"启动"命令，最终情况如图 5-21 所示。

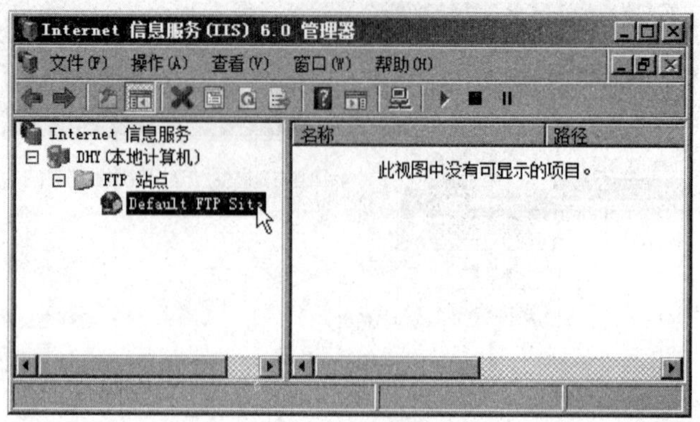


图 5-21 FTP 站点

(5) 现在可以在资源管理器的地址栏中使用 ftp://10.0.0.1 来访问 FTP 站点了，如图 5-22 所示。

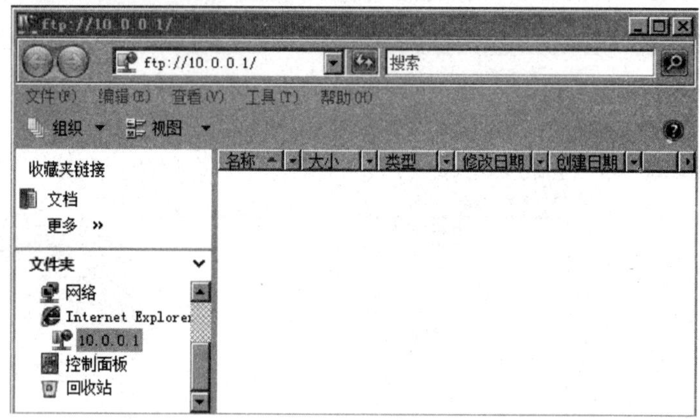


图 5-22 访问 FTP 站点

**注**：此时的默认 FTP 站点目录是 C:\inetpub\ftproot，其中没有任何文件，因此显示的内容为空。

**2. 设置 FTP 权限，满足案例需求**

在这个项目中，对于不同身份的用户，需要有不同的 FTP 访问权限，现对权限需求总结如表 5-2 所示。

**表 5-2 各用户访问权限需求**

| 身份 | 文件夹 | 访问权限需求 |
|---|---|---|
| Sales users | sales | 写(上传)，下载(读) |
| Sales manager | | 写(上传)，下载(读)，删除 |
| Research users | research | 写(上传)，下载(读) |
| Research manager | | 写(上传)，下载(读)，删除 |

除以上权限外，sales 部门的用户和经理无权对 research 部门的文件夹进行下载(读)操作以外的任何操作。

根据以上总结的权限，我们可以最终确认以下的 FTP 与 NTFS 的权限设定需求（注意：对于一个 FTP 站点来说，要保证用户可以写入文件，则必须开启整个 FTP 站点的写入权限，而对具体目录的写操作限制，则由 NTFS 权限来限定，最终权限是 FTP 权限与 NTFS 权限的交集）：

sales 部门员工对 sales 文件夹和 research 文件夹的权限如表 5-3 所示。

**表 5-3　sales 部门员工访问权限**

| 身份 | 文件夹 | FTP 权限 | NTFS 权限 |
|---|---|---|---|
| Sales users | sales | 上传（写），下载（读） | 读，写（包括创建目录） |
| Sales manager | | 上传（写），下载（读） | 读，写（包括创建目录），删除 |
| Sales users | research | 下载（读） | 读 |
| Sales manager | | 下载（读） | 读 |

research 部门员工对 sales 文件夹和 research 文件夹的权限如表 5-4 所示。

**表 5-4　research 部门员工访问权限**

| 身份 | 文件夹 | FTP 权限 | NTFS 权限 |
|---|---|---|---|
| research users | sales | 下载 | 读 |
| research manager | | 下载 | 读 |
| research users | research | 上传，下载 | 读，写（包括创建目录） |
| Research manager | | 上传，下载，删除 | 读，写（包括创建目录），删除 |

创建用户及组，以便在后续设置访问权限，相关信息如表 5-5 所示（注：用户和组的添加请参考相关资料）。

**表 5-5　创建组及用户相关信息**

| 组 | 组员 | 密码 |
|---|---|---|
| sales users | tom | tom99. com |
| | john | john99. com |
| sales manager | ben | ben99. com |
| research users | lqy | p@sswd99 |
| | dim | p@sswd77 |
| research manager | jim | Jim66. com |

(1) 选择“开始”→“管理工具”→“Internet 信息服务(IIS)6. 0 管理器”选项，展开 FTP 站点，右击 Default FTP Site 选项，选择“属性”命令，在“FTP 站点”选项卡中进行如图 5-23 所示的设置。

(2) 单击“安全帐户”标签，取消选中“允许匿名连接”复选框，也就是必须使用用户名和密码进行访问，如图 5-24 所示。当然，也可以允许使用匿名连接，具体视使用情况而定。在本例中，为了安全，必须使用用户名和密码访问。

(3) 单击“主目录”标签，进行如图 5-25 所示的设置。

**注：**在 FTP site 目录下，我们已经创建了 sales 文件夹和 research 文件夹。

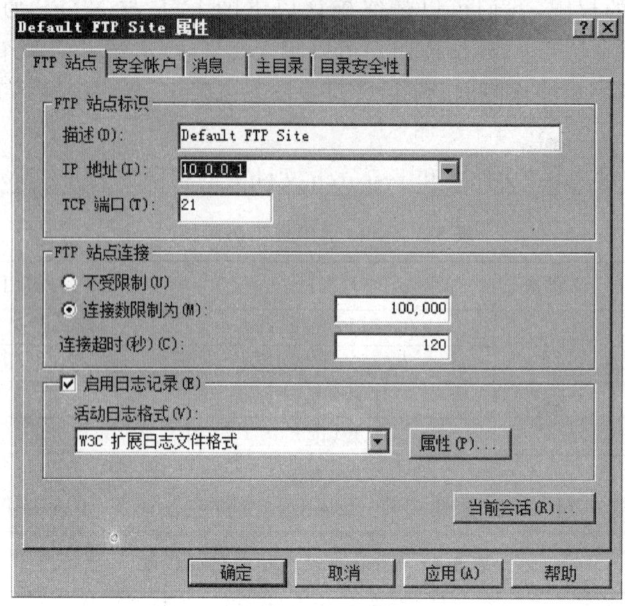


图 5-23　FTP 站点属性

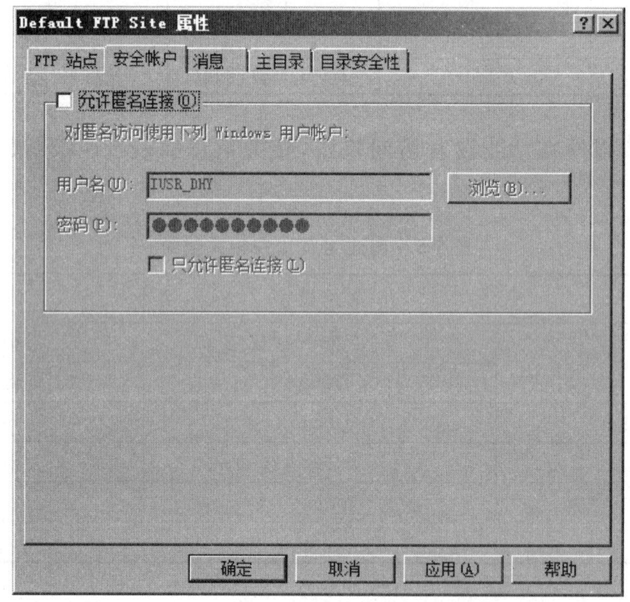


图 5-24　设置 FTP 站点安全帐户

(4) 此时,已经可以使用 ftp://10.0.0.1 来访问设置好的 FTP 站点了(此时的目录已经不是默认的位置了,已经更改为我们设定的 FTP site 目录了),如图 5-26 所示。

(5) 此时,已可以正常访问两个部门的 FTP 文件夹了,但相关权限并不完整,现在需要对文件夹的 NTFS 权限进行设定,最终实现项目分析中所要求的权限,各文件夹权限设定如表 5-6～表 5-8 所示(注:关于 NTFS 权限设定的方法,请参阅相关资料,此处不再详述)。

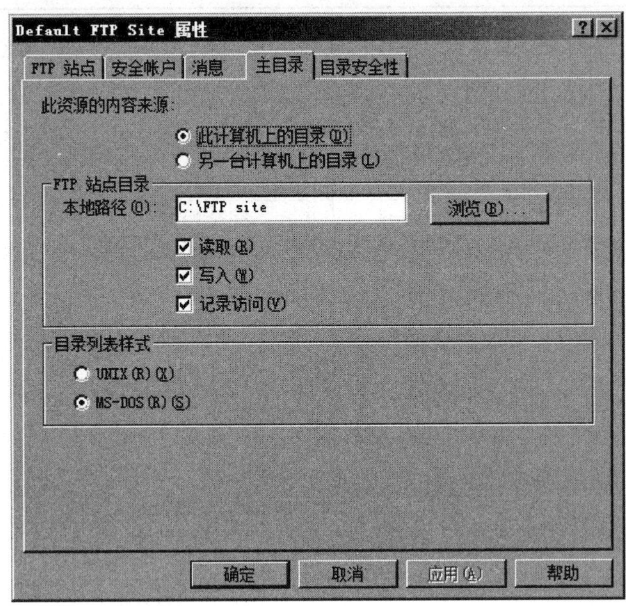


图 5-25　设置 FTP 站点目录

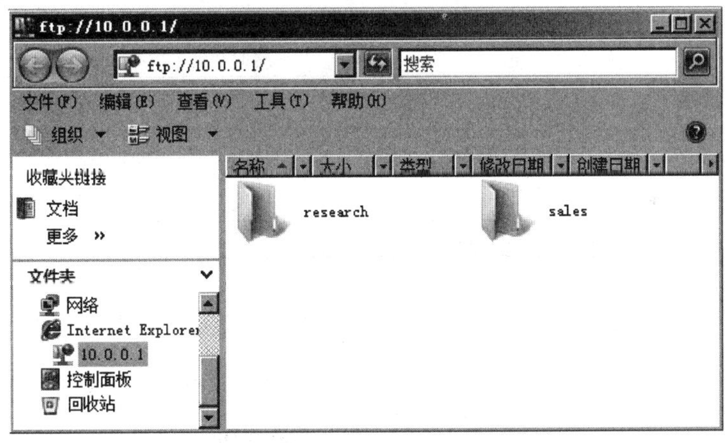


图 5-26　访问 FTP 站点

**表 5-6　不同用户组对站点根目录的访问权限**

<table>
<tr><th>文件夹</th><th>身份</th><th>NTFS 权限</th><th>继承性</th></tr>
<tr><td rowspan="4">ftp site</td><td>sales users</td><td rowspan="4">读取和执行;<br>列出文件夹目录;<br>读取</td><td rowspan="4">不向下继承</td></tr>
<tr><td>sales manager</td></tr>
<tr><td>research users</td></tr>
<tr><td>research manager</td></tr>
</table>

表 5-7　不同用户组对 sales 文件夹的访问权限

| 文件夹 | 身份 | NTFS 权限 | 继承性 |
|---|---|---|---|
| sales | sales users | 读取和执行；<br>列出文件夹目录；<br>读取；<br>写入 | 不继承父文件夹权限 |
| | sales manager | 完全控制 | |
| | research users | 读取和执行；<br>列出文件夹目录；<br>读取 | |
| | research manager | 读取和执行；<br>列出文件夹目录；<br>读取 | |

表 5-8　不同用户组对 research 文件夹的访问权限

| 文件夹 | 身份 | NTFS 权限 | 继承性 |
|---|---|---|---|
| research | sales users | 读取和执行；<br>列出文件夹目录；<br>读取 | 不继承父文件夹权限 |
| | sales manager | 读取和执行；<br>列出文件夹目录；<br>读取 | |
| | research users | 读取和执行；<br>列出文件夹目录；<br>读取；<br>写入 | |
| | research manager | 完全控制 | |

经过以上设定后，FTP 服务器即可正常运行，并能满足项目分析中所设定的需求，使用不同身份的用户登录 FTP，进行各种读写操作进行验证即可。

## 5.8　练习案例

某员工想在局域网内传送一些文件给同事，由于企业内部网络管理严格，不允许安装 QQ 类通信软件，因此无法通过这样的软件进行文件传送，他可以怎样做，来达到目的？请帮他实现。

某公司安装配置了文件服务器，用来存放资料，为了安全起见，不允许向共享文件夹内存放可执行程序，而且禁止存放音频文件和视频文件，请完成相关配置工作。

公司现计划配置一台 FTP 服务器，用来给市场部和生产部进行文件保存交换，要求相互之间只有访问权限，但对自己部门的文件夹有完全权限，请完成配置工作并测试。

## 5.9 课后习题

1. 简述共享权限和NTFS权限的联系与区别。

2. 相对于共享文件夹,文件服务器有什么优点?

3. 为配合公司的活动要求,你搭建了FTP服务器,并将目录定位到了NTFS文件格式的磁盘下,你确认已经配置了FTP的写入权限,但在测试时发现匿名登录后,无法写入文件,请给出解决问题的思路。

4. 如果想在已经创建了文件屏蔽的文件夹下的子文件夹内,上传已经被屏蔽的文件类型,可以使用什么功能进行(请自行查找资料)?

# 第 6 章　IP 地址规划与 DHCP 服务

## 6.1　IP 地址概述

### 6.1.1　为什么使用 IP 地址

因为 IP 地址是用来标识网络中的一个通信实体，比如一台主机，或者是路由器的某一个端口。而在基于 IP 协议网络中传输的数据包，也都必须使用 IP 地址来进行标识。

任何一个 IP 地址都是由两部分组成的：网络 ID 和主机 ID。这与现实中的地址组成是类似的，当 IP 数据包在网络上传输的时候，先根据网络 ID 找到目的计算机所处的网络，然后根据主机 ID 在本地网络内将数据包发送给目的计算机。以邮寄普通邮件到学校为例，邮递员一般不是把信直接寄给收件人，而是把收信地址作为两个部分，先把邮件寄到学校的门卫（相当于网络 ID），然后在学校内部交给收件人（相当于主机 ID）。

### 6.1.2　IP 地址相关知识

目前，IP 地址使用 32 位二进制地址格式，为方便记忆，通常使用以点号划分的十进制来表示，如：202.112.14.1，每个十进制数字的范围是 0～255，如果使用二进制进行表示正好是 8b 二进制数字。

为了给不同规模的网络提供必要的灵活性，IP 地址空间被划分为 5 个不同的地址类别，其中 A、B、C 三类最为常用，各类 IP 地址的网络 ID 和主机 ID 字段情况如表 6-1 所示。

**表 6-1　网络 ID 和主机 ID 字段情况表**

| IP 地址类型 | IP 地址 | 网络 ID | 主机 ID |
|---|---|---|---|
| A 类 | a. b. c. d | a | b. c. d |
| B 类 | a. b. c. d | a. b | c. d |
| C 类 | a. b. c. d | a. b. c | d |

**1. A 类地址**

A 类地址第 1 字节（8 位二进制）为网络地址，其他 3 个字节（24 位二进制）为主机地址。另外第 1 个字节的最高位固定为 0。A 类地址的网络地址范围是 $(00000001)_2$～$(01111111)_2$，即 1～127，所以 A 类 IP 地址范围是 1.0.0.1～126.255.255.254。子网掩码使用 255.0.0.0。

对于每个网络容纳的主机数，我们可以使用这个公式来进行计算：$2^n-2$，这里要减 2，是因为 IP 地址如果主机 ID 为 0，一般用来表示一个网络；如果主机 ID 为二进制的全 1（二进制 11111111 即为十进制 255)则表示广播地址,所以可以用来表示主机的主机 ID 数量应当减去 2 个。因此,每个 A 类网络可容纳的主机数量为 $2^{24}-2$=16 777 214 台。

Internet 有 126 个可用的 A 类网络地址。A 类地址适用于有大量主机的大型网络。

A 类地址中的私有地址和保留地址如下:

10.0.0.0～10.255.255.255 是私有地址(所谓的私有地址,就是在互联网上不使用,而被用在局域网络中的地址,下同)。

127.0.0.0～127.255.255.255 是保留地址,用来进行循环测试。

0.0.0.0～0.255.255.255 也是保留地址,用来表示所有的 IP 地址。

**2. B 类地址**

B 类地址第 1 和第 2 字节(16 位二进制)为网络地址,其他两个字节(16 位二进制)为主机地址。另外第 1 个字节的最高位固定为 10。B 类地址的网络地址范围是$(10000001)_2$～$(10111111)_2$,即 128～191,所以 B 类 IP 地址范围是 128.0.0.1～191.255.255.254。子网掩码使用 255.255.0.0。

每个 B 类网络可容纳的主机数量为 $2^{16}-2$=65 534 台。

Internet 有 $2^{14}-2$=16 382 个 B 类网络地址。

B 类地址的私有地址和保留地址如下:

172.16.0.0～172.31.255.255 是私有地址。

169.254.0.0～169.254.255.255 是保留地址。如果你的 IP 地址是自动获取 IP 地址,而你在网络上又没有找到可用的 DHCP 服务器,这时将会从 169.254.0.0～169.254.255.255 中临时获得一个 IP 地址。

**3. C 类地址**

C 类地址第 1～3 字节(24 位二进制)为网络地址,其他 1 个字节(8 位二进制)为主机地址。另外第 1 个字节的最高位固定为 110。C 类地址的网络地址范围是:$(11000001)_2$～$(11011111)_2$,即 192～223,所以 C 类 IP 地址范围是 192.0.0.1 ～223.255.255.254。子网掩码使用 255.255.255.0。

每个 C 类网络可容纳的主机数量为 $2^8-2$=254 台。

Internet 有 2 097 152 个 C 类地址段(32×256×256)B 类网络地址。

C 类地址中的私有地址为:192.168.0.0～192.168.255.255 是私有地址。

## 6.2 子网划分

### 6.2.1 子网掩码

子网掩码是一个 32 位地址,用于屏蔽 IP 地址的一部分以区别网络标识和主机标识,并说明该 IP 地址是在局域网上,还是在远程网上。子网掩码不能单独存在,它必须结合 IP 地址一起使用。子网掩码只有一个作用,就是将某个 IP 地址划分成网络地址和主机地址两部分。

子网掩码的设定必须遵循一定的规则。与 IP 地址相同,子网掩码的长度也是 32 位,左边是网络位,用二进制数字 1 表示;右边是主机位,用二进制数字 0 表示。只有通过子网掩码，才能表明一台主机所在的子网与其他子网的关系，使网络正常工作。

### 6.2.2 什么是子网划分

子网划分是这样一个事情：因为在划分了子网后，IP 地址的网络号是不变的，因此在局域网外部看来，这里仍然只存在一个网络，即网络号所代表的那个网络；但在网络内部却是另外一个景象，因为每个子网的子网号是不同的，当用划分子网后的 IP 地址与子网掩码(注意，这里指的子网掩码已经不是默认子网掩码了，而是自定义子网掩码，是管理员在经过计算后得出的)做"与"运算时，每个子网将得到不同的子网地址，从而实现了对网络的划分。

子网编址技术，即子网划分将会有助于以下问题的解决：

(1) 巨大的网络地址管理耗费。如果你是一个 A 类网络的管理员，你一定会为管理数量庞大的主机而头痛的；

(2) 路由器中的路由表的急剧膨胀。当路由器与其他路由器交换路由表时，互联网的负载是很高的，所需的计算量也很高；

(3) IP 地址空间有限并终将枯竭。这是一个至关重要的问题，高速发展的 Internet，使原来的编址方法不能适应，而一些 IP 地址却不能被充分地利用，造成了浪费。

因此，在配置局域网或其他网络时，根据需要划分子网是很重要的，有时也是必要的。现在，子网编址技术已经被绝大多数局域网所使用。

## 6.3 应用案例 1：子网划分

### 6.3.1 案例内容

你是某公司的网络管理员，目前有 5 个部门，现有网段是 192.168.2.0/24，你的任务是为每个部门划分单独的网段，你该怎样做呢？

### 6.3.2 案例分析

在本案例中，需要为 5 个部门分配单独的网段。并且，只能用 192.168.2.0/24 这个网段，也就是说，需要把 192.169.2.0/24 这个网段，进行再次划分，生成至少 5 个子网，我们需要计算出满足这个划分方法的子网掩码，并计算出各部门的子网网络号是什么、各网段的 IP 地址范围是什么。

### 6.3.3 案例实施过程

(1) 在这里，我们要使用到经典的计算公式 $2^n \geqslant x$。在这里，$x$ 就是要划分的子网数量，有 5 个部门，因此 $x=5$，而 $n$ 是子网掩码中所要用来表示网络位的位数。因此 $2^n \geqslant 5$，得出 $n=3$。

(2) 由于 $n$ 表示子网掩码中用来表示网络位的位数，因此，子网掩码中前 3 位是 1，后 5 位为 0。而项目中已给出的子网掩码是 255.255.255.0，则新的子网掩码应为 255.255.255.11100000，即 255.255.255.224，如表 6-2 所示。

**表 6-2　子网掩码计算**

| 原子网掩码 | 计算后得出的结论 | 新的子网掩码 |
|---|---|---|
| 255.255.255.00000000 | 最后 5 位(即低 5 位)是主机 ID，为 0；高 3 位是网络 ID | 255.255.255.11100000 |
| 255.255.255.0 | | 255.255.255.224 |

按照新的子网掩码，计算各网段的网络 ID。对于网络 ID 来说，其可变范围是 000～111，用网络 ID 与子网掩码进行 AND(与)操作，即可得出各网段的网段号，如表 6-3 所示。

**表 6-3　子网网段计算**

| 网段号 | 1 | 2 | 3 | 4 | 5 | 6 | 7 | 8 |
|---|---|---|---|---|---|---|---|---|
| 网络 ID | 00000000 | 00100000 | 01000000 | 01100000 | 10000000 | 10100000 | 11000000 | 11111111 |
| 子网掩码 | 11100000 | 11100000 | 11100000 | 11100000 | 11100000 | 11100000 | 11100000 | 11100000 |
| AND 结果(10 进制) | 0 | 32 | 64 | 96 | 128 | 160 | 192 | 224 |

即 8 个子网的网段地址如表 6-4 所示。

**表 6-4　新的子网 ID**

| 子网 1 | 子网 2 | 子网 3 | 子网 4 |
|---|---|---|---|
| 192.168.2.0 | 192.168.2.32 | 192.168.2.64 | 192.168.2.96 |
| 子网 5 | 子网 6 | 子网 7 | 子网 8 |
| 192.168.2.128 | 192.168.2.160 | 192.168.2.192 | 192.168.2.224 |

计算各子网的 IP 范围，如表 6-5 所示。

**表 6-5　各子网的 IP 信息**

| 子网 | 二进制 子网号 | 二进制主机号范围 | 十进制主机号范围 | 可容纳的主机数 | 子网地址 | 广播地址 |
|---|---|---|---|---|---|---|
| 1 | 000 | 00001—11110 | 1～30 | 30 | 0 | 31 |
| 2 | 001 | 00001—11110 | 33～62 | 30 | 32 | 63 |
| 3 | 010 | 00001—11110 | 65～94 | 30 | 64 | 95 |
| 4 | 011 | 00001—11110 | 97～126 | 30 | 96 | 127 |
| 5 | 100 | 00001—11110 | 129～158 | 30 | 128 | 159 |
| 6 | 101 | 00001—11110 | 161～190 | 30 | 160 | 191 |
| 7 | 110 | 00001—11110 | 193～222 | 30 | 192 | 223 |
| 8 | 111 | 00001—11110 | 225～254 | 30 | 224 | 255 |
| 注意：主机位全 0 代表网络地址，主机位全 1 代表广播地址 | | | | | | |

整理为常用 IP 形式，如表 6-6 所示。

**表 6-6　最终子网 IP 信息列表**

| 子网 | IP 地址范围 | 可容纳的主机数 | 子网地址 | 广播地址 |
|---|---|---|---|---|
| 1 | 192.168.2.1～192.168.2.30 | 30 | 192.168.2.0 | 192.168.2.31 |
| 2 | 192.168.2.32～192.168.2.63 | 30 | 192.168.2.32 | 192.168.2.63 |
| 3 | 192.168.2.64～192.168.2.95 | 30 | 192.168.2.64 | 192.168.2.95 |
| 4 | 192.168.2.96～192.168.2.127 | 30 | 192.168.2.96 | 192.168.2.127 |
| 5 | 192.168.2.128～192.168.2.159 | 30 | 192.168.2.128 | 192.168.2.159 |
| 6 | 192.168.2.160～192.168.2.192 | 30 | 192.168.2.160 | 192.168.2.191 |
| 7 | 192.168.2.192～192.168.2.223 | 30 | 192.168.2.192 | 192.168.2.223 |
| 8 | 192.168.2.225～192.168.2.254 | 30 | 192.168.2.224 | 192.168.2.255 |

现在，你已经完成了子网划分的任务要求：5个部门需要5个单独的网段，并且单个部门的IP范围也确定了。在已提供的1个C类网段上，划分了8个子网，只要选择其中的5个子网提供使用，就可以满足这个项目的需求。

# 6.4 DHCP服务

## 6.4.1 为什么使用DHCP服务

在一个企业中，有500台计算机。为了能够正常使用网络，每个计算机需要设置一个IP地址，管理员手动到每台机器上设置IP地址显然是一项繁重的任务。即便是手动设置完了，一旦网络中的计算机有变化，则需要再次进行设定，这对于网络管理员来说是非常麻烦的。如何来简化这个过程，让管理员从繁重的IP设置任务中解脱出来，去做更重要的网络维护任务呢？

我们可以采用DHCP服务器来解决这个问题。DHCP是Dynamic Host Configuration Protocol（动态主机分配协议）缩写，可以简化网络中的IP地址分配工作。一般来说，设定IP地址的方法有两种：

（1）手动设置IP地址。这种方法需要在每个客户端手动设置IP地址及相关选项，工作量大，费时费力，且容易导致IP问题出现，进而影响客户机网络使用，如IP地址冲突等。一旦发生这样的问题，追踪源头会很困难。另外，如果把客户机从一个网络搬到另一个网络中，则需要再次进行设定。

（2）自动设置IP地址。利用DHCP服务器，来进行客户端IP地址的自动分配。这意味着管理员不需要到每台客户机上去手动设置IP地址，而是由DHCP服务器来完成这个工作，并且不会出现IP地址冲突的情况。手动设置IP和自动设置IP的区别如表6-7所示。

**表6-7 手动IP设置与自动IP设置对比**

| 手动TCP/IP设置 | 自动TCP/IP设置 |
| --- | --- |
| 必须在每台客户端上输入IP地址 | DHCP服务器自动为客户端计算机提供IP地址 |
| 可能输入错误或无效的IP地址 | 确保网络中的客户端使用正确的配置信息 |
| 错误的配置可能导致通信问题和网络问题 | 排除一系列由IP地址而导致的常见网络问题的来源 |
| 对于计算机在子网间频繁移动的网络来说，增加了管理上的开销 | 客户端配置自动更新以反映网络结构的变化 |

使用DHCP自动分配IP地址，当客户端连入网络，并发出IP地址请求时，DHCP服务器从IP地址池中临时分配一个IP地址给客户端，当客户端不使用时，DHCP服务器可以收回这个IP，并把它分配给其他有需要的客户端。这样可以有效节约IP地址，既保证了客户机的网络通信，又提高了IP地址的使用率。

## 6.4.2 DHCP基础知识

### 1. DHCP服务器的工作原理（如图6-1所示）

DHCP客户端自动获取IP地址的过程，由四个步骤完成：

（1）客户端发送DHCP DISCOVER（广播形式）。当DHCP客户端第一次登录网络的

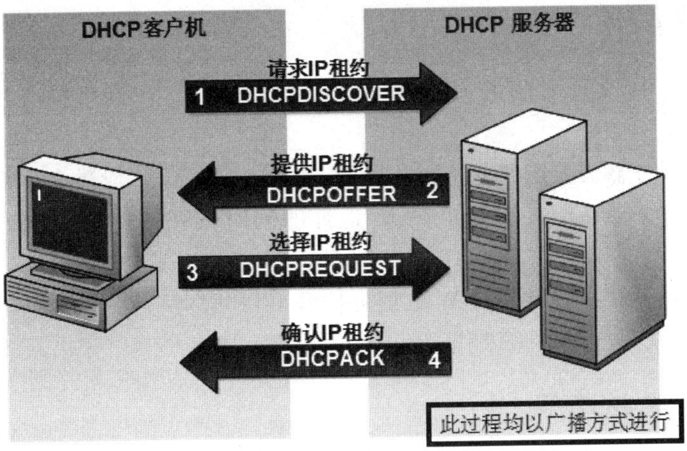

图 6-1　租约生成过程

时候，也就是客户发现本机上没有任何 IP 数据设定，它会向网络发出一个 DHCP DISCOVER 封包，向网络中寻求 DHCP 服务。

(2) DHCP 服务器回应 DHCP OFFER(广播形式)。DHCP 服务器会从那些还没有租出的地址范围内，选择最前面的空置 IP，连同其他 TCP/IP 设定，响应给客户端一个 DHCP OFFER 封包。

(3) 客户端回应 DHCP REQUEST(广播形式)。如果客户端收到网络上多台 DHCP 服务器的响应，只会挑选其中一个 DHCP OFFER 而已(通常是最先抵达的那个)，并且会向网络发送一个 DHCP REQUEST 广播封包，告诉所有 DHCP 服务器它将指定接收哪一台服务器提供的 IP 地址。

(4) DHCP 服务器响应 DHCPACK(广播形式)。当 DHCP 服务器接收到客户端的 DHCP REQUEST 之后，会向客户端发出一个 DHCPACK 响应，以确认 IP 租约的正式生效，也就结束了一个完整的 DHCP 工作过程。

**2. 租约的更新**

客户端在获取到 IP 地址信息时，同时会产生租约时间(默认为 8 天)，当使用 IP 地址时间达到租约时间的 50%时，客户端开始进行续约操作，续约成功则继续使用当前 IP 地址，并更新租约时间。如果此时续约不成功，则在租约时间达到 87.5%时再次续约；如果仍不能续约，客户端则开始进行重新开始租约过程，即重新获取 IP 地址。

# 6.5　应用案例 2：搭建 DHCP 服务器

## 6.5.1　案例内容

假定你是公司的网络管理员，网络地址为 10.0.0.0/24。网络里有 200 台计算机，为了方便用户使用网络，所有的计算机都需要能自动获取 IP 地址，并且能够自动获取网关及 DNS 配置信息；另外，Web 服务器与 FTP 服务器要求 IP 地址能够固定，分别使用 10.0.0.66 和 10.0.0.88 作为自己计算机的 IP 地址。作为管理员，你要如何解决这些问题？

## 6.5.2 案例分析

(1) 在本项目中,为了让客户端能够自动获取 IP 地址,在网络中必须安装 DHCP 服务器。

(2) DHCP 服务器需要配置相应的作用域,生成 IP 地址池,以供客户机申请使用。

(3) DHCP 服务器在给客户端提供 IP 地址的同时,还需要为客户端提供网关地址和 DNS 地址等信息,让客户端在获得 IP 地址的同时,也能够获取这些信息,并配置使用。

(4) DHCP 服务器还需要针对 Web 服务器和 FTP 服务器对 IP 地址的特殊需求,进行设置,使它们能够获得固定的 IP 地址。

## 6.5.3 案例实施过程

### 1. 安装 DHCP 服务

**注意**:作为服务器,必须拥有固定 IP 地址,本例中服务器使用 10.0.0.1 作为 IP 地址。

(1) 选择"开始"→"管理工具"→"服务器管理器"选项,打开"服务器管理器"窗口,单击"角色"选项,如图 6-2 所示。

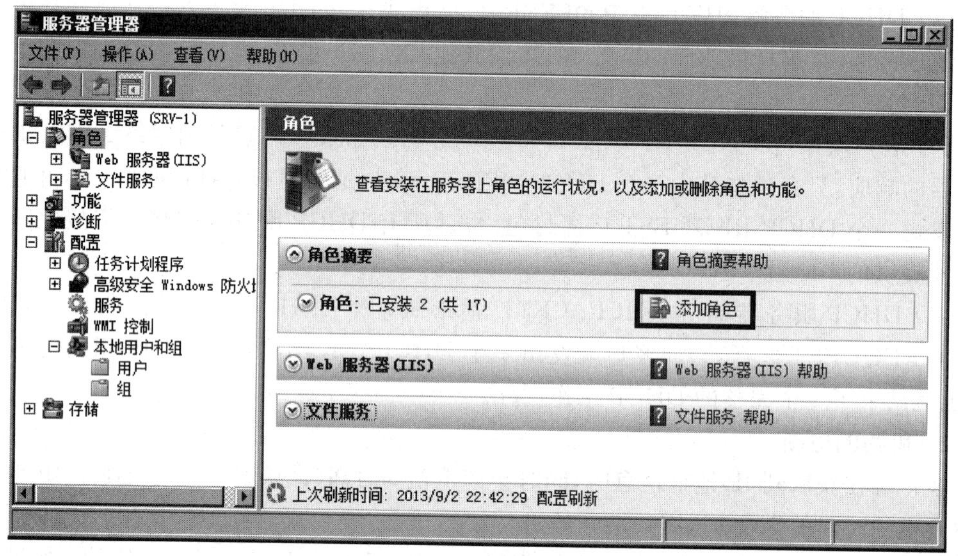


图 6-2 添加服务器角色

(2) 单击"添加角色"选项,如图 6-2 中右侧方框所示位置。然后单击"服务器角色"选项,即可对所要添加的角色进行选择,如图 6-3 所示,单击"下一步"按钮。注意:如果此时服务器还未配置固定 IP 地址,则系统会进行提示,为保证 DHCP 服务器工作正常,请在安装 DHCP 服务器前设置好固定 IP 地址。

(3) 此时会出现 DHCP 服务器简介及注意事项,阅读了解后,单击"下一步"按钮。出现如图 6-4 所示窗口,显示出本机所绑定的 IP 地址,选择要设定为服务器所使用的 IP 地址,单击"下一步"按钮。

(4) 在出现的父域及 DNS 设定窗口中,设置父域名称信息和 DNS 服务器地址信息,如

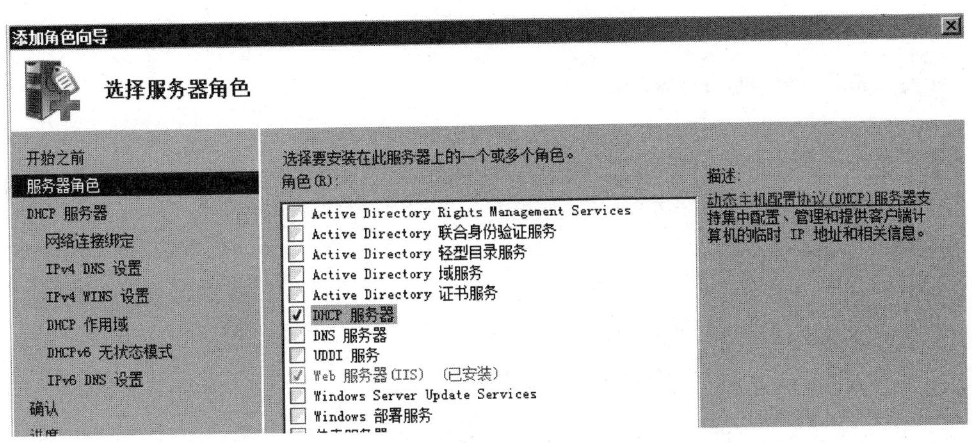


图 6-3 选中 DHCP 服务器角色

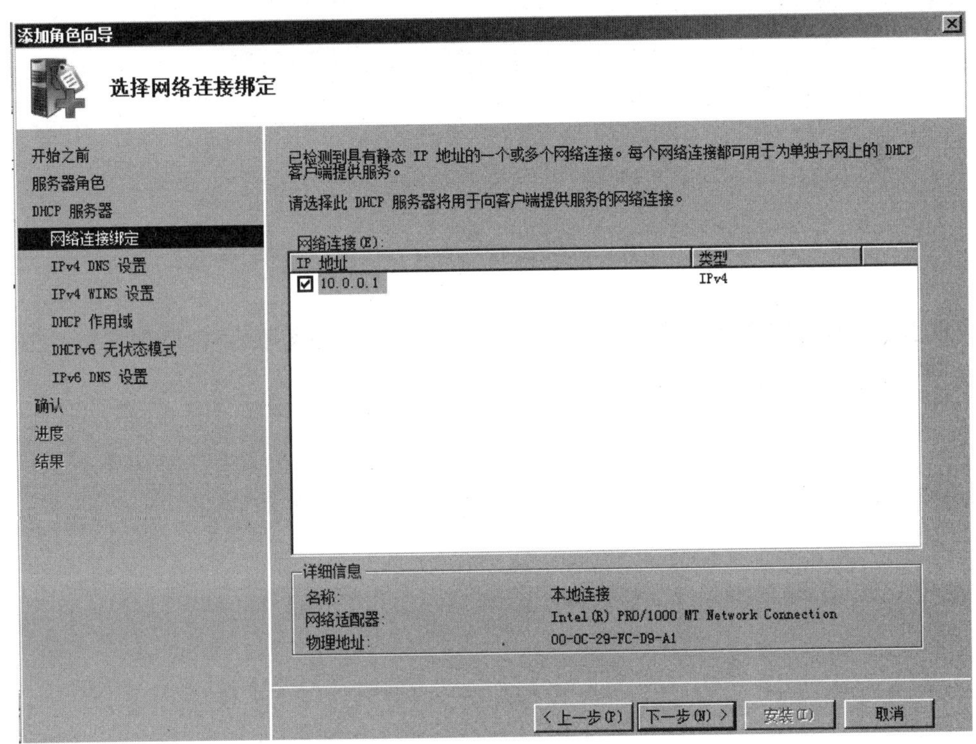


图 6-4 设定服务器的 IP 地址

图 6-5 所示,如果不指定,则直接单击“下一步”按钮。

(5) 此时,出现的是 WINS 服务器地址信息设定窗口,如图 6-6 所示,此处不设置,直接单击“下一步”按钮。

(6) 出现了“添加作用域”窗口,如图 6-7 所示,根据实际情况,填入相关信息,并选中“激活此作用域”复选框,然后单击“下一步”按钮。

(7) 此时,将出现 IPv6 的相关设置窗口,可以根据实际情况进行设定,本例中不涉及 IPv6,因此直接单击两次“下一步”按钮,跳过对 IPv6 的设定。

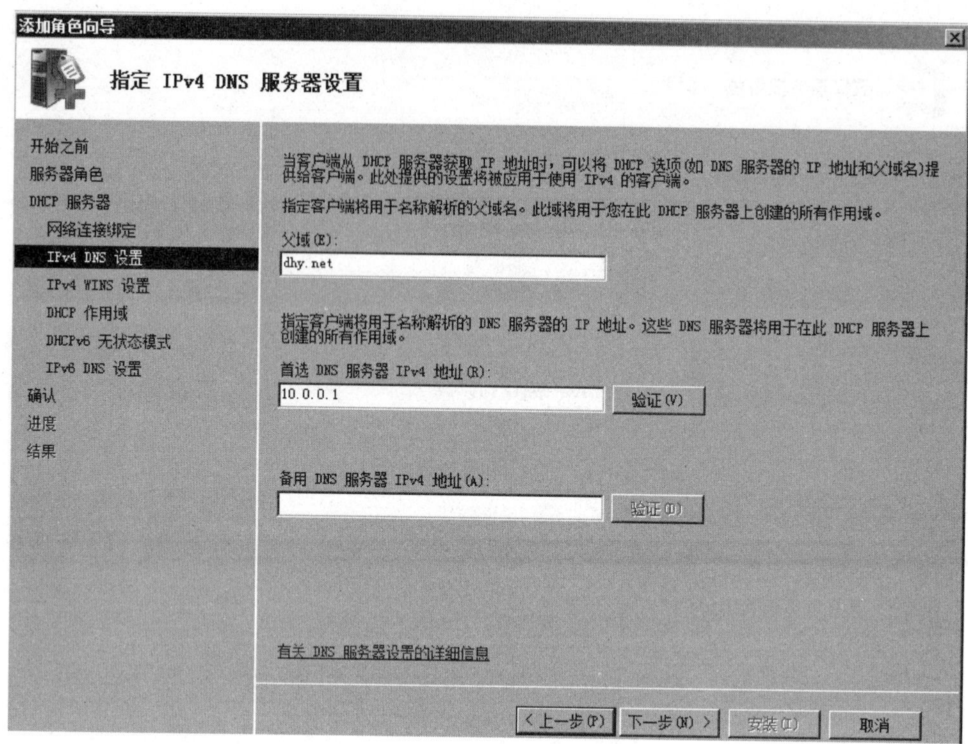

图 6-5　设置 DNS 服务器信息

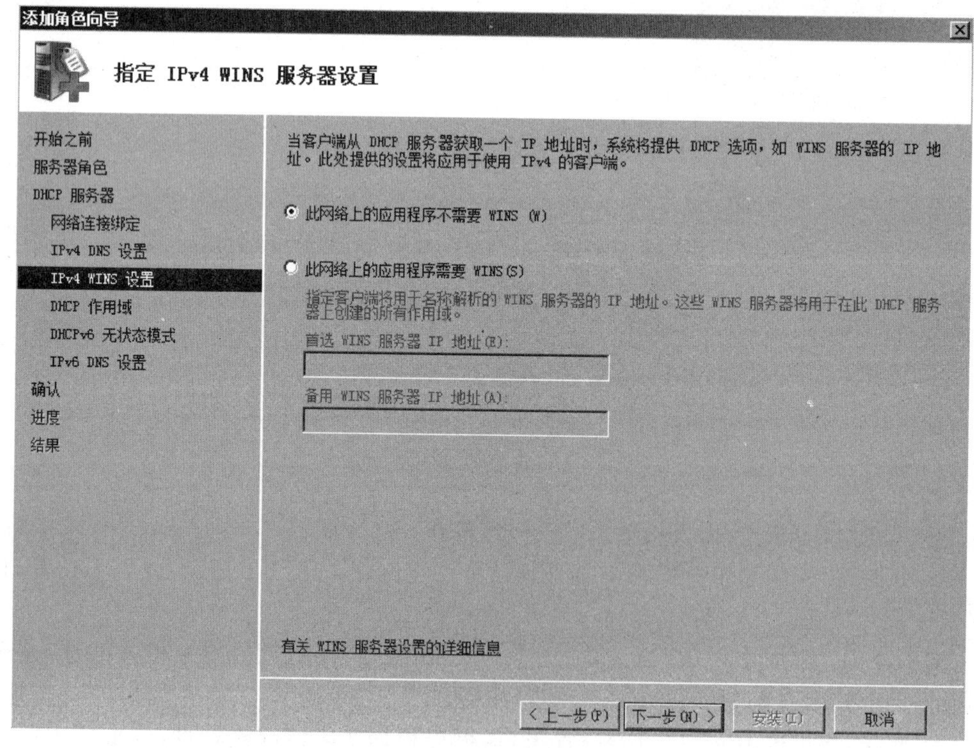

图 6-6　设置 WINS 服务器信息

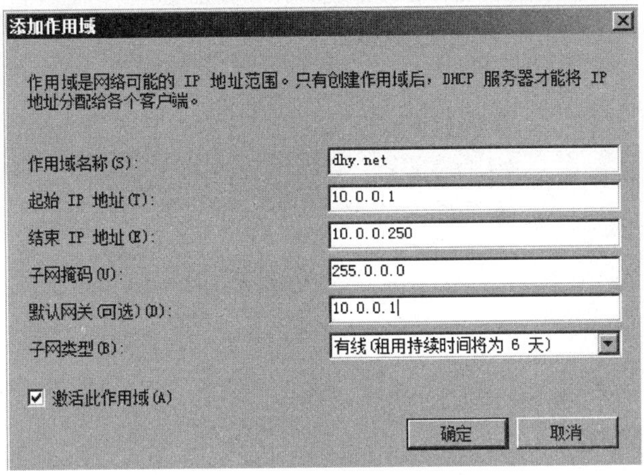

添加作用域

作用域是网络可能的 IP 地址范围。只有创建作用域后，DHCP 服务器才能将 IP 地址分配给各个客户端。

作用域名称(S)： dhy.net

起始 IP 地址(T)： 10.0.0.1

结束 IP 地址(E)： 10.0.0.250

子网掩码(U)： 255.0.0.0

默认网关(可选)(D)： 10.0.0.1

子网类型(B)： 有线(租用持续时间将为 6 天)

☑ 激活此作用域(A)

确定　取消

图 6-7　设置作用域信息

(8) 出现“确认安装选择”窗口，在窗口中列出了对 DHCP 服务器设定的相关总结信息，如图 6-8 所示，检查确认无误后，单击“安装”按钮。

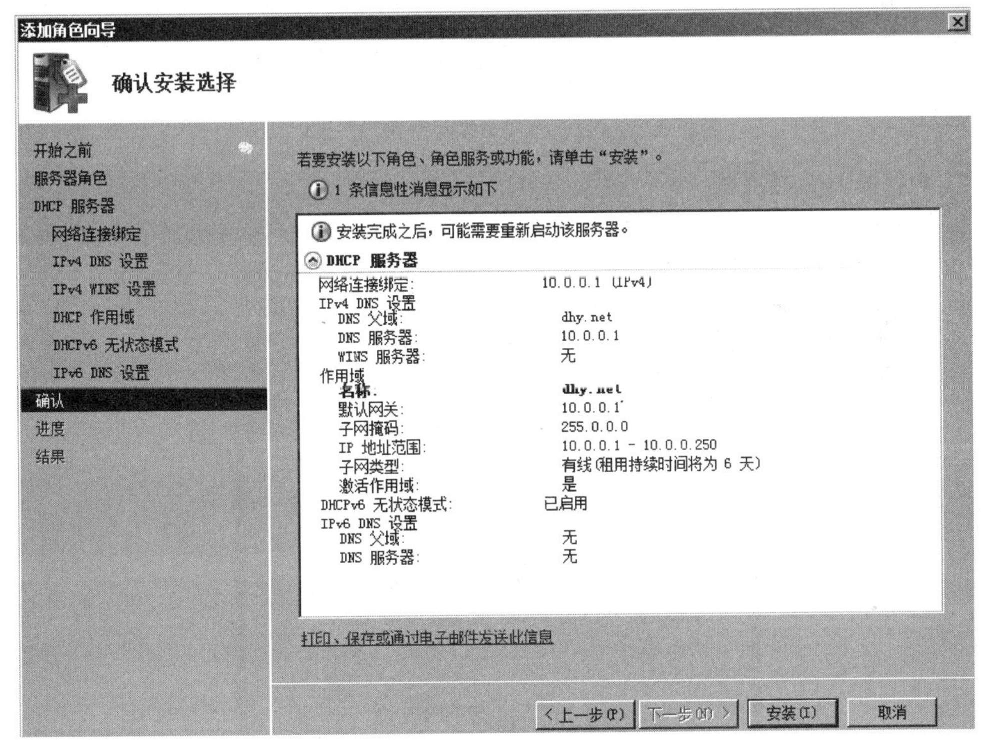


图 6-8　DHCP 服务器信息设置预览

(9) 安装成功后，将会出现图 6-9 所示的界面，表示安装成功。

完成以上的操作后，我们的 DHCP 服务器将可以提供以下服务功能：DHCP 客户端可以从 DHCP 服务器上自动获取 IP 地址、子网掩码、默认网关和 DNS 的相关信息。

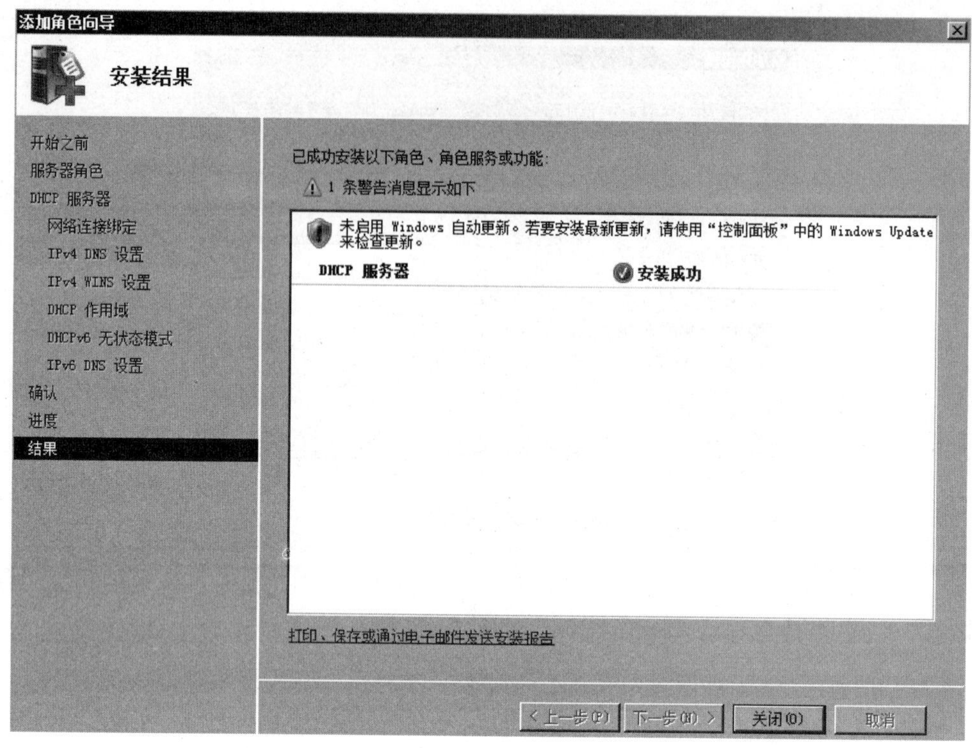

图 6-9　DHCP 服务器安装成功提示

**2. 配置 DHCP 客户端**

以 Windows 7 为例，在“控制面板”中单击“网络和 Internet\网络和共享中心”选择“本地连接”选项，在弹出的对话框中单击“属性”按钮，打开“本地连接属性”对话框。然后双击“Internet 协议版本 4(TCP/IP v4)”选项，选中“自动获得 IP 地址”单选按钮，并单击“确定”按钮，如图 6-10 所示。

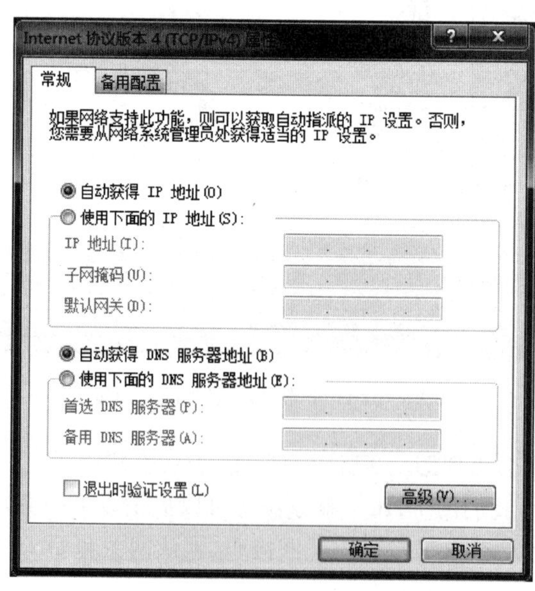

图 6-10　客户端 TCP/IP 设置

**提示**：默认情况下，计算机使用的都是自动获取 IP 地址的方式，一般无须进行修改，只需检查一下就行了。

至此，DHCP 服务器端和客户端已经全部设置完成了。在 DHCP 服务器正常运行的情况下，首次开机的客户端会自动获取一个 IP 地址并拥有八天的使用期限。

客户端查看获取 IP 情况的方法：选择“开始”→“运行”命令，输入 cmd，单击“确定”按钮。在出现的命令提示符窗口中输入 ipconfig/all，按回车键，即可看到所获得的 IP 地址，如图 6-11 所示。

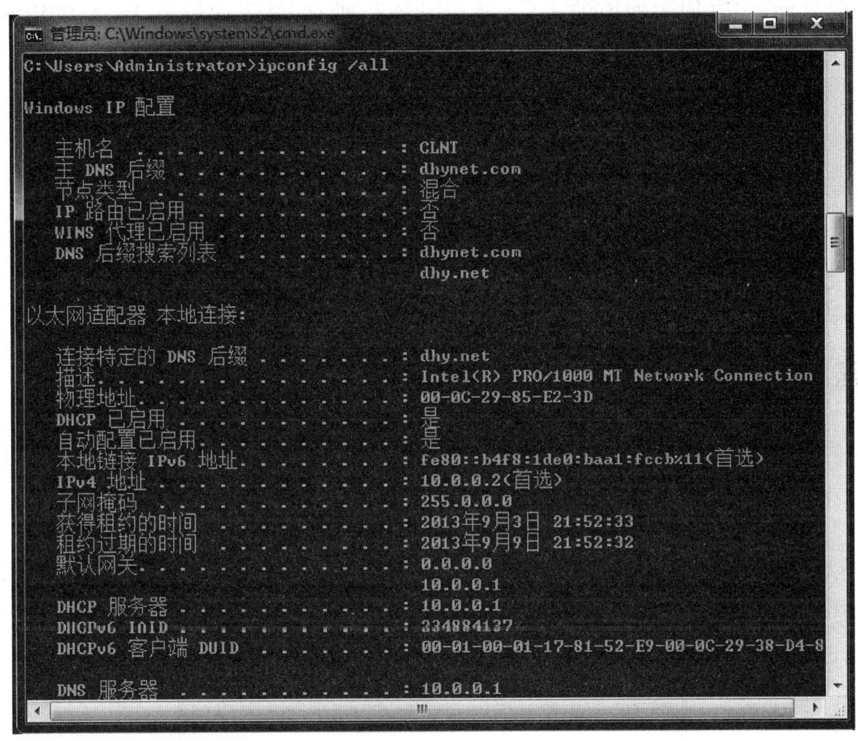


图 6-11　客户端获得 IP 地址情况

同时，在 DHCP 服务器上，也能看到 IP 分配情况，如图 6-12 所示。

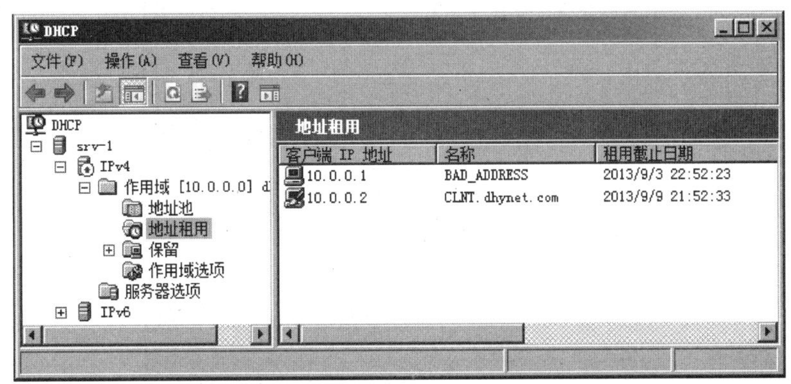


图 6-12　DHCP 服务器上的 IP 分配情况

**注**：其中的 bad address 是因为 10.0.0.1 已经手动分配给 DHCP 服务器了，无法再被分配导致的，不影响使用。

### 3. 作用域选项的修改

现在已经完成了自动分配 IP 的任务，客户端已经可以自动获取相关 IP 信息及其他相关信息。如果由于网关 IP 变化或 DNS 服务器 IP 变化，需要重新发布这些信息，需要如何做呢？这个功能要由 DHCP 中的作用域选项来完成。

(1) 选择"开始"→"管理工具"→DHCP 选项，打开 DHCP 服务器管理界面。在 DHCP 服务器管理界面，单击服务器前的＋号，展开服务器列表，再依次展开 IPv4 和其下的"作用域"前的＋号，单击"作用域选项"选项，如图 6-13 所示。

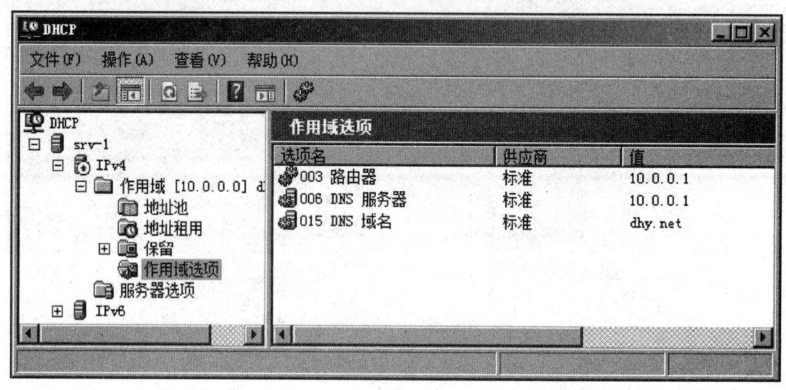


图 6-13 作用域选项信息

(2) 在右侧窗格中双击"003 路由器"选项(即网关)或"006 DNS 服务器"选项，在出现的对话框中根据需要进行修改，如路由器地址改为 10.0.0.100，再单击"确定"按钮，如图 6-14 所示，即完成了对相关作用域选项的设定。

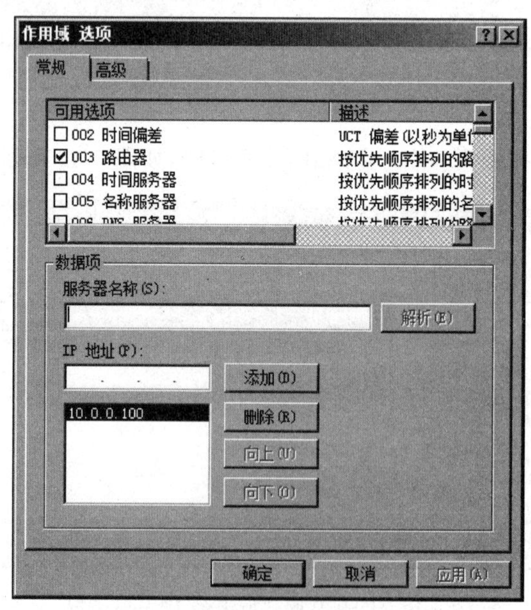


图 6-14 设置路由器(网管)信息

**4. 配置 DHCP 客户端保留**

现在已经完成了所有客户端的需求，继续完成 Web 服务器和 FTP 服务器的 IP 需求。Web 服务器和 FTP 服务器需要每次都获得同一个 IP 地址，并且固定为 10.0.0.66 和 10.0.0.88，在 DHCP 服务器中，可以使用客户端保留功能来完成，这个功能的工作原理是将 IP 地址与客户端的网卡 MAC 地址进行绑定，从而达到指定的 IP 地址专门留给特定计算机使用的目的。

(1) 在 DHCP 服务器管理界面，右击"保留"选项，在弹出的快捷菜单中选择"新建保留"命令。

(2) 在弹出的"新建保留"对话框中的"保留名称"文本框中，输入此保留的名称，即保留给谁用。此处输入"Web 服务器"。

(3) 在"IP 地址"文本框中，输入要保留的 IP 地址：10.0.0.66。

(4) 在"MAC 地址"文本框中，输入 Web 服务器的机器网卡 MAC 地址(关于 MAC 地址的查看方法请参阅相关说明)。支持类型保持默认的"两者"即可，如图 6-15 所示。单击"添加"按钮。

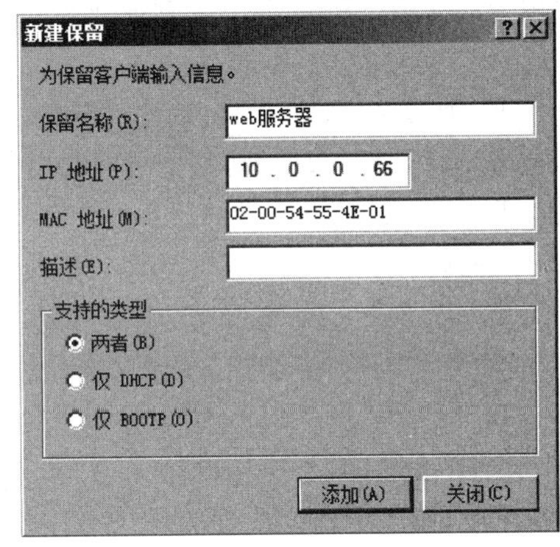


图 6-15　Web 服务器的保留 IP

用同样的方法，为 FTP 服务器添加保留 IP。完成后，Web 服务器和 FTP 服务器的计算机 IP 地址将永久固定为 10.0.0.66 和 10.0.0.88，如图 6-16 所示。

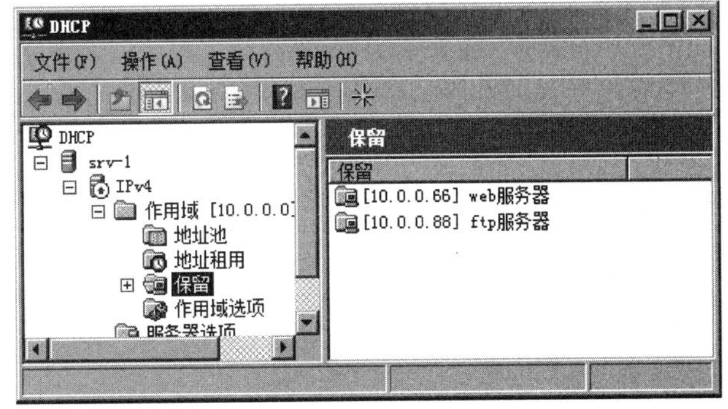


图 6-16　保留 IP 配置后

至此，已经完成了案例应用中的需求：

(1) 客户端能够自动获取 IP 地址；

(2) 在获取 IP 地址的同时，还要能获得网关的 DNS 的配置信息；

(3) Web 服务器和 FTP 服务器需要获得固定的 IP 地址，即便是重启，也能保证获得 IP 地址不变，且这两个 IP 地址不能被分配给其他客户端使用。

## 6.6 练习案例

某公司准备在网络中部署 IP 地址，公司准备使用 192.168.1.0 这个 C 类的 IP 网络，公司每个办公室有 10 台计算机，将来准备扩展为 20 台，而公司目前有 6 个办公室。请确定应该使用怎样的子网掩码。

## 6.7 课后习题

1. 192.168.1.0/24 使用掩码 255.255.255.240 划分子网，其可用子网数为(　　)，每个子网内可用主机地址数为(　　)。

A. 14 14　　B. 16 14　　C. 254 6　　D. 14 62

2. B 类地址子网掩码为 255.255.255.248，则每个子网内可用主机地址数为(　　)。

A. 10　　B. 8　　C. 6　　D. 4

3. 对于 C 类 IP 地址，子网掩码为 255.255.255.248，则能提供子网数为(　　)。

A. 16　　B. 32　　C. 30　　D. 128

4. IP 地址 219.25.23.56 的默认子网掩码有(　　)位。

A. 8　　B. 16　　C. 24　　D. 32

5. 某公司申请到一个 C 类 IP 地址，但要连接 6 个子公司，最大的一个子公司有 26 台计算机，每个子公司在一个网段中，则子网掩码应设为(　　)。

A. 255.255.255.0　　B. 255.255.255.128

C. 255.255.255.192　　D. 255.255.255.224

# 第7章 域名服务管理

## 7.1 导语：为什么要使用域名服务器

在 Internet 中，任何计算机要与其他计算机通信，都必须有 IP 地址，通信的双方是靠 IP 地址来识别对方和标示自己。当我们浏览网页、访问 FTP 服务器时，从某种意义上说，要知道网页或者 FTP 服务器所在的 IP 地址才能访问。这对于人来说，是个问题，因为人的记忆能力有限，IP 地址又不太好记，IP 地址的数量又极其庞大。怎么解决这个问题呢？

人记忆有意义的名称相对容易。如果能把不好记忆的 IP 地址转换为好记的名称，这个问题也就解决了。域名服务系统就是来解决这个问题的。域名服务系统（Domain Name Service，DNS）把域名和 IP 地址对应起来，人们只要记住好记的域名，在浏览器中输入域名，DNS 负责把域名转换为 IP 地址（这个过程叫作域名解析），这样就解决了 IP 地址不好记忆的问题。比如，119.75.219.38，这个 IP 地址不好记，不要紧，记住 www.sohu.com 就行了，119.75.219.38 就是 www.sohu.com 的 IP 地址。

## 7.2 域　　名

网络是基于 TCP/IP 协议进行通信和连接的，每一台主机都有一个唯一的标识固定的 IP 地址。网络中的地址方案分为两套：IP 地址系统和域名地址系统。这两套地址系统其实是一一对应的关系。由于 IP 地址是数字标识，使用时难以记忆和书写，因此在 IP 地址的基础上又发展出一种符号化的地址方案，来代替数字型的 IP 地址。每一个符号化的地址都与特定的 IP 地址对应，这样网络上的资源访问起来就容易得多了。这个与网络上的数字型 IP 地址相对应的字符型地址，就被称为域名。域名（Domain Name），是由一串用点分隔的名字组成的 Internet 上某一台计算机或计算机组的名称，用于在数据传输时标识计算机的电子方位（有时也指地理位置）。域名是一个 IP 地址上有“面具”。一个域名的目的是便于记忆和沟通的一组服务器的地址（网站、电子邮件、FTP 等）。

可见域名就是上网单位的名称，是一个通过计算机接入网络的单位在该网中的地址。一个公司如果希望在网络上建立自己的主页，就必须取得一个域名，域名也是由若干部分组成，包括数字和字母。通过该地址，人们可以在网络上找到所需的详细资料。域名是上网单位和个人在网络上的重要标识，起着识别作用，便于他人识别和检索某一企业、组织或个人的信息资源，从而更好地实现网络上的资源共享。

DNS 最早于 1983 年由保罗·莫卡派乔斯（Paul Mockapetris）发明；原始的技术规范在 RFC 882 中发布。1987 年发布的 RFC 1034 和 RFC 1035 号草案修正了 DNS 技术规范，并废除了之前的 RFC 882 和 RFC 883 号草案。

### 7.2.1 域名结构

为了更方便、快捷地定位到连接 Internet 上的一台计算机，域名采用层次型结构。从而可以将互联网上难以计算的计算机的 IP 及域名分别保存在不同的 DNS 服务器上，采用这种分层的结构，大大加快了 DNS 名称解析的速度。在 DNS 中，域名的层次结构包括根域、顶级域、二级域、下属子域和主机等。该层次结构类似于一棵倒置的树，最上边的树根就是根域，往下依次是顶级域、二级域、三级域等，而树叶就是计算机，如图 7-1 所示。

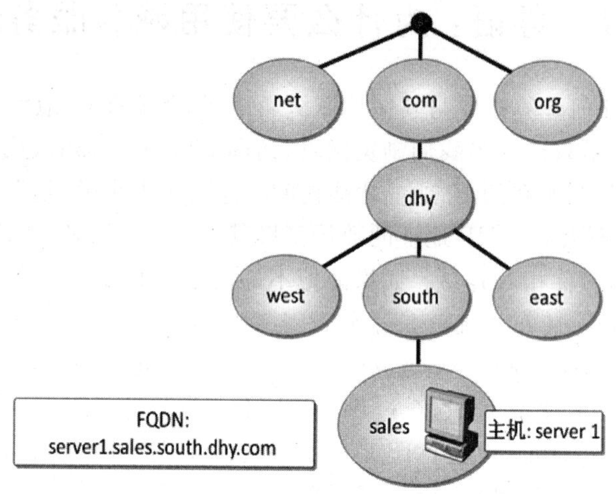


图 7-1 域名空间的层次结构

在图 7-1 的最上边的黑点代表根域，由国际互联网络信息中心(Inter NIC)负责管理，该机构把域名空间各部分的管理职责分配给连接到 Internet 的各个组织。

顶级域名又分为两类：一是国家顶级域名(national Top-Level Domainnames，nTLDs)，目前 200 多个国家都按照 ISO 3166 国家代码分配了顶级域名，例如中国是 cn，美国是 us，日本是 jp 等；二是国际顶级域名(international Top-Level Domain names，iTDs)，例如表示工商企业的. com，表示网络提供商的. net，表示非营利组织的. org 等。

二级域名是指顶级域名之下的域名，在国际顶级域名下，它是指域名注册人的网上名称，例如 ibm、yahoo、microsoft 等；在国家顶级域名下，它是表示注册企业类别的符号，例如 com、edu、gov、net 等。在该二级域名中，各公司或个人也可根据各自的情况划分下级子域或主机等。如注册 dhynet. com 后，可在该二级子域下建立子域 south. dhynet. com 等。

主机名称就是 FQDN 中最左边的部分，代表某一个组织或公司内部的具体某一台主机。

DNS 规定，域名中的标号都由英文字母和数字组成，每一个标号不超过 63 个字符，也不区分大小写字母。标号中除连字符(-)外不能使用其他的标点符号。级别最低的域名写在最左边，而级别最高的域名写在最右边。由多个标号组成的完整域名总共不超过 255 个字符。

一些国家也纷纷开发使用采用本民族语言构成的域名，如德语、法语等。中国也开始使用中文域名，但可以预计的是，在中国国内今后相当长的时期内，以英语为基础的域名（即英文域名）仍然是主流。

### 7.2.2 注册域名

注册域名需要遵循先申请、先注册的原则，既然域名是一种有价值的资源，那么，它是否能够成为知识产权保护的客体呢？我们认为，在新的经济环境下，域名所具有的商业意义已远远大于其技术意义，而成为企业在新的科学技术条件下参与国际市场竞争的重要手段，它不仅代表了企业在网络上的独有的位置，也是企业的产品、服务范围、形象、商誉等的综合体现，是企业无形资产的一部分。同时，域名也是一种智力成果，它是有文字含义的商业性标记，与商标、商号类似，体现了相当的创造性。在域名的构思选择过程中，需要一定的创造性劳动，使得代表自己公司的域名简洁并具有吸引力，以便使公众熟知并对其访问，从而达到扩大企业知名度、促进经营发展的目的。可以说，域名不是简单的标识性符号，而是企业商誉的凝结和知名度的表彰，域名的使用对企业来说具有丰富的内涵，远非简单的“标识”二字可以穷尽。因此，不论学术界还是实际部门，大都倾向于将域名视为企业知识产权客体的一种。而且，从世界范围来看，尽管各国立法尚未把域名作为专有权加以保护，但国际域名协调制度是通过世界知识产权组织来制定，这足以说明人们已经把域名看作知识产权的一部分。

### 7.2.3 申请步骤

(1) 准备申请资料：申请 com 域名无须提供身份证、营业执照等资料；2012 年 6 月 3 日 cn 域名已开放个人申请注册，申请需要提供身份证或企业营业执照。

(2) 寻找域名注册网站：由于.com、.cn 域名等不同后缀均属于不同注册管理机构所管理，如要注册不同后缀域名，则需要从注册管理机构寻找经过其授权的顶级域名注册查询服务机构。如 com 域名的管理机构为 ICANN，cn 域名的管理机构为 CNNIC（中国互联网络信息中心）。域名注册查询注册商已经通过 ICANN、CNNIC 双重认证，则无须分别到其他注册服务机构申请域名。

(3) 查询域名：在注册商网站注册用户名成功后并查询域名，选择您要注册的域名，并单击域名注册查询。

(4) 正式申请：查到想要注册的域名，并且确认域名为可申请的状态后，提交注册，并缴纳年费。

(5) 申请成功：正式申请成功后，即可开始进入 DNS 解析管理、设置解析记录等操作。

## 7.3 域名解析

### 7.3.1 什么是域名解析

域名和网址并不是一回事，域名注册好之后，只说明你对这个域名拥有了使用权，如果不进行域名解析，那么这个域名就不能发挥它的作用，经过解析的域名可以用来作为电子邮箱的后缀，也可以用来作为网址访问自己的网站，因此域名投入使用的必备环节是“域名解析”。我们知道域名是为了方便记忆而专门建立的一套地址转换系统，要访问一台互联网上的服务器，最终还必须通过IP地址来实现，域名解析就是将域名重新转换为IP地址的过程。一个域名只能对应一个IP地址，而多个域名可以同时被解析到一个IP地址。

域名解析需要由专门的域名解析服务器来完成，整个过程是自动进行的。

下面举一个例子来详细说明解析域名的过程。假设我们的客户机想要访问站点www.163.com，此客户机本地的域名服务器是dns.company.com，一个根域名服务器是d.root-servers.net，所要访问的网站的域名服务器是dns.163.com，域名解析的过程如下所示：

（1）客户机发出请求解析域名www.163.com的报文。

（2）本地的域名服务器收到请求后，查询本地缓存，假设没有该记录，则本地域名服务器dns.company.com向根域名服务器d.root-servers.net发出请求解析域名www.163.com。

（3）根域名服务器d.root-servers.net收到请求后会返回信息：这个域名由.com区域管理，给你c.gtld-servers.net服务器地址，让你到c.gtld-servers.net去查询。

（4）本地域名服务器dns.company.com向c.gtld-servers.net服务器请求查询www.163.com的地址。

（5）c.gtld-servers.net收到请求后，查询本地缓存，得到163.com主区域服务器的地址，并将该地址返回给本地域名服务器dns.company.com。

（6）本地域名服务器dns.company.com向163.com域服务器请求查询www.163.com的地址。

（7）c.gtld-servers.net收到请求后，查询得到www.163.com的地址，并将该地址返回给本地域名服务器dns.company.com。

（8）本地域名服务器将返回的结果保存到本地缓存，同时将结果返回给客户机。这样就完成了一次域名解析过程，如图7-2所示。

### 7.3.2 两种域名查询

域名查询可以分为两种类型：递归查询和迭代查询。

递归查询是域名服务器将代替提出请求的客户机或下级DNS服务器进行域名查询，若域名服务器不能直接回答，则域名服务器会在域的各树中的各分支的上下进行递归查询，最终将返回查询结果给客户机，在域名服务器查询期间，客户机将完全处于等待状态。递归查询中DNS服务器只会向提出请求的客户机返回两种信息：要么是查找到的IP地址，要么是查询失败。

主机向本地域名服务器的查询一般都是采用递归查询。图7-2中网络客户端向本地DNS服务器提交的就是递归查询。图7-3是一种完全使用递归查询的域名解析过程。

本地域名服务器向根域名服务器的查询通常是采用迭代查询。当根域名服务器收到本地域名服务器的迭代查询请求报文时，要么给出所要查询的IP地址，要么告诉本地域名服务器：你下一步应当向哪一个域名服务器进行查询。然后让本地域名服务器进行后续的查询。图7-2中本地域名服务器向根域名服务器的查询、向.com域名服务器的查询、向163.com域名服务器的查询都是采用迭代查询。迭代查询中DNS服务器会向提出请求的客户机或下级DNS服务器返回三种信息之一：或者查找到的IP地址，或者下一步要查找的域名服务器的IP地址，或者是查询失败。

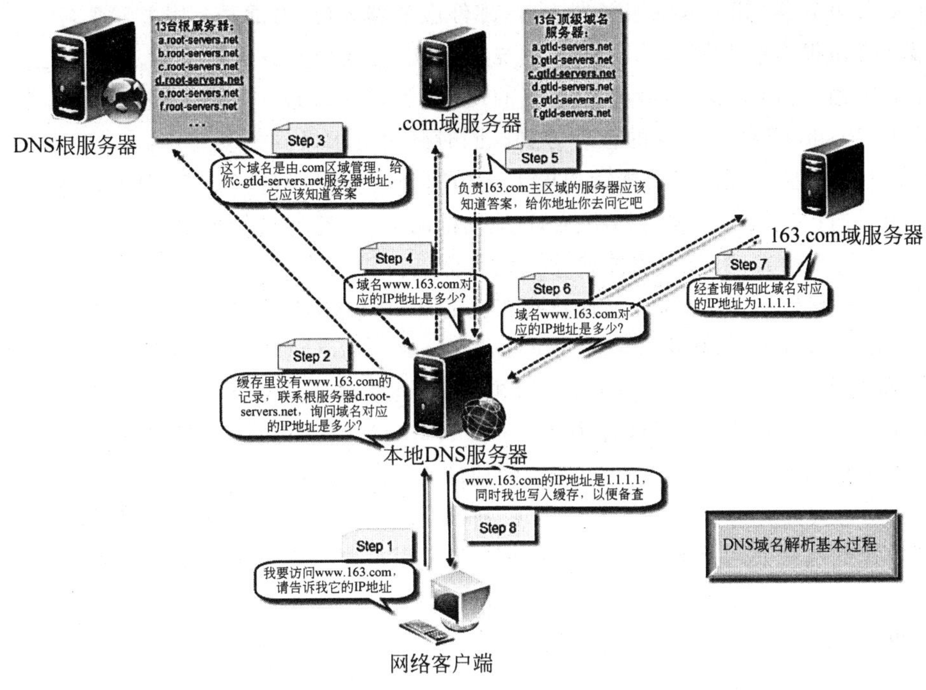


图 7-2　域名解析过程

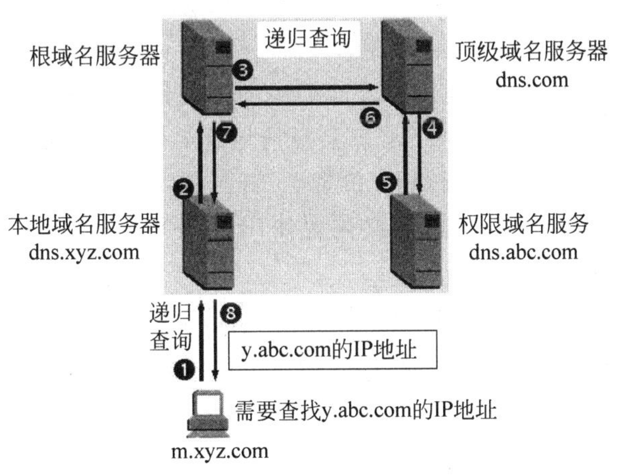


图 7-3　完全使用递归查询的域名解析

# 7.4　应用案例 1：DNS 服务器的基本配置

## 7.4.1　案例内容

DHY 是国内知名电子产品生产企业，公司主要生产移动存储、MP3、MP4、显卡、主板等电子产品。公司正处于快速成长期，在 2～3 年中，人员规模从原先仅 100 人的团队，迅速扩张为现在的800人规模。随着公司规模的扩张,公司加快了信息化建设及管理的步伐,先后购置了多台服务器,其中网站服务器1台,邮件服务器3台,内部OA服务器1台,FTP服务器1台。公司很多业务都是基于B/S系统的,相应的处理服务器有4台。同时为了公司对外交流的应用,公司申请了dhynet.com的域名,为了更好地进行集中化的管理,公司决定采用基于Windows活动目录的管理方式。同时公司要求做到如下几点:

(1) 能为公司员工提供尽可能简单的方法访问公司的应用系统(大部分是以Web网站的形式),当对内提供服务的服务器更换IP地址的时候,所花的代价最小。

(2) 为了管理的方便,公司需要使用主机名称进行相互的资源访问。

(3) 应该能够根据IP地址情况查找到相应的计算机的名字。

(4) 公司内部的Web服务器名称为www.dhynet.com,对应的内部地址为10.0.0.100,FTP服务器名称为ftp.dhynet.com,对应的内部地址也为10.0.0.100,邮件服务器为email.dhynet.com,对应的内部地址为10.0.0.102,OA服务器的名称为oa.dhynet.com,对应的内部地址为10.0.0.103。域控制器的地址为10.0.0.1。

(5) 公司每天都有大量的邮件需要处理,邮件服务也是公司最主要及最为繁重的业务,为了保证快速的响应及可靠性,公司目前共设立了两台邮件服务器,名称分别为win2k2.dhynet.com和win2k3.dhynet.com,对应的IP地址分别为10.0.0.104和10.0.0.105,并且当win2k2无法联系的时候会自动切换到win2k3上工作。

### 7.4.2 案例分析

(1) 在本项目中,为了更好地进行集中化的管理,公司决定采用基于Windows活动目录的管理方式。在网络中必须安装DNS服务器。

(2) 为使公司能为公司员工提供尽可能简单的方法访问公司的应用系统(大部分是以Web网站的形式),当对内提供服务的服务器更换地址的时候,花的代价最少;为了管理的方便,公司还需要使用主机名称进行相互的资源访问;应该能够根据IP地址情况查找到相应的计算机的名称。而要实现这些,就必须要使用DNS服务器的区域及主机资源记录的内容。

(3) 因为该公司每天都有大量的邮件需要处理,需要构建邮件服务,为了保证快速的响应及可靠性,公司需要设立两台邮件服务器,需要对其进行设置。

### 7.4.3 案例实施的条件

(1) 安装Windows Server 2008 R2操作系统的服务器一台,该服务器配置有固定IP地址,比如10.0.0.1;

(2) 安装客户端一台,操作系统可以使用Windows 7或其他,用来验证域名服务器的配置;

(3) 服务器和客户端网络连通。

### 7.4.4 案例实施过程

**1. DNS服务器的安装及配置**

(1) 首先按照图7-4,将服务器计算机的IP地址设置为10.0.0.1,并完成相应“子网掩码”及“首选 DNS 服务器”的设置。

（2）单击“开始”按钮，选择“管理工具”→“服务器管理器”选项，如图 7-5 所示。

（3）在“服务器管理器”对话框中，单击“角色”选项。

（4）在如图 7-6 所示的对话框中，在右侧的“角色摘要”处单击“添加角色”选项，在弹出的“添加角色向导”对话框中，选中“DNS 服务器”复选框，然后单击“下一步”按钮，如图 7-7 所示。

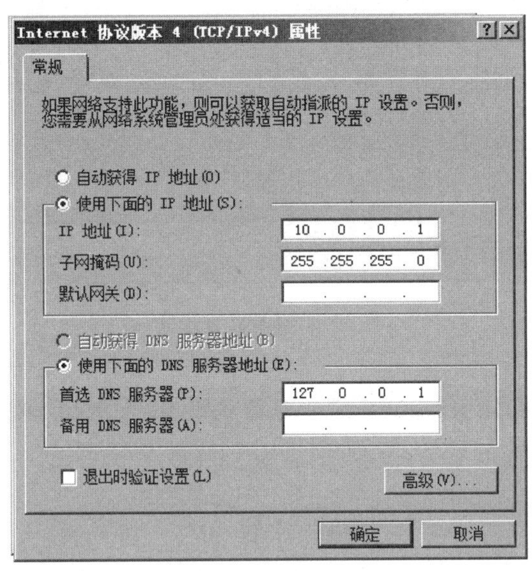


图 7-4　IP 地址的设置

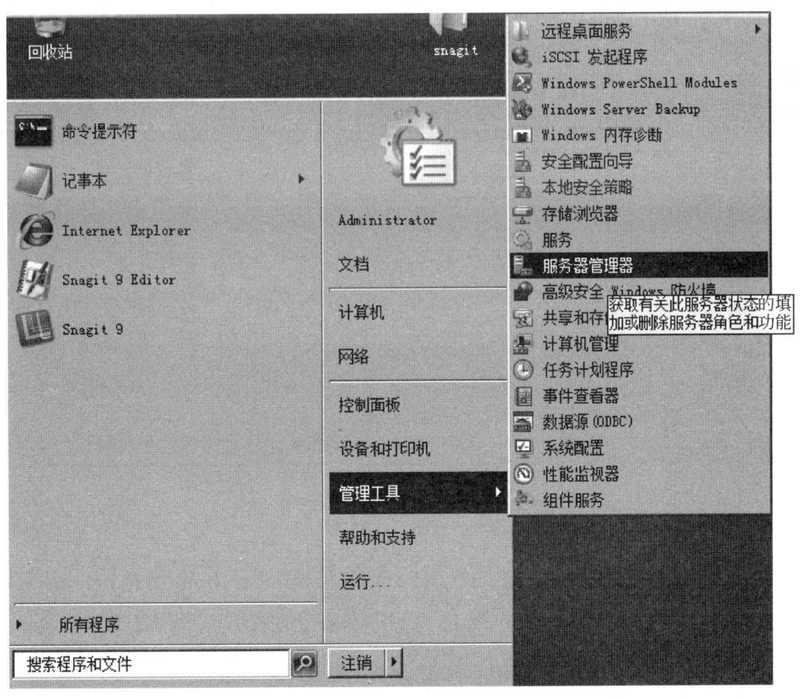


图 7-5　安装 DNS 服务

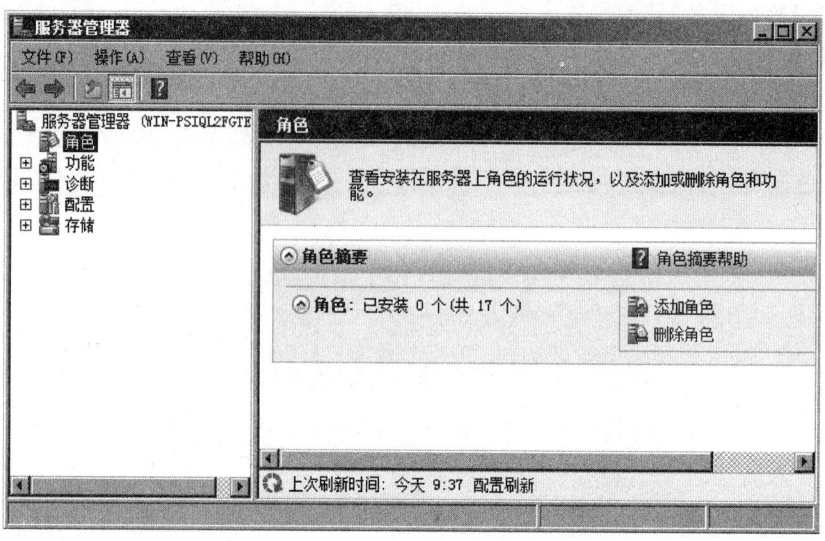


图 7-6　服务器管理器

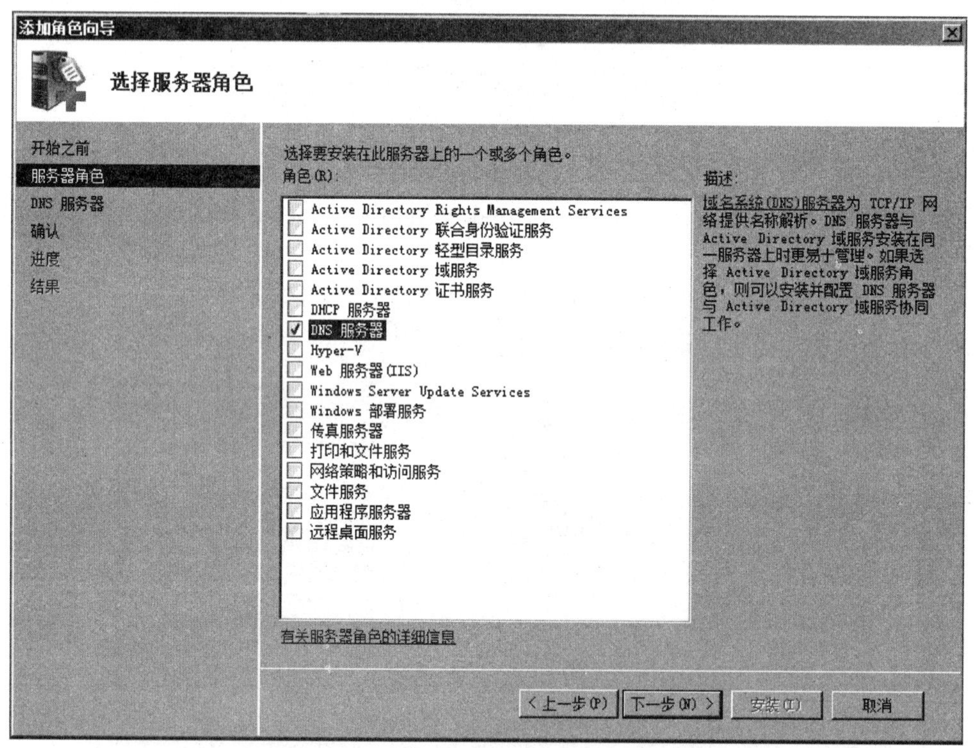


图 7-7　添加 DNS 服务器角色

(5) 在弹出的“添加角色向导”对话框中，查看显示内容并单击“下一步”按钮，然后在“确认”步骤中，单击“安装”按钮。接下来进入到“添加角色向导”的“进度”步骤，等待 DNS 角色安装完成；在“添加角色向导”的“结果”步骤中，单击“关闭”按钮。在安装完成 DNS 服务后，打开“服务器管理器”选项，再单击“角色”选项，查看 DNS 服务是否安装完成，如图 7-8 所示。

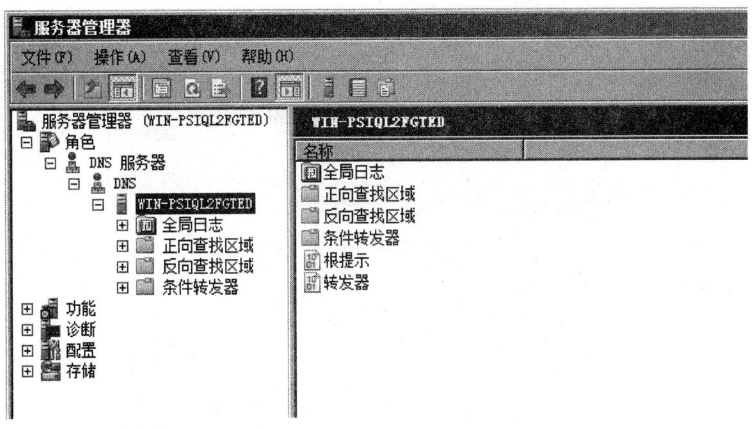


图 7-8 查看 DNS 服务器角色是否安装成功

**2. DNS 客户端的设置**

DNS 服务器配置完成后，还需要对客户端进行一定程度的设置，否则不能进行名称解析服务。下面将以 Windows 7 为例，介绍客户端的配置方法。

(1) 打开客户端计算机的 Internet(TCP/IP)协议属性对话框。在"首选 DNS 服务器"位置添加刚刚建立的 DNS 服务器的 IP 地址，如图 7-9 所示。

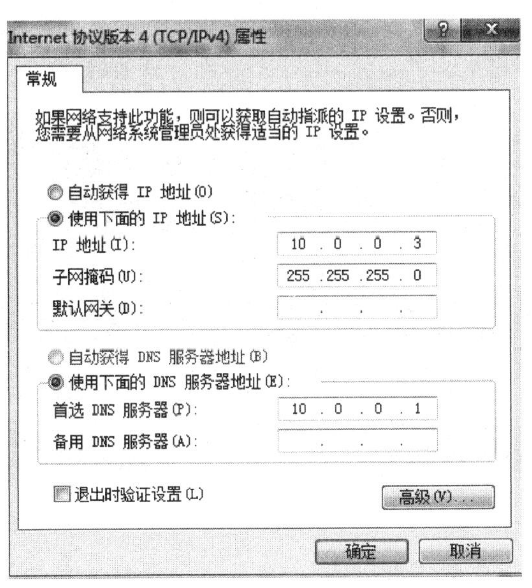


图 7-9 DNS 客户端配置

(2) 在企业网络中，一般的服务器都是成对出现的，以防止由于单点故障导致网络发生故障的问题。为此，可能设置了额外的 DNS 服务器，此时可以在"备用 DNS 服务器"处添加备用 DNS 服务器 IP 地址。同时可以在图 7-10 中设置更多的可以使用的 DNS 服务器。

需要特别注意的是，只有当主 DNS 服务器不能联系的时候，才会去查找辅助 DNS 服务器，而不论辅助 DNS 服务器是否能够解析。也就是说，当主 DNS 服务器不能对一个域名进行解析，尽管辅助 DNS 服务器可以做到，但是当主 DNS 服务器可用时，将不会去查找辅助 DNS 服务器。

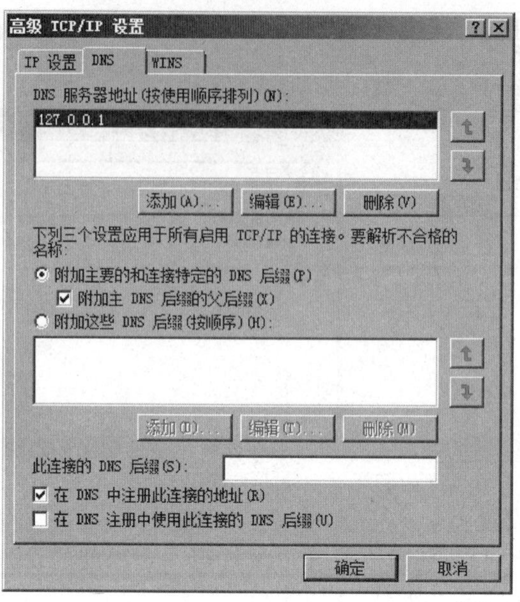


图 7-10　DNS 客户端配置

(3) 在客户端计算机的命令提示符下输入 nslookup 命令,来查看是否设置成功。当在 Address 位置出现设置的 DNS 服务器地址 10.0.0.1 的时候,证明已经设置完毕了。由于现在的 DNS 服务器没有做更多的设置,所以无法进行其他的测试,如图 7-11 所示。

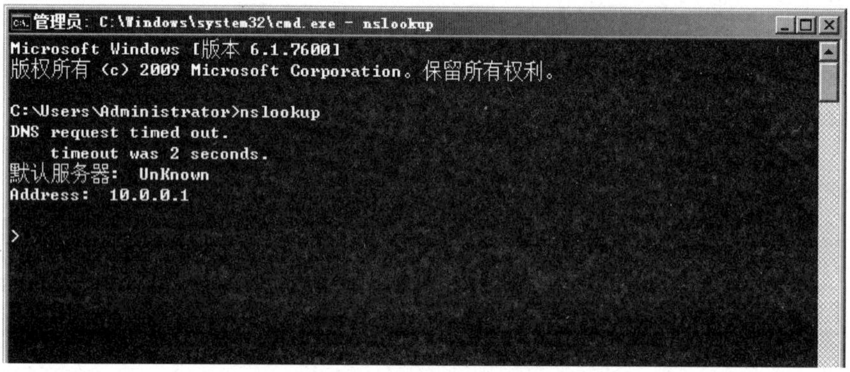

```
管理员: C:\Windows\system32\cmd.exe - nslookup
Microsoft Windows [版本 6.1.7600]
版权所有 (c) 2009 Microsoft Corporation。保留所有权利。

C:\Users\Administrator>nslookup
DNS request timed out.
    timeout was 2 seconds.
默认服务器:  UnKnown
Address:  10.0.0.1

>
```

图 7-11　DNS 客户端测试

**3. 区域的建立及建立主机资源记录**

建立好 DNS 服务器后,第一步要做的就是创建区域。回顾一下 DNS 的架构图,可以发现区域是域名称空间的一个划分,DNS 服务器对该名称空间解析 DNS 查询时有权威性。可以将 DNS 名称空间划分为区域,这些区域存储一个或多个 DNS 域或部分 DNS 域的名称信息,一个区域对于该区域中包含的每个 DNS 域名是权威的信息来源。创建区域分为创建正向查找区域和反向查找区域。区域类型又分为 3 种类型的区域:主要区域、辅助区域及存根区域。

(1) 正向查找区域:根据已知的域名解析相应的 IP 地址。

(2) 反向查找区域:根据已知的 IP 解析相应的域名。

主要区域：用来存储此区域内所有记录的正本。当建立了主要区域后，就可以对该区域内的记录进行添加、修改、删除等操作，区域内的记录存储在文件或者活动目录数据库中。

如果 DNS 服务器是独立服务器或成员服务器，则区域内的记录将保存在名为"区域名称. dns"的区域文件内，该文件符合标准 DNS 格式，也即可以在多种不同的系统内通过更改文件后缀的形式进行简单互换。

如果 DNS 服务器同活动目录服务器进行了集成，那么还可以有另外一种存储的形式，区域内的记录可以存放在活动目录数据库内，随活动目录数据库的复制而自动复制。

辅助区域：是从某一个主要区域 DNS 服务器复制其区域记录，记录是只读的，不能进行添加及修改的操作，仅仅是能提供解析，以分担主要区域 DNS 服务器的解析负担。

例如，test. net 域有 3 台 DNS 服务器负责解析('>'代表复制方向)：

```
dns01 > dns02 > dns03
```

那么

- dns01 是主要区域的 DNS 服务器，其记录是可读可写的。
- dns02 是辅助区域的 DNS 服务器，其记录是只读的，其主控 DNS 就是 dns01。
- dns03 是辅助区域的 DNS 服务器，其记录是只读的，其主控 DNS 就是 dns02。

在 Windows Server 2008 DNS 服务的默认配置下，DNS 辅助区域会在无法联系到其主控 DNS 的 24 小时之后，停止域名解析工作。

用一个比喻来说：辅助区域就像经理安排了经理助理，其助理只能分担其工作，但不能代表经理决策。

下面创建主要区域：

(1) 在服务器管理器控制台中，选择"角色"→"DNS 服务器"→DNS 选项，右击"正向查找区域"选项，从快捷菜单中选择"新建区域"命令，如图 7-12 所示。

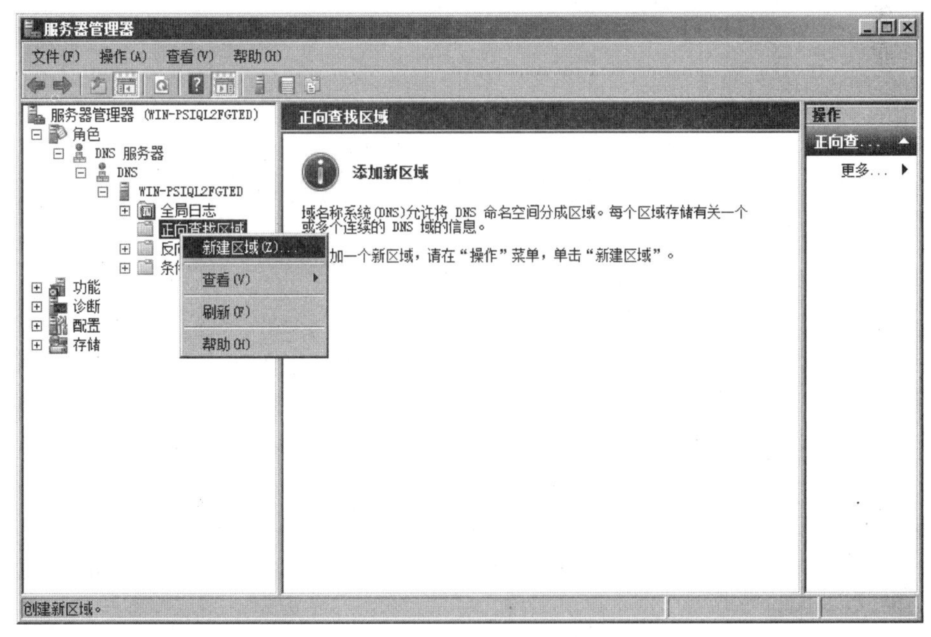


图 7-12　创建主要区域

(2) 在“新建区域向导”对话框中单击“下一步”按钮，并在出现的“区域类型”窗格中选中“主要区域”单选按钮，然后单击“下一步”按钮，如图 7-13 所示。

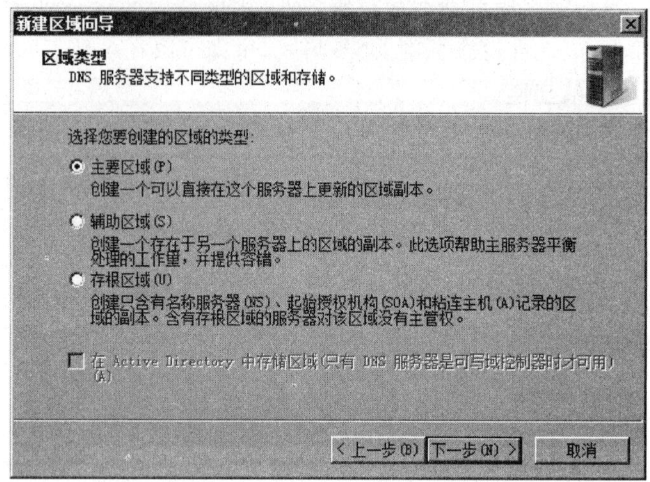


图 7-13　建立主要区域

(3) 在“新建区域向导”对话框的“区域名称”文本框中输入 DHY 公司的域名 dhynet.com，然后单击“下一步”按钮，如图 7-14 所示。

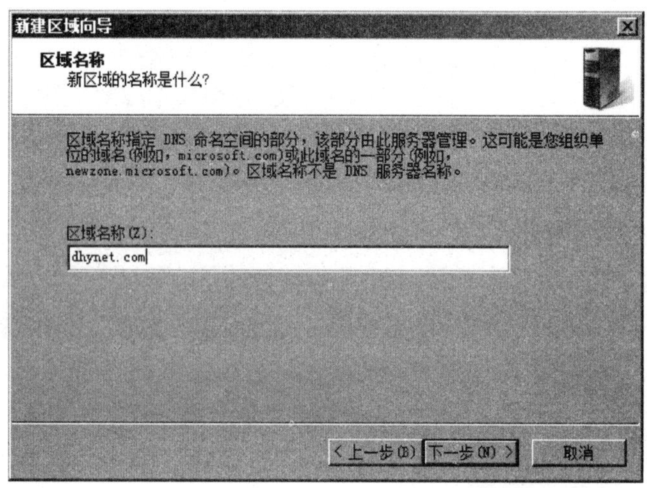


图 7-14　区域名称设置

(4) 如图 7-15 所示，在“新建区域向导”对话框的“区域文件”窗格中，按照默认设置即可，单击“下一步”按钮。如果要使用先有的区域文件，则需要先将该文件复制到 %systemroot%\system32\dns 文件夹内，然后选择“使用此现存文件”单选按钮。

(5) 在“新建区域向导”对话框的“动态更新”窗格中设置动态更新属性，此处由于当前 DNS 服务器没有与 AD 进行集成，所以“只允许安全的动态更新”选项为灰色的，为了能够实现多台计算机的自动注册，选中“允许非安全和安全动态更新”单选按钮，并单击“下一步”按钮，如图 7-16 所示。

(6) 在“新建区域向导”对话框的“完成新建区域向导”步骤中，仔细核对所做的设置是

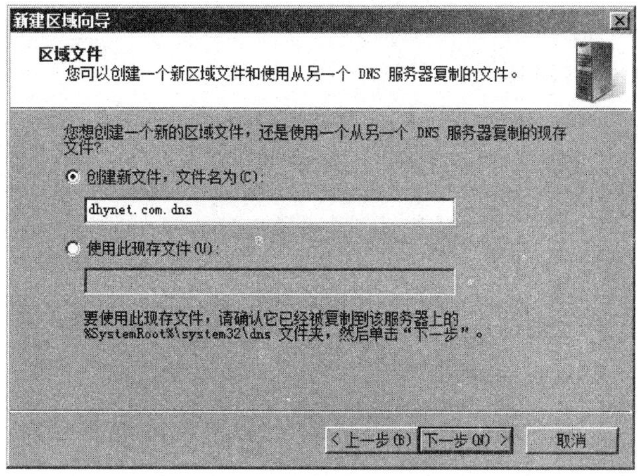


图 7-15　区域文件设置

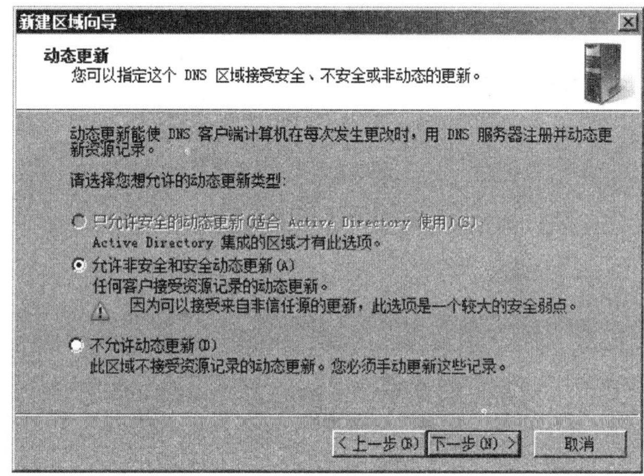


图 7-16　动态更新设置

否正确，如有问题单击"上一步"按钮返回上级窗口进行重新设定，如没有问题，单击"完成"按钮，结束主要区域的创建，如图 7-17 所示。

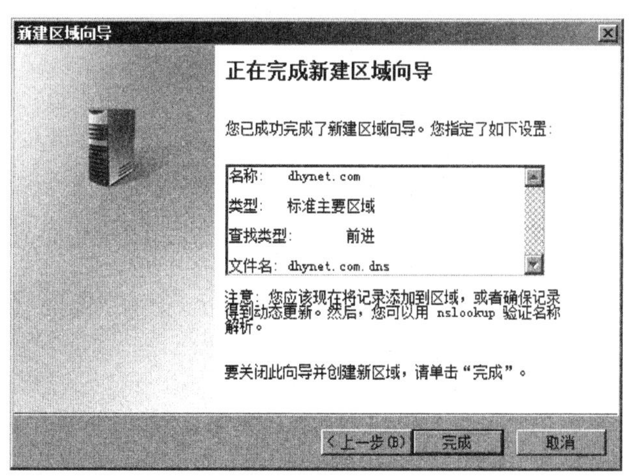


图 7-17　完成正向区域设置

(7) 在 DNS 管理控制台窗口中,查看正向查找区域中是否已经生成了我们建立的主要区域 dhynet. com,如图 7-18 所示。

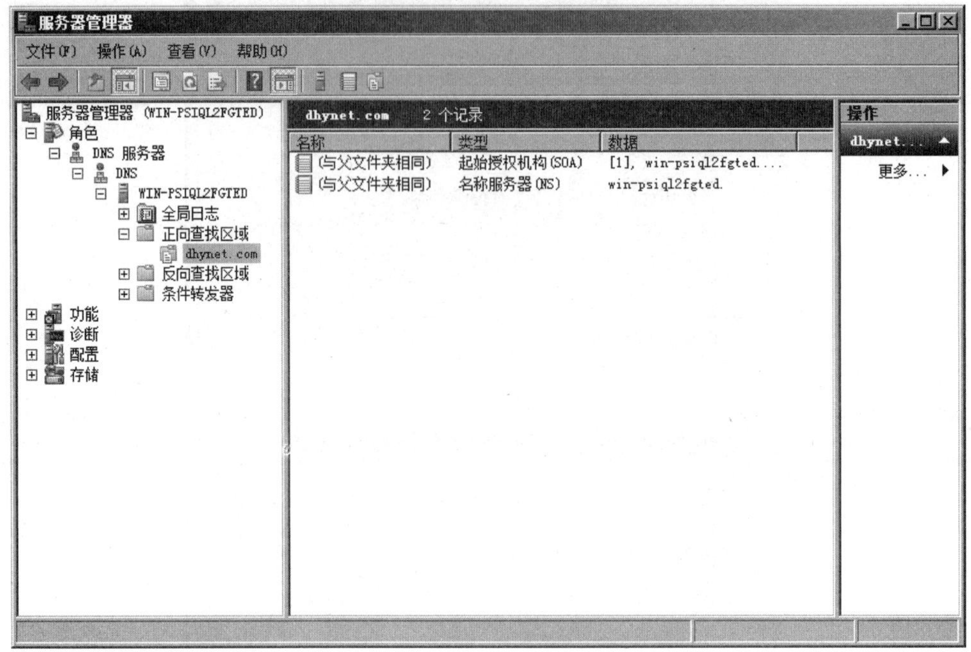


图 7-18 查看正向查找区域

根据使用场景的不同,DNS 服务器有不同的资源记录类型。常见的有如下几种:

- 主机(A)——用于将 DNS 域名映射到计算机使用的 IP 地址。
- 别名(CNAME)——用于将 DNS 域名的别名映射到另一个主要的或规范的名称。别名资源记录有时也称为规范名称。这些记录允许使用多个名称指向单个主机,使得某些任务更容易执行。例如在同一台计算机上维护 FTP 服务器和 Web 服务器,建议在下列情况中使用 CNAME 资源记录:在同一区域的 A 资源记录中指定的主机需要被重新命名时,当用于像 WWW 这样的已知服务器的通用名称需要解析一组提供相同服务的单独计算机(每个都有单独的 A 资源记录)时,例如一组冗余 Web 服务器。
- 邮件交换器(MX)——用于将 DNS 域名映射为交换或转发邮件的计算机的名称。它由电子邮件应用程序使用,用以根据在目标地址中使用的 DNS 域名为电子邮件接收定位邮件服务器。例如,对名称 example. microsoft. com 的 DNS 查询可能会用于寻找 MX 资源记录,允许电子邮件应用程序转发或交换到电子邮件地址为 user@example. microsoft. com 的用户。
- 指针(PTR)——用于映射基于指向正向 DNS 域名的计算机的 IP 地址反向 DNS 域名,支持在 in-addr. arpa 域中创建和确立的区域的反向搜索过程。这些记录用于通过 IP 地址定位计算机并为该计算机信息解析为 DNS 域名。

根据任务的要求,需要建立相应的主机记录、别名记录、邮件交换记录及指针记录。

(1) 打开“服务器管理器”控制台,选择 DNS 服务器角色,右击 dhynet. com 选项,在弹出的快捷菜单中选择“新建主机”命令，如图 7-19 所示。

图 7-19 新建主机

(2) 在“新建主机”对话框中，在“名称”文本框中输入服务器的主机名称 www，IP 地址处输入 10.0.0.100，完全合格域名处将自动将主机名添加到域名的最左边，形成 FQDN 的形式。单击“添加主机”按钮，如图 7-20 所示。然后在弹出的 DNS 对话框中，单击“确定”按钮。

(3) 根据案例中的要求，建立相应的 mail、oa 的主机资源记录，最后单击“完成”按钮。如图 7-21 所示。

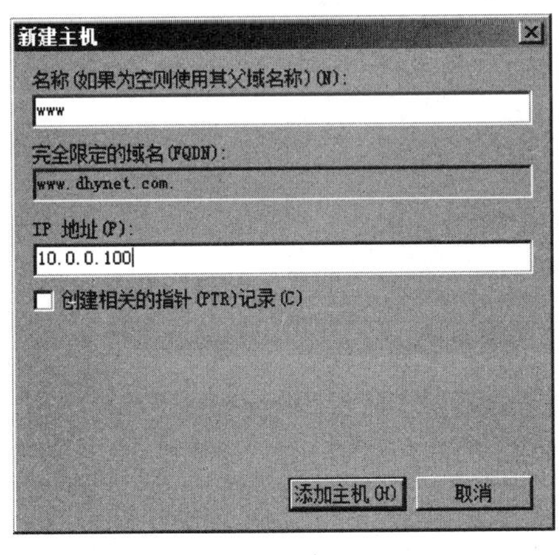

图 7-20 添加主机记录

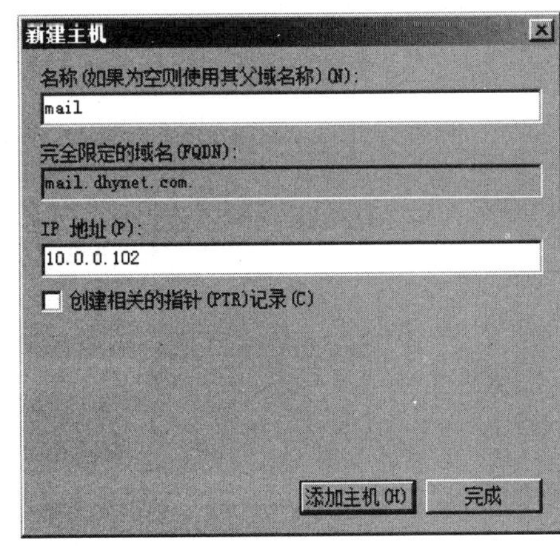

图 7-21 添加主机记录

(4) 当所有的主机记录都添加完毕后，在正向查找区域 dhynet.com 中将出现相应的域名及 IP 的对应关系，如图 7-22 所示。

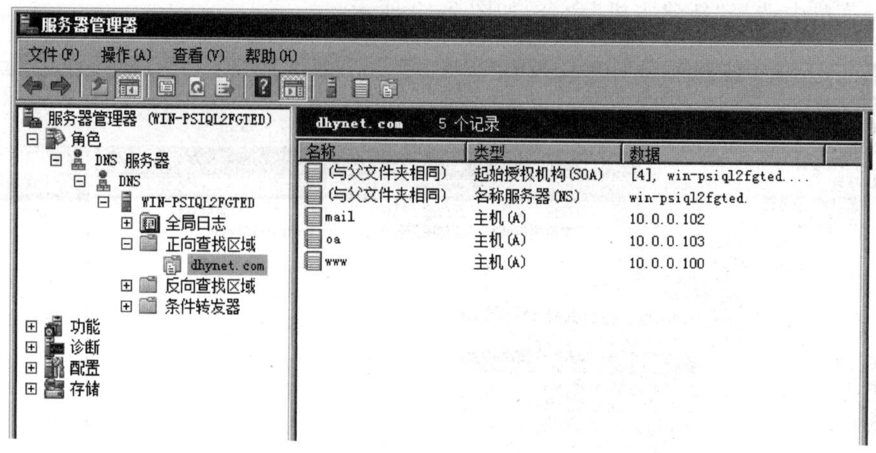


图 7-22 dhynet.com 区域的主机记录

(5) 在企业的环境中，Web 服务器及 FTP 服务器共用一个 IP 地址 10.0.0.100，这种情况经常发生，当企业的服务承载量不大的时候，通常都会将多个服务集成在一台服务器上，为此需要建立相应的别名记录。右击 dhynet.com 选项，在弹出的快捷菜单中选择“新建别名”命令，在弹出的“新建资源记录”对话框中输入“别名”为 ftp，通过单击“浏览”按钮在 dhynet.com 区域中找到 www，然后单击“确定”按钮，如图 7-23 所示。

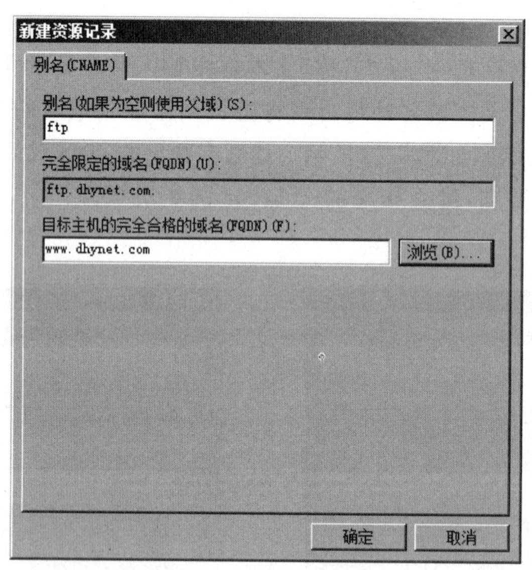


图 7-23 新建别名记录

(6) 添加别名记录后，dhynet.com 区域中的记录如图 7-24 所示。

(7) 打开客户端，单击“开始”→“运行”命令，在“运行”输入框中输入 cmd，单击“确定”按钮。在打开命令行窗口输入 nslookup 命令，在提示符下，输入如下域名进行验证，看 DNS 服务器是否能正确解析，如图 7-25 所示。

(8) 在测试命令界面，我们发现 default server: unknown，address 为 10.0.0.1，这说明

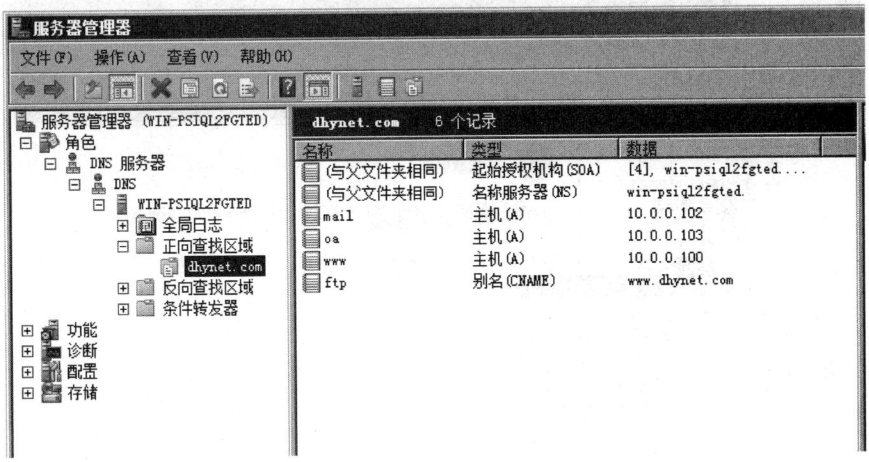

图 7-24　dhynet.com 区域中的资源记录

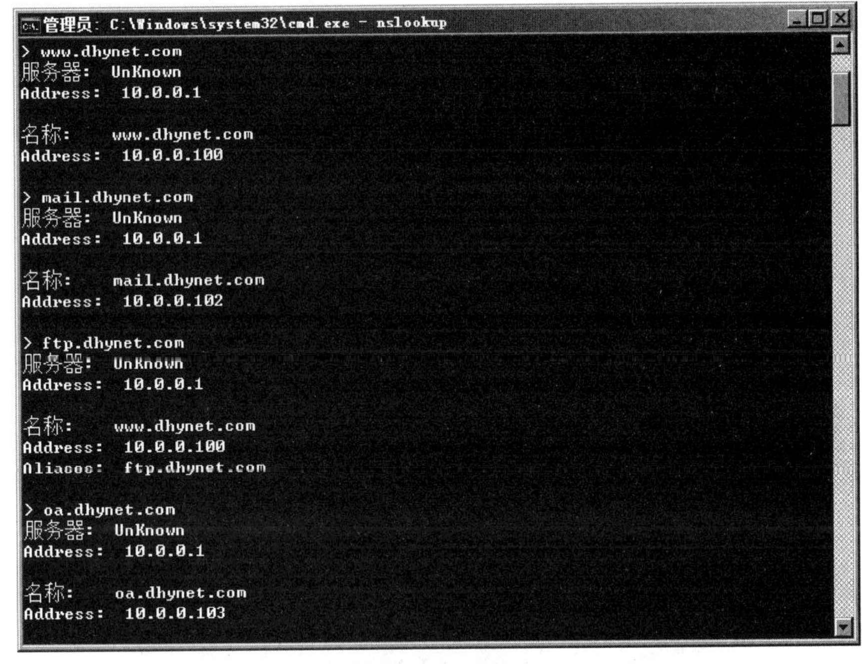


图 7-25　客户端进行域名解析测试

DNS 服务器的名称没有正确解析，同时在题目中要求根据 IP 地址能够解析出对应的 FQDN 名字，为了完成该任务，需要使用反向查找来完成。

右击“反向查找”区域选项，在弹出的快捷菜单中选择“新建区域”命令，如图 7-26 所示。

(9) 根据向导提示，选择新建主要区域，在“反向查找区域名称”窗格中选择“新建区域”，在“反向查找区域名称”窗格中的“网络 ID”处填入公司服务器所用 IP 地址的网络地址 10.0.0，单击“下一步”按钮，如图 7-27 所示。

(10) 创建区域文件，并配置动态更新，检查摘要，无误后，单击“完成”按钮，如图 7-28 所示。

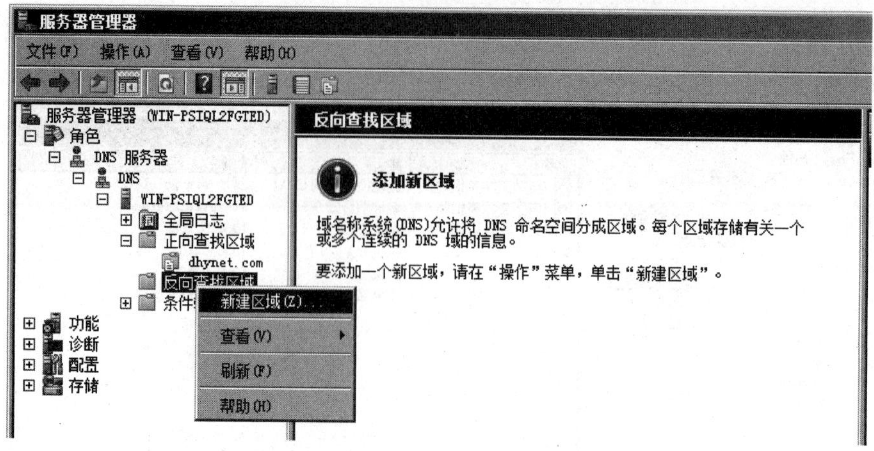


图 7-26　建立反向查找区域

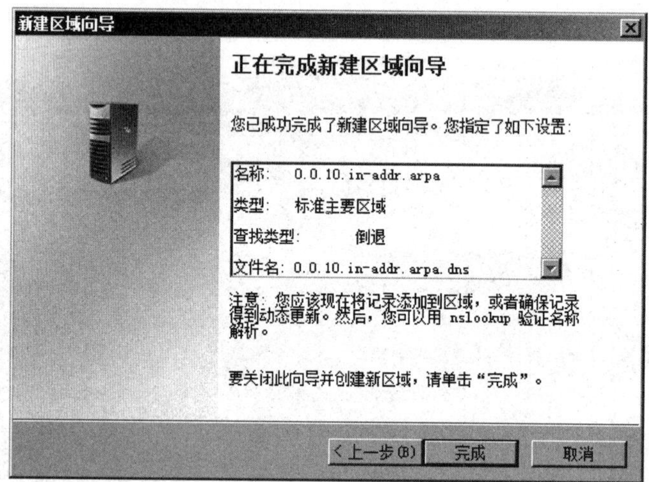


图 7-27　反向查找区域

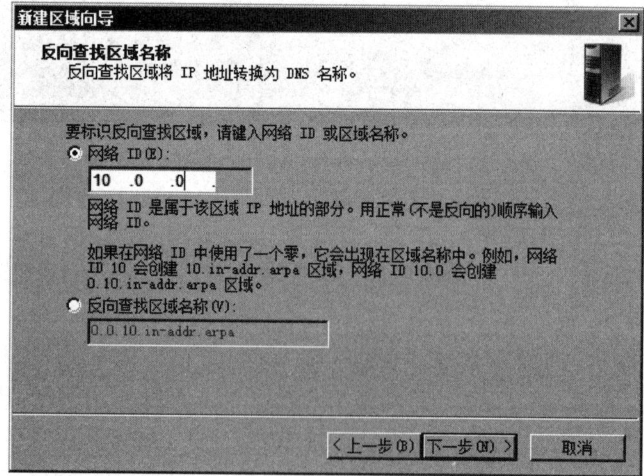


图 7-28　反向查找区域摘要信息

(11) 建立完反向查找区域后，在“服务器管理器”控制台中的 DNS 角色中，将出现如图 7-29 所示信息。

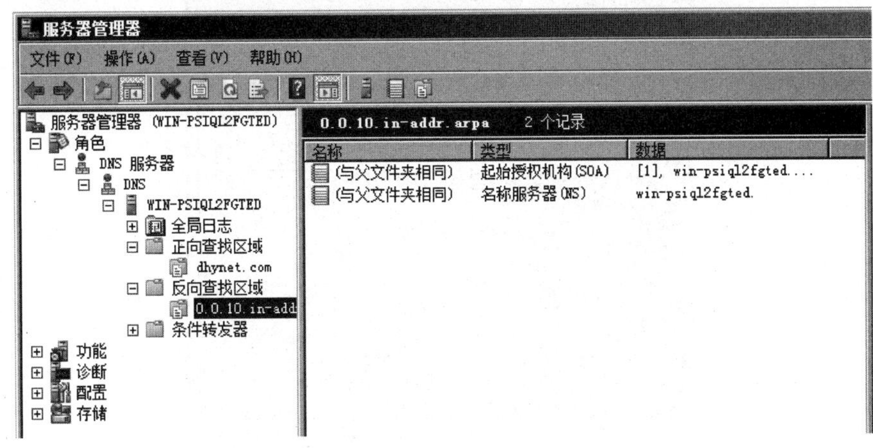


图 7-29 反向查找区域信息

(12) 为了实现根据 IP 地址解析域名，需要在反向查找区域中为服务器建立指针记录。右击“反向查找区域”选项，在弹出的快捷菜单中选择“新建指针”命令，如图 7-30 所示。

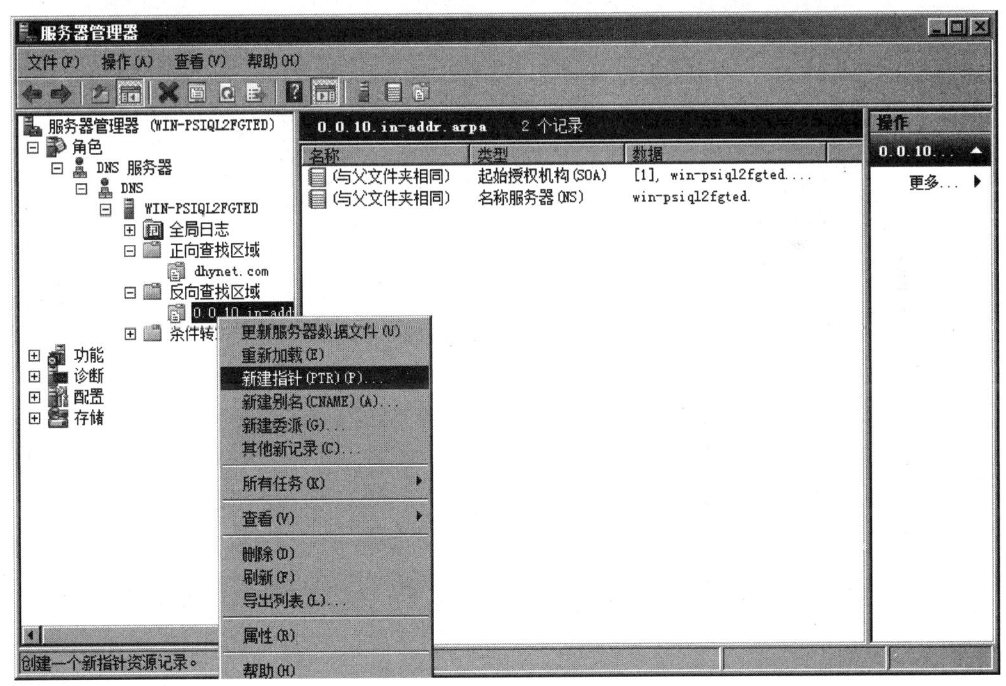


图 7-30 建立指针记录

(13) 在“新建资源记录”对话框中的“主机 IP 地址”位置输入 Web 服务器的主机地址 10.0.0.100，然后通过单击“浏览”按钮，在 dhynet.com 域中找到对应的 FQDN 名，单击“确定”按钮，如图 7-31 所示。

(14) 使用同样的方法，将 OA、E-mail 等服务器的指针记录建立完毕，如图 7-32 所示。

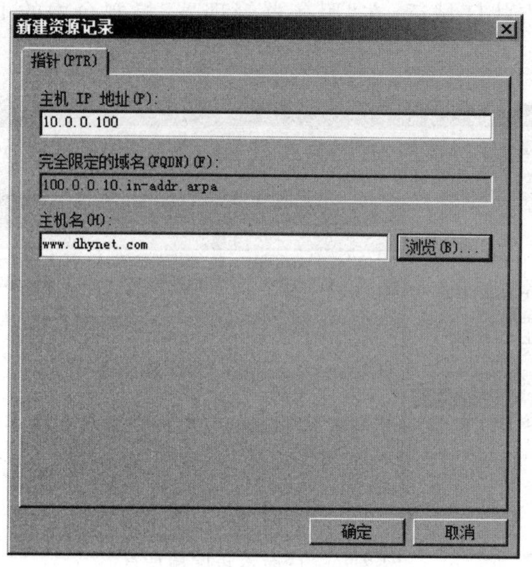


图 7-31　建立指针记录

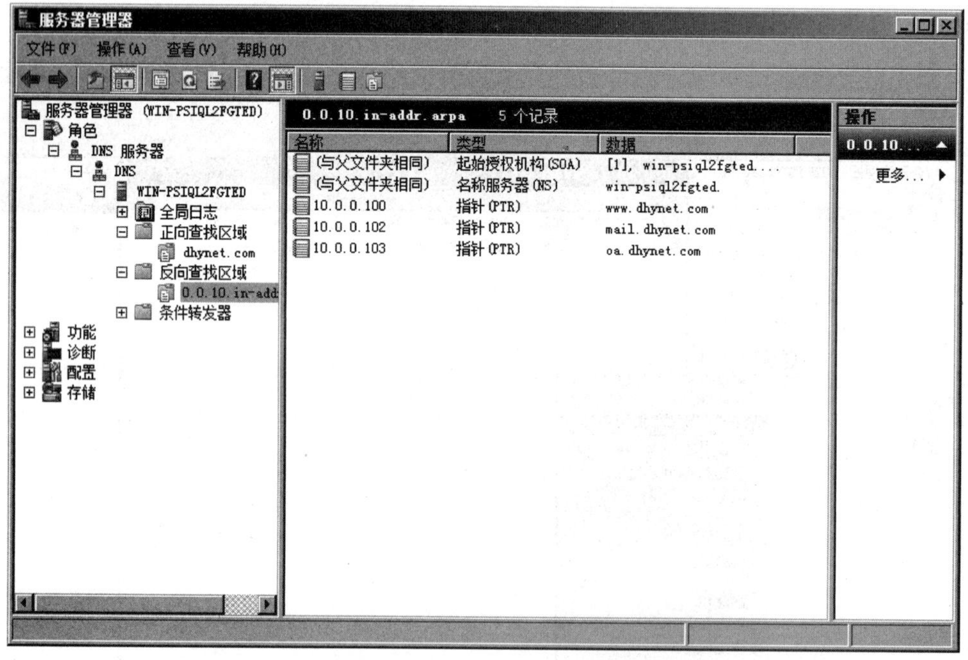


图 7-32　在区域 10.0.0 中建立的指针记录

(15) 通过客户端计算机运行 nslookup 命令，测试建立的反向指针记录，看能够进行正确的解析，如图 7-33 所示。

**4. 邮件交换记录的建立及优先级的设置**

根据案例的要求，需要为该公司的邮件服务器建立相应的邮件交换记录，同时对存在的两台邮件服务器进行优先级的容错设置。

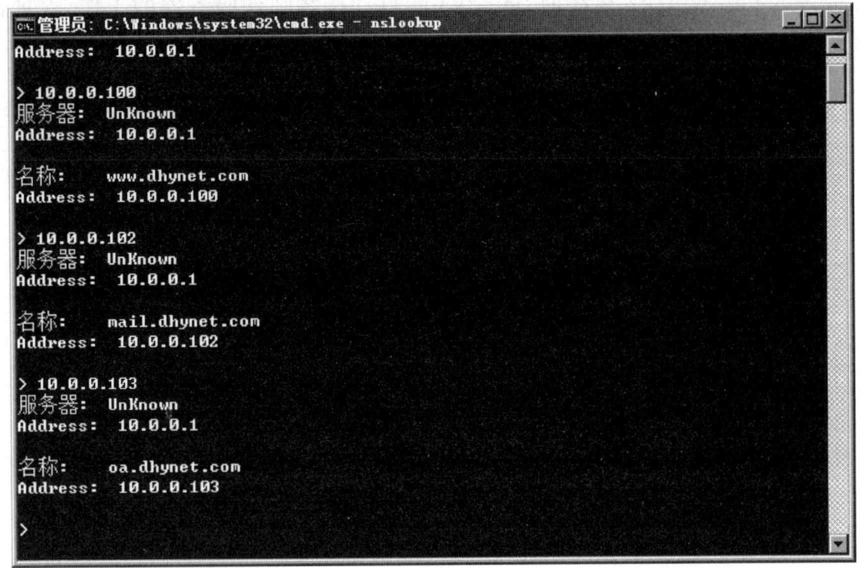


图 7-33　指针记录的测试

(1) 先要保证在 dhynet. com 域中存在 win2k2 和 win2k3 的主机记录，然后在 dhynet. com 域中建立 MX 记录，右击 dhynet. com 区域，在弹出的快捷菜单中选择"新建邮件交换器"命令，弹出"新建资源记录"对话框。在该对话框中单击"浏览"按钮，在 dhynet. com 区域中找到 win2k2 的主机记录。邮件服务器优先级采用默认设置，如图 7-34 所示。

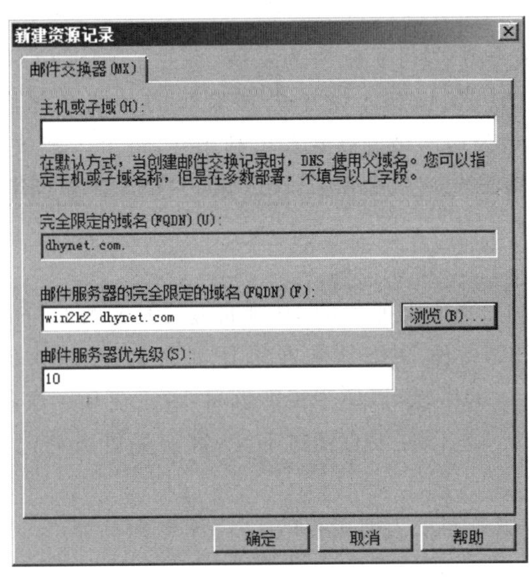


图 7-34　新建 mx 记录

(2) 根据上步的内容完成 win2k3 主机的 mx 记录的添加，在优先级处确保 win2k3 的优先级数字大于 win2k2 服务器的优先级数字，此处填写 30。在 DNS 中，mx 记录的优先级数字越大，则该服务器的优先级越低；数字越小，优先级越大，0 为最大优先级。通过设置优先级从而满足了当 win2k2 离线时，win2k3 能自动接替邮件服务器的工作，保证该公司邮件服务的正常运行。配置好后的区域配置如图 7-35 所示。

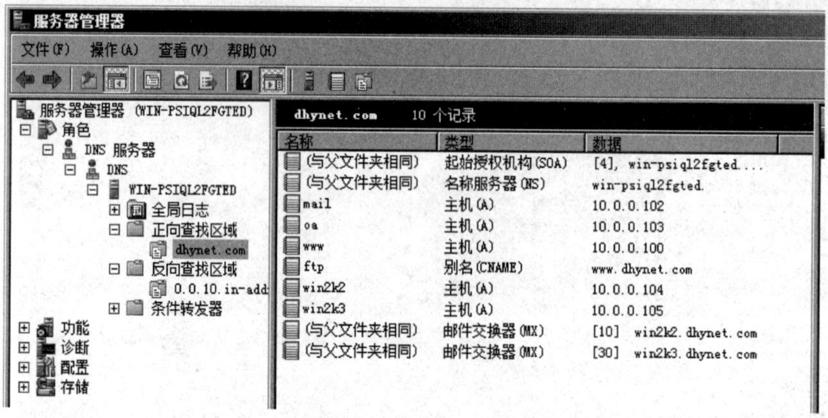

图 7-35　建立不同优先级的 mx 记录

通过上述内容的设置，便完成了案例中的任务，同时也能掌握 DNS 服务器最基本及最常用的配置过程和配置方法。

## 7.5　应用案例 2：创建 DNS 辅助区域

### 7.5.1　案例内容

DHY 公司在市场竞争中取得了较快的发展，吞并了 CISCONET 公司，为了保持原有的网络架构，该整合后的公司保留了两个公司原有的区域名称，分别是 dhynet.com 和 cisconet.com，为了保证该公司网络的高效及可利用性，每个区域放置了 1 台 DNS 服务器，同时为了保证总公司的可靠性，对 cisconet.com 域的 DNS 服务器建立了备份 DNS 服务器。

你需要完成如下工作：

(1) 规划现有公司的 DNS 体系架构。

(2) dhynet.com 域中 DNS 服务器的 IP 地址是 10.0.0.1，cisconet.com 域中的 DNS 服务器地址是 10.0.0.222，备份 DNS 服务器的 IP 地址为 10.0.0.2。

(3) 配置 dhynet.com 的区域，以便主机能够每 10 天更新一次各自的记录。

(4) 配置 dhynet.com 域，以便没有经过 DNS 客户端更新的记录在 20 天后从 DNS 服务器上删除。

(5) 清除备份 DNS 服务器上当前缓存的 DNS 名称解析。

(6) 当 cisconet.com 域中的计算机访问 dhynet.com 域中的计算机时，以最快的速度解析出 IP 地址。

### 7.5.2　案例分析

当采用备用 DNS 服务器的时候，需要使用辅助区域来建立辅助 DNS 服务器，并配置相应的区域传输。对主机更新的管理采用老化处理。

## 7.5.3 案例实施的条件

在应用案例 1 的基础上，添加一台安装 Windows Server 2008 R2 操作系统的服务器，该服务器配置有固定 IP 地址，比如 10.0.0.2，并使之与应用案例 1 中的服务器网络连通。

## 7.5.4 案例实施过程

**1. 建立辅助 DNS 服务器**

(1) 在备份 DNS 服务器上安装 DNS 服务，同时配置相应的 IP 地址及 DNS 服务器的 IP 地址，如图 7-36 所示。

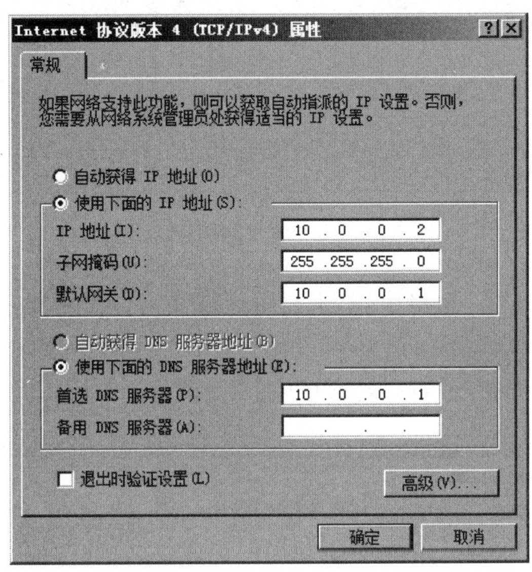


图 7-36　辅助 DNS 服务器的 TCP/IP 属性设置

(2) 在备份 DNS 服务器上打开服务器管理控制台，选择 DNS 角色，创建区域，在“新建区域向导”对话框选择“辅助区域”单选按钮，如图 7-37 所示。

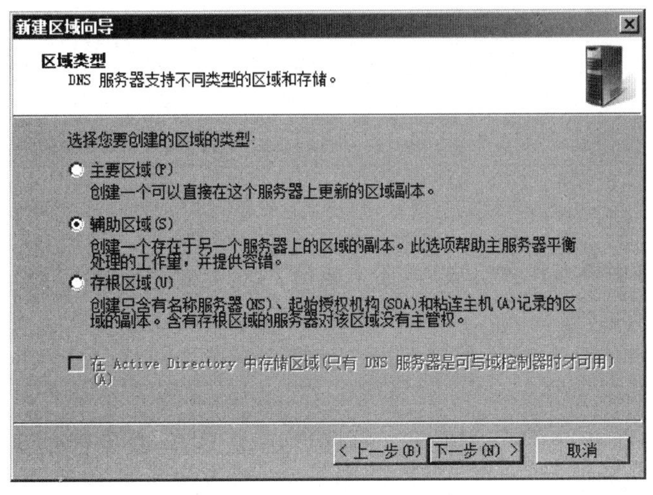


图 7-37　辅助区域的建立

(3) 在“区域名称”文本框中填入要复制的主要区域的 DNS 区域名称，此处为 dhynet.com，如图 7-38 所示。

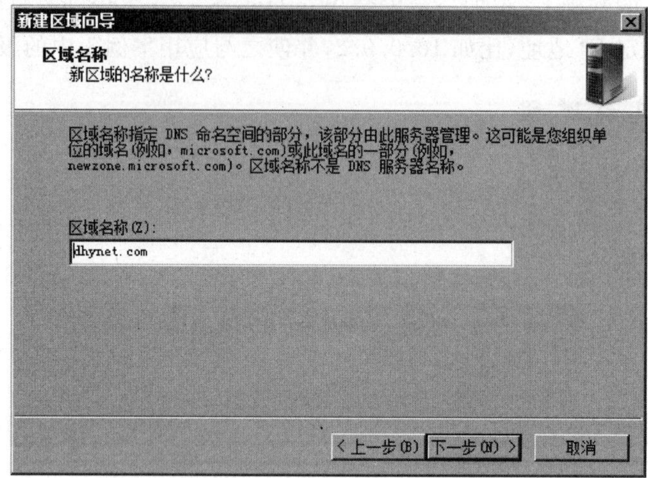


图 7-38　设置要复制的区域名称

(4) 在“主 DNS 服务器”窗格中，单击提示区域并填写要复制区域的主 DNS 服务器的 IP 地址，此处为 10.0.0.1，设置完成后，单击“下一步”按钮，如图 7-39 所示。在“新建区域向导”对话框的“正在完成新区域向导”窗格中，查看摘要，确认无误后，单击“完成”按钮。

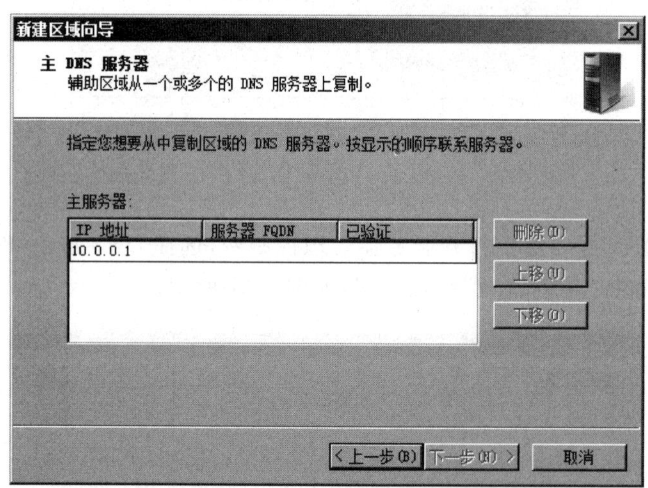


图 7-39　设置主 DNS 服务器的 IP 地址

(5) 辅助 DNS 服务器设置完成后，还不能马上完成复制的实现，必须在相应的主 DNS 服务器上进行相应的设置。在主 DNS 服务器上打开 DNS 管理控制台，确保有辅助 DNS 服务器的主机记录，如果辅助 DNS 服务器没有动态注册进来，则可以采用手动添加一条静态记录的方法，如图 7-40 所示。

(6) 配置了资源记录后，必须要做的是启用主 DNS 服务器的区域复制功能。在 dhynet.com 区域右击，选择“属性”命令，在打开的属性对话框中，选择“区域传送”选项卡，

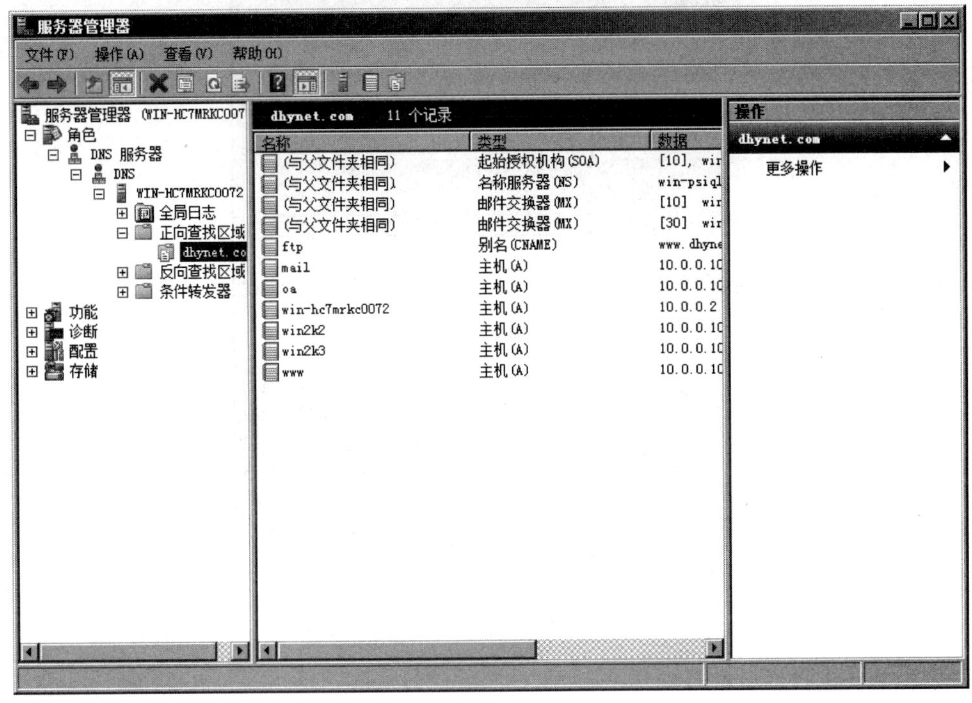


图 7-40　主 DNS 服务器的区域中应该有辅助 DNS 服务器的主机记录

确保“允许区域复制”复选框被选中，并选中“只允许到下列服务器”单选按钮，如图 7-41 所示。然后单击“编辑”按钮，在“允许区域传送”对话框中，单击提示区域并添加许可传送的备用 DNS 服务器地址，此处是 10.0.0.2。

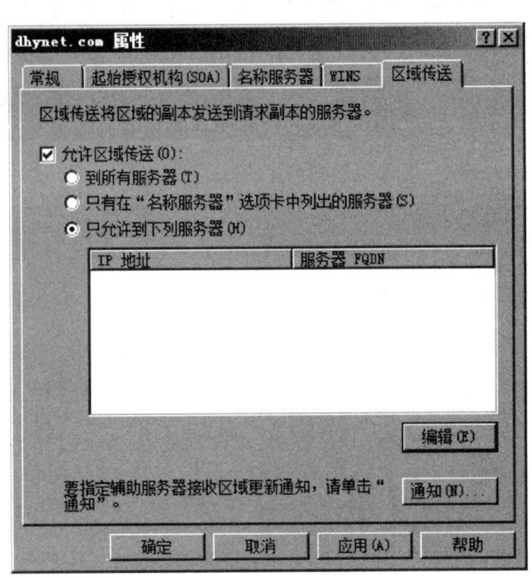


图 7-41　区域复制选项卡的设置

(7) 设置完成后，将显示如图 7-42 所示对话框。

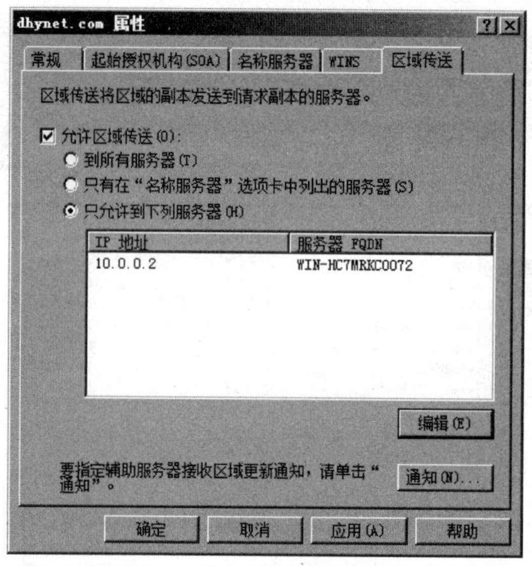


图 7-42　名称服务器的设置

(8) 在辅助 DNS 服务器的 dhynet.com 区域上右击，选择"从主服务器复制"命令，完成辅助 DNS 服务器的数据复制过程。

**2. 老化和清理的设置**

要完成主机记录的更新，需要配置 DNS 服务器的老化和清理选项。

(1) 在 dhynet.com 域的 DNS 服务器上右击，选择"为所有区域设置老化/清理"命令，如图 7-43 所示。

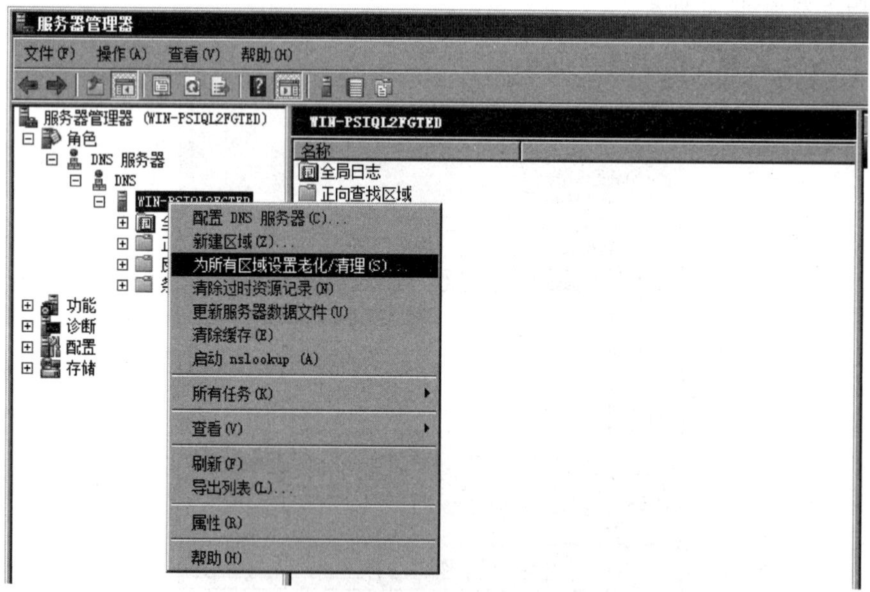


图 7-43　打开老化清理

(2) 在"服务器老化/清理属性"对话框中，按照要求将无刷新间隔和刷新间隔均设置为 10 天，同时选中"清除过时资源记录"复选框，如图 7-44 所示。

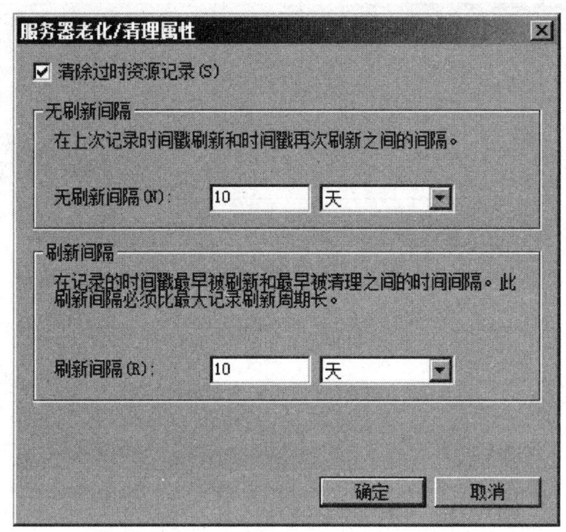


图 7-44　设置刷新时间

(3) 为了马上清除缓存资源,可以在服务器名称上右击,选择"清除缓存"命令,如图 7-45 所示。

图 7-45　清除缓存

(4) 为了能够马上处理对 cisconet.com 域中的客户端提供 dhynet.com 域的 FQDN 的解析,可以使用 DNS 服务器的转发器功能。在 dhynet.com 区域右击,选择"属性"命令,然后在"属性"对话框中选择"转发器"选项卡,再单击"编辑"按钮,单击提示区域输入要转发的 DNS 服务器地址,此处添加 10.0.0.2。其他选择默认设置,设置完成后,单击"确定"按钮,如图 7-46 所示。

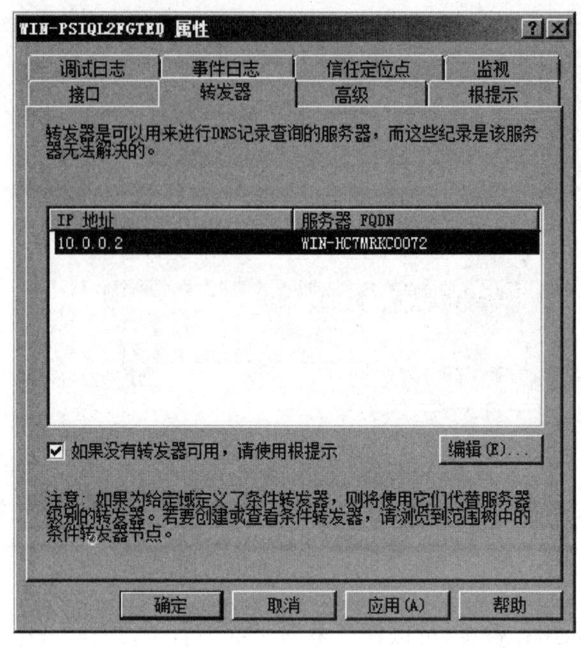


图 7-46　转发器设置

# 7.6　练习案例

你是公司的网络管理员，公司名为 fabrikam，Inc.，公司网络由名为 fabrikam.com 的单一 active directory 域组成。

你在数据中心一台新的 Windows Server 2008 计算机上安装了 DNS。将该计算机命名为 server1，并配置成具有 IP 地址 10.10.30.54。你在 server1 上安装了两个网卡，并将 server1 配置成一台域控制器。server1 有两个网卡：一个具有公用 IP 地址，一个具有专用 IP 地址。专用子网是 10.10.30.x。

研发部使用一个名为 test.local 的域，该域存储在一台独立 UNIX DNS 服务器上。此服务器被配置成拥有 IP 地址 10.10.50.100。

fabrikam，Inc. 与名为 contoso，Ltd. 的公司合并。contoso，Ltd. 公司的网络由名为 contoso.com 的单一 active directory 域组成。两个域仍然保持独立。

你必须在 server1 上配置 DNS，确保能满足下列要求：

(1) 来自客户端计算机对 contoso.com 上主机的名称解析请求，如被指派查询 server1，则必须由 contoso.com 域中 IP 地址为 10.150.10.100 的 DNS 服务器直接解析。

(2) Server1 上必须有一份 test.local 的安全副本。

(3) 必须为 10.10.30.x 子网创建反向查找区域。该区域必须存储在 Active Directory 域中，所有更新都应是安全的。

(4) DNS 服务器应仅相应来自专用网络的请求。

## 7.7 课后习题

1. DNS 有哪两种查询方式?

2. 什么是 DNS?

3. DNS 服务角色可以注册哪些记录类型?分别有什么样的作用?

4. 列举主要的 DNS 顶级域名并说出其中文含义。

5. 简述区域复制的作用和目的。

6. 简述客户端向本地网络中 DNS 服务器发出查询 www.dhynet.com 主机 IP 地址的详细过程。

7. 简述如何设置 DNS 区域复制。

# 第8章 Internet 信息服务管理

## 8.1 导语：为什么要使用 Internet 信息服务

现代企业都需要宣传自己，而互联网是一个最好的宣传平台，企业只要在网络发布自己的网站，就可以让全世界的人来看，从而达到自我宣传的目的。并且，在企业内部，往往也需要有内部网站，进行企业内部信息发布、交流，这都需要用到应用服务器中的 Web 服务器。另外，在网络上，还会常常有文件资料、视频资料的上传和下载，那么 FTP 服务器就是最简单有效的文件上传、下载的服务器，可以完全满足这些需求。

Web 服务器也称为 WWW(World Wide Web)服务器，其主要功能是提供网上信息浏览服务。它在应用层使用 HTTP 协议，对 HTML 文档格式提供支持，通过浏览器统一资源定位符(Uniform Resource Locator，URL)进行访问。

WWW 是 Internet 的多媒体信息查询工具，是发展最快和目前应用最广泛的服务。正是因为有了 WWW 工具，才使得近年来 Internet 迅速发展，且用户数量飞速增长。

Internet 信息服务(英文简称 IIS，全称为 Internet Information Services)，是一个 World Wide Web 服务器。IIS 是一种 Web(网页)服务组件，其中包括 Web 服务器、FTP 服务器、NNTP 服务器和 SMTP 服务器，分别用于网页浏览、文件传输、新闻服务和邮件发送等方面，它使得在网络(包括互联网和局域网)上发布信息成了一件很容易的事。

## 8.2 万　维　网

### 8.2.1 简介

1989 年仲夏之夜，蒂姆・伯纳斯・李(Tim Berners-Lee)成功开发出世界上第一个 Web 服务器和第一个 Web 客户机。1989 年 12 月，蒂姆为他的发明正式定名为 World Wide Web，即我们熟悉的 WWW。1991 年 5 月 WWW 在 Internet 上首次露面，立即引起轰动，获得了极大的成功并被广泛推广应用。

国际互联网 Internet 在 20 世纪 60 年代就诞生了，为什么没有迅速流传开来呢？其实，很重要的原因是因为联接到 Internet 需要经过一系列复杂的操作，网络的权限也很分明，而且网上内容的表现形式极端单调枯燥。Web 通过一种超文本方式，把网络上不同计算机内的信息有机地结合在一起，并且可以通过超文本传输协议(HTTP)从一台 Web 服务器转到另一台 Web 服务器上检索信息。Web 服务器能发布图文并茂的信息，甚至在软件支持的情况下还可以发布音频和视频信息。此外，Internet 的许多其他功能，如 E-mail、Telnet、

FTP、WAIS 等都有可通过 Web 实现。

万维网是一个资料空间。在这个空间中，一种有用的事物，称为一种“资源”；并且由一个全域“统一资源定位符”（URL）标识。这些资源通过超文本传输协议（Hypertext Transfer Protocol）传送给使用者，而后者通过单击链接来获得资源。从另一个观点来看，万维网是一个通过网络存取的互联超文件（Interlinked Hypertext Document）系统。

## 8.2.2 万维网的内核

万维网的内核部分是由三个标准构成的：URL、HTTP、HTML。

统一资源定位符（Uniform Resource Locator，URL）也被称为网页地址，是因特网上标准的资源的地址。URL 的一般形式是：

<URL 的访问方式>://<主机>:<端口>/<路径>

URL 的访问方式有 ftp、http 等，主机通常是资源所在的主机的域名，端口默认是 80，通常不写，如果不是 80，则不能省略。路径是资源在主机中路径。HTTP 是 Hypertext Transfer Protocol 的缩写，即超文本传输协议。顾名思义，HTTP 提供了访问超文本信息的功能，是 WWW 浏览器和 WWW 服务器之间的应用层通信协议。HTTP 协议是用于分布式协作超文本信息系统的、通用的、面向对象的协议。WWW 使用 HTTP 协议传输各种超文本页面和数据。

HTTP 协议会话过程包括如下 4 个步骤。

(1) 建立连接：客户端的浏览器向服务端发出建立连接的请求，服务端给出响应就可以建立连接了。

(2) 发送请求：客户端按照协议的要求通过连接向服务端发送自己的请求。

(3) 给出应答：服务端按照客户端的要求给出应答，把结果（HTML 文件）返回给客户端。

(4) 关闭连接：客户端接到应答后关闭连接。

HTTP 协议是基于 TCP/IP 之上的协议，它不仅保证正确传输超文本文档，还确定传输文档中的哪一部分，以及哪部分内容首先显示（如文本先于图形）等。

超文本标记语言，即 HTML（Hypertext Markup Language），是用于描述网页文档的一种标记语言，是标准通用标记语言下的一个应用，也是一种规范、一种标准，它通过标记符号来标记要显示的网页中的各个部分。网页文件本身是一种文本文件，通过在文本文件中添加标记符，可以告诉浏览器如何显示其中的内容，如文字如何处理、画面如何安排、图片如何显示等。浏览器按顺序阅读网页文件，然后根据标记符解释和显示其标记的内容。但需要注意的是，对于不同的浏览器，对同一标记符可能会有不完全相同的解释，因而可能会有不同的显示效果。

## 8.2.3 几个概念

### 1. 网页、网页文件和网站

网页是网站的基本信息单位，是 WWW 的基本文档。它由文字、图片、动画、声音等多种媒体信息以及链接组成，是用 HTML 编写的，通过链接实现与其他网页或网站的关联和跳转。

网页文件是用 HTML 编写的,可在 WWW 上传输,能被浏览器识别显示的文本文件。其扩展名是.htm 和.html。

网站由众多不同内容的网页构成,网页的内容可体现网站的全部功能。通常把进入网站首先看到的网页称为首页或主页(homepage)。

**2. 万维网、互联网和因特网**

万维网是无数个网络站点和网页的集合,它实际上是多媒体的集合,是由超级链接连接而成的。我们通常通过网络浏览器上网观看的,就是万维网的内容。

以小写字母 i 开始的 internet(互联网或互连网)是一个通用名词,它泛指多个计算机网络互联而组成的网络,在这些网络之间的通信协议(即通信规则)可以是任意的。

以大写字母 I 开始的 Internet(因特网)则是一个专用名词,它指当前世界上最大的、开放的、由众多网络相互联接而成的特定计算机网络,它采用 TCP/IP 协议族作为通信的规则,且前身是美国的 ARPANET。

### 8.2.4 IIS 概述

IIS(Internet Information Services,Internet 信息服务),是由微软公司提供的,用于配置应用程序池或 Web 网站、Ftp 站点、SMTP 或 NNTP 站点的,基于 MMC(Microsoft Management Console)控制台的管理程序。IIS 是 Windows Server 2008 操作系统自带的组件,无须第三方程序,即可用来搭建基于各种主流技术的网站,并能管理 Web 服务器中的所有站点。

IIS 是 Windows Server 2008 (2003)操作系统集成的服务,通过该服务可以搭建 Web 网站,与 Internet、Intranet 或 Extranet 上的用户共享信息。在 Windows Server 2008 企业版中的版本是 IIS 7.0,IIS 7.0 是一个集成了 IIS、ASP.NET、Windows Communication Foundation 的统一的 Web 平台,可以运行当前流行的、具有动态交互功能的 ASP.NET 网页。支持使用任何与.NET 兼容的语言编写的 Web 应用程序。

IIS 7.0 提供了基于任务的全新 UI(用户界面)并新增了功能强大的命令行工具,借助这些工具可以方便地实现对 IIS 和 Web 站点的管理。同时,IIS 7.0 引入了新的配置存储和故障诊断和排除功能。

## 8.3 应用案例 1:Web 服务器的安装和基本配置

### 8.3.1 案例内容

DHY 公司内部网络已经能够正常使用了,现为了提高信息传达效率,让员工能够及时了解和掌握公司的信息,需要在公司内部架设 Web 网站,用于发布内部信息。网站域名为 oa.dhy.com。

### 8.3.2 案例分析

要架设网站,购买服务器,并安装适当的操作系统。可以使用微软公司的 Windows Server 2008 R2 操作系统。该操作系统是服务器版本,内置有 IIS 服务,能够提供 Web 服务并方便管理。

要使用域名访问网站,必须申请域名并正确配置。

### 8.3.3 案例实施的条件

(1) 安装 Windows Server 2008 R2 操作系统的服务器一台,将在该服务器上安装配置 DNS 服务,该服务器配置固定 IP 地址,比如 10.0.0.1;称此计算机为 S-DNS;

(2) 安装 Windows Server 2008 R2 操作系统的服务器一台,将在该服务器上安装配置 Web 服务,该服务器配置固定 IP 地址,比如 10.0.0.2,DNS 为 10.0.0.1;称此计算机为 S-Web;

(3) 安装 Windows 7 的客户端一台,用来验证 Web 服务,可以配置 IP 地址为 10.0.0.3, DNS 为 10.0.0.1;称此计算机为 PC-Win7;

(4) 服务器和客户端网络均连通;

(5) 申请注册域名 oa.dhy.com。

**说明:**

(1) 如果没有条件准备足够多的计算机,作为实验,Web 和 DNS 服务可以安装在一台计算机上,这种情况下 DNS 设置为本机地址。甚至,用作验证的客户端也可以省略,就在 Web 服务器上进行验证。

(2) 如果仅仅在公司内部局域网内使用,私自配置 DNS 也可以,不需要正式申请注册域名。本章在实施过程中没有正式申请,是一个假设的域名。

### 8.3.4 案例实施过程

**1. 域名配置**

在 S-DNS 服务器中,添加一条主机记录:域名 oa.dhy.com,IP 地址 10.0.0.2,如图 8-1 所示。

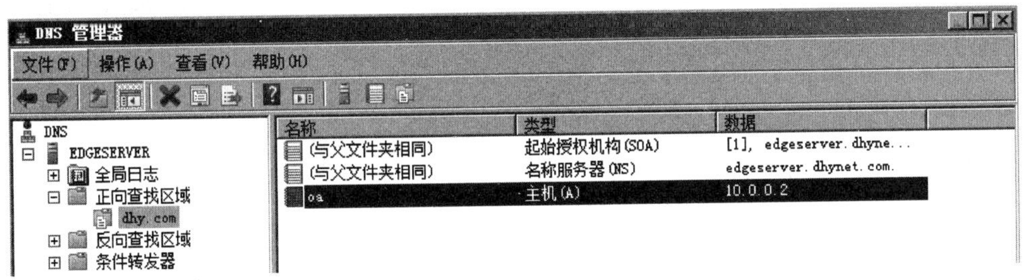


图 8-1 添加 Web 主机记录

DNS 的详细配置参见本书的第 7 章。

**2. 安装 Web 服务**

(1) 在 S-Web 计算机上,单击"开始"→"服务器管理器"→"角色"→"添加角色"选项,在"开始之前"页面单击"下一步"按钮。

(2) 选中"Web 服务器(IIS)"复选框,在弹出窗口中单击"添加必需的功能"按钮,如图 8-2 所示。单击 3 次"下一步"按钮,单击"安装"按钮。

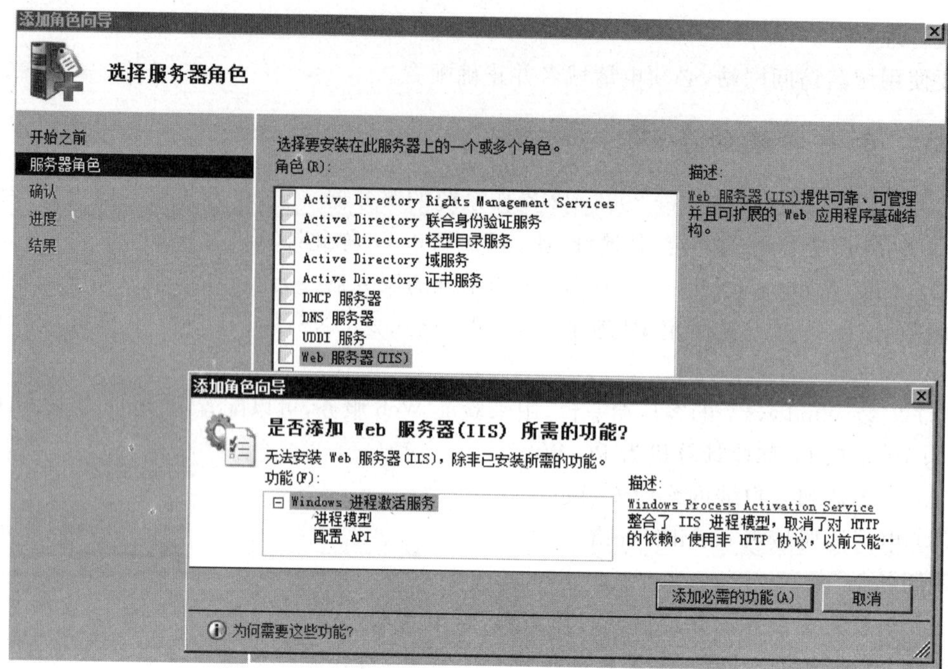


图 8-2 添加 Web 角色

### 3. 验证 Web 服务安装是否成功

安装完成后,在 S-Web 计算机上,请通过单击"开始"→"管理工具"→"Internet 信息服务(IIS)管理器"选项的方法来管理 IIS 网站。如图 8-3 所示为 IIS 管理器的界面,其中已经有一个名为 Default Web Site 的内置网站。

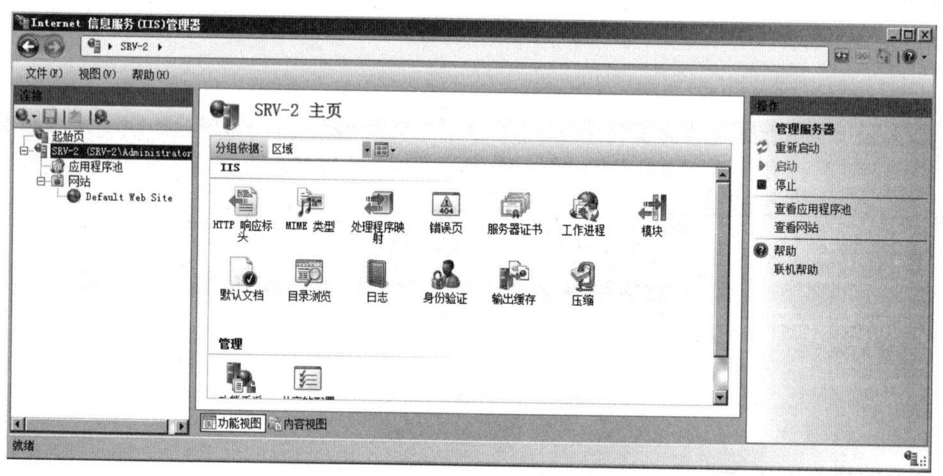


图 8-3 初安装好之后的 IIS 管理器

接下来测试网站运行是否正常。在 PC-win7 计算机中,打开浏览器,输入地址 http://oa.dhy.com,或者 http://10.0.0.2,如果出现如图 8-4 所示的画面,表示 Web 服务正常。如果不能显示如图 8-4 所示的网页,请检查网络是否连通、域名解析是否正常、网站安装、拼写错误等。

图 8-4　IIS 7.0 默认网站页面

**4. 网站基本配置**

刚安装好的网站并不是我们需要的网站，必须适当配置才能满足应用需求。首先要配置的是使显示的网页是实际要求的网页。这需要配置网页存储路径和默认首页。

打开记事本，输入如下内容：

```
<html>
<head>
OA 系统
</head>
<br>
<body>
这是公司的 OA 系统
</body>
</html>
```

将文件保存并命名为 default. html，注意后缀名应改成. html。假设保持路径为 c:\oa。你也可以创建其他内容的 html 文件，但要命名为 default. html。在下面的实验中，假设 default. html 是公司的主页。

打开 Internet 信息服务(IIS)管理器，单击“连接”窗格中的 Default Web Site 选项，再单击“操作”窗格中的“基本设置”按钮，弹出“编辑网站”窗口，如图 8-5 所示。

在图 8-5 中，物理路径就表示网页文件所存放的路径。默认的是%SystemDrive%\inetpub\wwwroot，其中%SystemDrive%表示安装操作系统 Windows 的磁盘，一般是 C 盘。在%SystemDrive%\inetpub\wwwroot 目录下，可以看到一些文件，默认的有 iisstart. html 和 welcome. png 两个文件，iisstart. html 就是生成如图 8-4 所示的网页文件。网站的物理路径既可以配置成本机路径，也可以配置成网络上另外一个计算机上的共享文件夹。

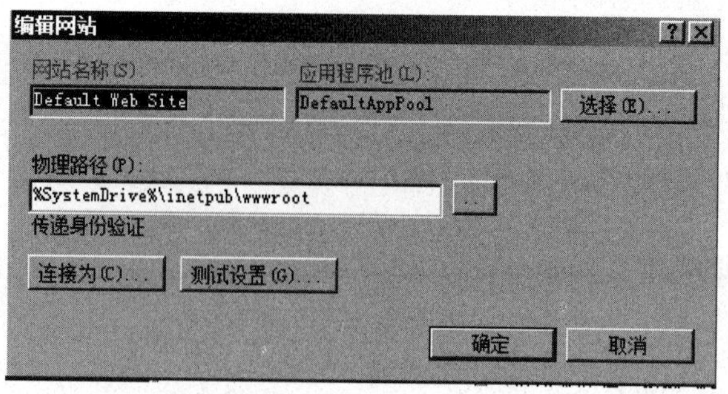


图 8-5 网站基本配置

将物理路径修改成实际需要的 c:\oa,再次在 PC-win7 中刷新访问 http://oa.dhy.com,将会得到实际所要的网页,如图 8-6 所示。

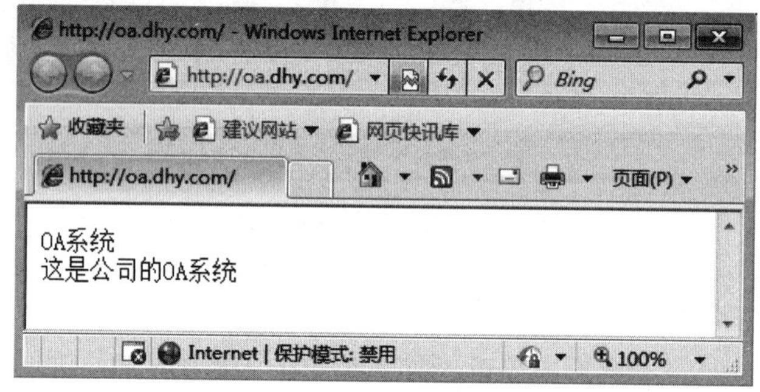


图 8-6 访问页面

现在,把 S-Web 中 c:\oa 中的 default. html 文件名改为 oa. html,再次刷新访问,会出现 403-禁止访问错误,这是为什么呢?

这是因为网站有个默认文档设置,default. html 就是默认文档,所以能正常访问,oa. html 不是默认文档,所以不能正常访问。在 IIS 管理器中,选择 Default Web Site 选项,在主窗格中双击“默认文档”,如图 8-7 所示,单击操作窗格中相应的命令按钮,可以对默认文档进行如下操作:添加、删除、上移、下移、禁用、启用等。位于上面的默认文档比它下面的文档有更高的优先权。网站一般把首页添加到默认文档中。

图 8-7 默认文档

现在，添加默认文档 oa.html，再次刷新访问网站，又可以正常访问了。

**5. 访问限制**

配置的 Web 服务器是要供用户访问的，因此，不管使用的网络带宽有多充裕，都有可能因为同时连接的计算机数量过多而使服务器死机。所以有时候需要对网站进行一定的限制，例如，限制带宽和连接数量等。

选择 Default Web Site 站点，单击右侧“操作”栏中的“限制”超链接，打开如图 8-8 所示的“编辑网站限制”对话框。IIS 7.0 中提供了两种限制连接的方法，分别为限制带宽使用和限制连接数。

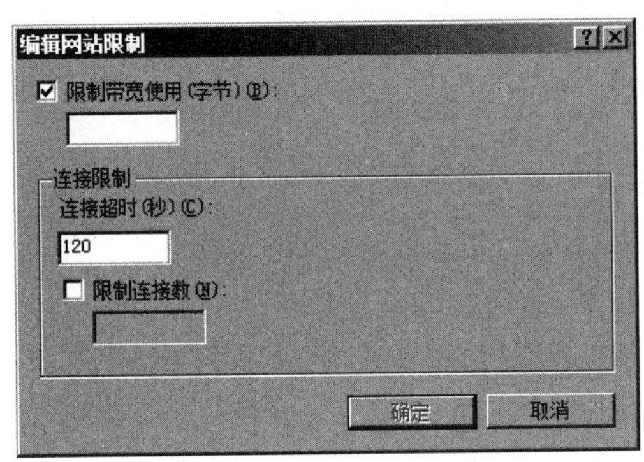


图 8-8 编辑网站限制

选中“限制带宽使用(字节)”复选框，在文本框中输入允许使用的最大带宽值。控制 Web 服务器向用户开放的网络带宽值，可能降低服务器的响应速度，当用户向 Web 服务器的请求增多时，如果通信带宽超出了设定值，请求就会被延迟。

选择“限制连接数”复选框，在文本框中输入限制网站的同时连接数。如果连接数量达到指定的最大值，以后所有的连接尝试都会返回一个错误信息，连接将被断开。限制连接数可以有效防止试图用大量客户端请求造成 Web 服务器负载的恶意攻击。在“连接超时”文本框中输入超时时间，可以在用户端达到该时间时，显示为连接服务器超时等信息，默认是 120 秒。

**提示**：IIS 连接数是虚拟主机性能的重要标准，所以，如果要申请虚拟主机(空间)，首先要考虑的一个问题就是该虚拟主机(空间)的最大连接数。

**6. 配置 IP 地址限制**

有些 Web 网站由于其使用范围的限制，或者其私密性的限制，可能需要只向特定用户公开，而不是向所有用户公开。此时就需要过滤来访的 IP 地址，添加允许访问的 IP 地址(段)，或者拒绝的 IP 地址(段)。需要注意的是，要使用“IP 地址限制”功能，必须安装 IIS 服务的“IP 和域限制”组件。

1) 安装 IP 和域限制角色服务

在“服务器管理器”(通过单击“开始”→“程序”→“管理工具”选项调用)的“角色”窗口中，单击“Web 服务器(IIS)”区域中的“添加角色服务”选项，打开如图 8-9 所示的窗口。添加“IP 和域限制”角色。如果先前安装 IIS 时已安装该角色，那么就不需要安装；如果没有安装，则选中该角色服务，安装即可。

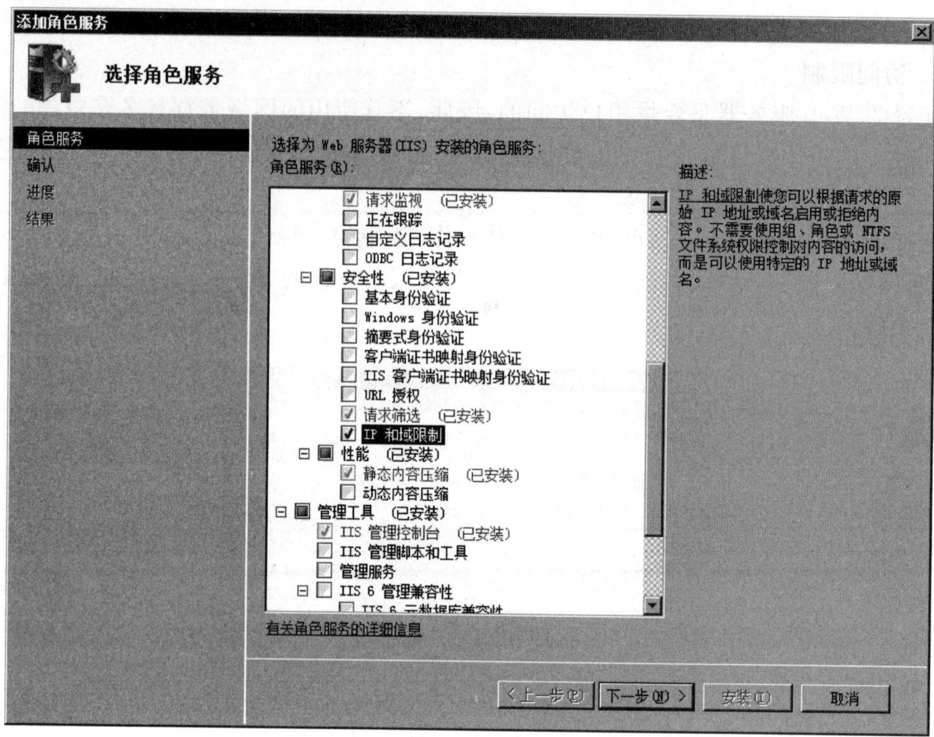


图 8-9　添加角色服务

2）设置允许访问的 IP 地址

安装完成后，重新打开 IIS 管理器，选择 Web 站点，双击"IP 地址和域限制"图标，显示如图 8-10 所示"IP 地址和域限制"窗口。

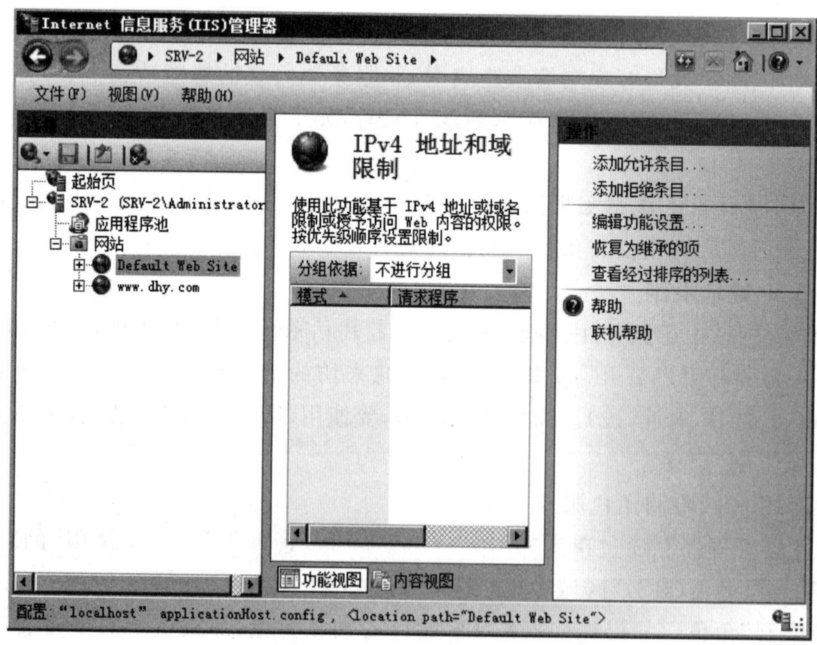


图 8-10　IP 地址和域限制

单击右侧“操作”栏中的“编辑功能设置”链接，显示如图 8-11 所示“编辑 IP 和域限制设置”对话框。在下拉列表中选择“拒绝”选项，那么此时所有的 IP 地址都将无法访问站点。如果访问，将会出现“403.6”的错误信息。

在右侧“操作”栏中，单击“添加允许条目”按钮，显示“添加允许限制规则”窗口，如图 8-12 所示。如果要添加允许某个 IP 地址访问，可选中“特定 IPv4 地址”单选按钮，并输入允许访问的 IP 地址。

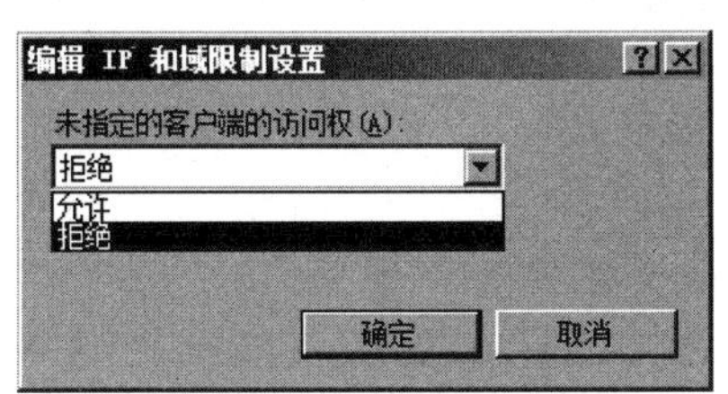


图 8-11 编辑 IP 地址和域限制设置

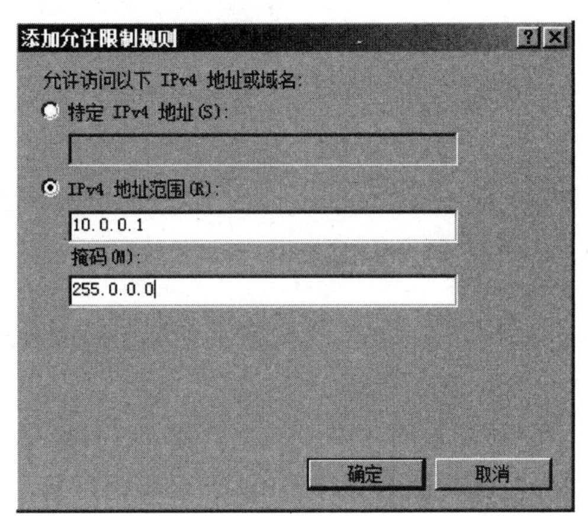


图 8-12 添加 IP 地址段

一般来说，我们需要设置一个站点是要多个人访问的，所以大多情况下要添加一个 IP 地址段，可以选中“IPv4 地址范围”单选按钮，并输入 IP 地址及子网掩码或前缀即可，如图 8-12 所示。需要说明的是，此处输入的是 IPv4 地址范围中的最低值，然后输入子网掩码，当 IIS 将此子网掩码与“IPv4 地址范围”文本框中输入的 IPv4 地址一起计算时，就确定了 IPv4 地址空间的上边界和下边界。

经过以上设置后，只有添加到允许限制规则列表中的 IP 地址才可以访问 Web 网站，使用其他 IP 地址都不能访问，从而保证了站点的安全。

3）设置拒绝访问的计算机

“拒绝访问”和“允许访问”正好相反。“拒绝访问”将拒绝一个特定 IP 地址或者拒绝一个 IP 地址段访问 Web 站点。比如，Web 站点对于一般的 IP 都可以访问，只是针对某些 IP 地址或 IP 地址段不开放，就可以使用该功能。

首先打开“编辑 IP 和域限制设置”对话框，选择“允许”选项，使未指定的 IP 地址允许访问 Web 站点。参考图 8-11。

单击“添加拒绝条目”超链接，显示如图 8-13 所示对话框，添加拒绝访问的 IP 地址或者 IP 地址段即可。操作步骤和原理与“添加允许条目”相同，此处不再赘述。

**7. 配置 MIME 类型**

IIS 服务器中 Web 站点默认不仅支持像.htm、.html 等这些网页文件类型，还支持大部分的文件类型，比如.avi、.jpg 等。但是，如果文件类型不为 Web 网站所支持，那么，在网页中运行该类型的程序或者从 Web 网站下载该类型的文件时，将会提示无法访问。此时，需要在 Web 网站添加相应的 MIME 类型，比如 ISO 文件类型。MIME（Multipurpose

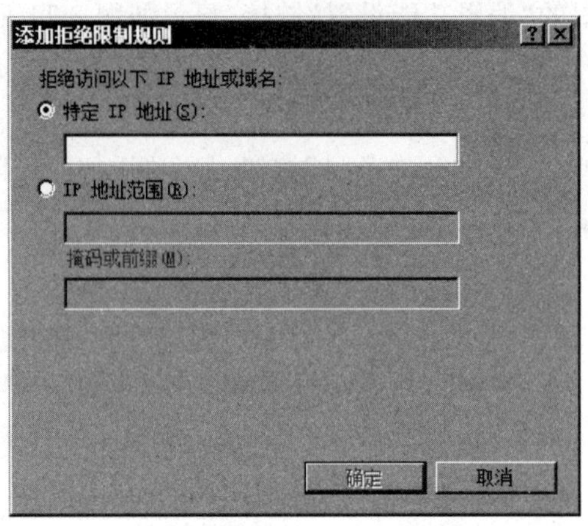


图 8-13 添加拒绝限制规则

Internet Mail Extensions)即多功能 Internet 邮件扩充服务,可以定义 Web 服务器中利用文件扩展所关联的程序。

如果 Web 网站中没有包含某种 MIME 类型文件所关联的程序,那么,用户访问该类型的文件时就会出现如图 8-14 所示的错误信息。

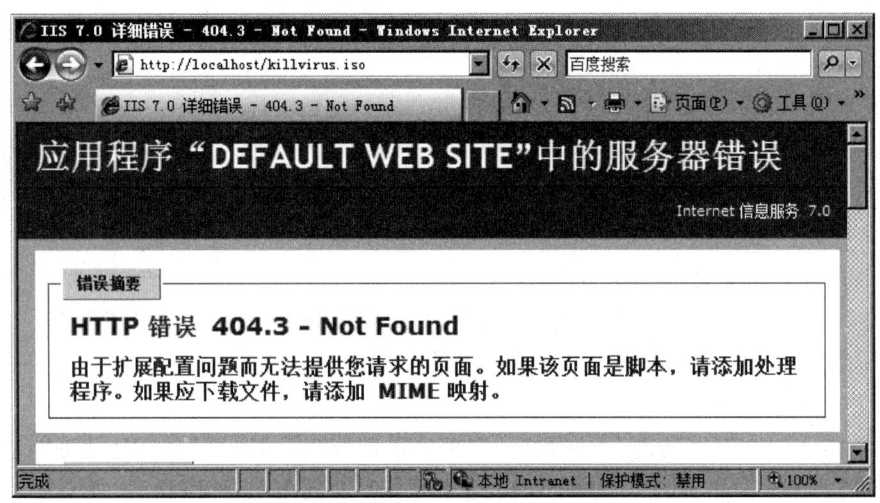


图 8-14 缺少文件类型错误

在 IIS 管理器,选择"网站"中需要设置的 Web 站点,在主页窗口中双击"MIME 类型"图标,显示如图 8-15 所示"MIME 类型"窗口,列出了当前系统中已集成的所有 MIME 类型。

如果想添加新的 MIME 类型,可以在"操作"栏中单击"添加"选项,显示如图 8-16 所示的"添加 MIME 类型"对话框。在"文件名扩展名"文本框中输入想要添加的 MIME 类型,例如". ISO",在"MIME 类型"文本框中输入文件扩展名所属的类型。

**提示**:如果不知道文件扩展名所属的类型,可以在 MIME 类型列表中选择相同类型的扩展名,双击打开"编辑 MIME 类型"对话框。在"MIME 类型"文本框中复制相应的类型即可。

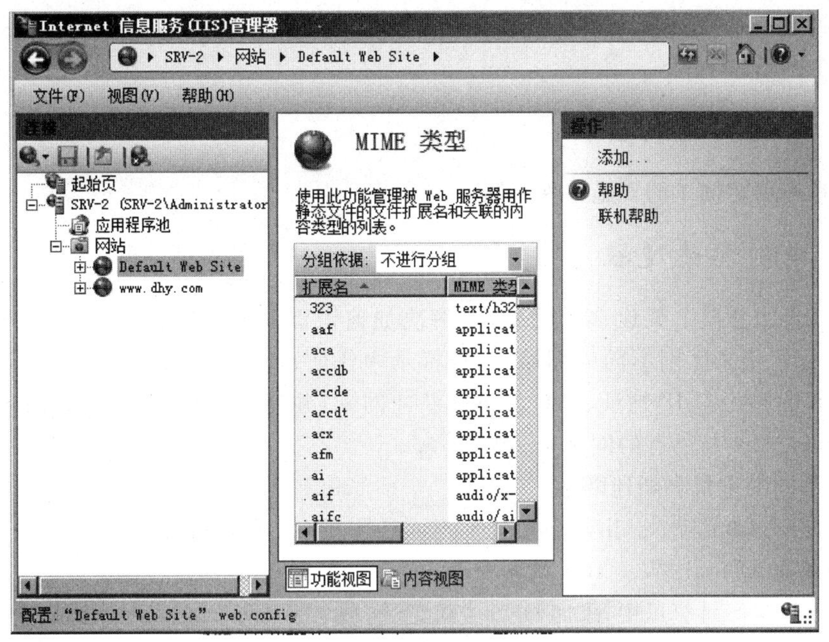


图 8-15 "MIME 类型"窗口

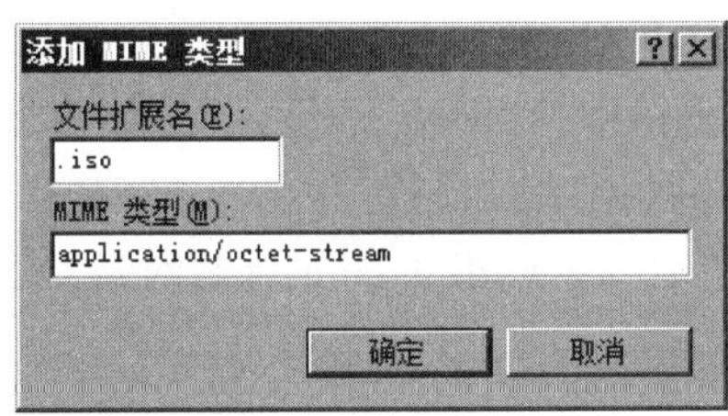


图 8-16 添加 MIME 类型

按照同样的步骤,可以继续添加其他 MIME 类型。这样,用户就可以正常访问 Web 网站的相应类型的文件了。当然如果需要修改 MIME 类型,可以双击打开进行编辑;如果要删除 MIME 类型,可以选中相依的 MIME 类型,单击"操作"栏的"删除"选项即可。

# 8.4 应用案例 2:添加新网站

## 8.4.1 案例内容

DHY 公司现在已经可以正常使用 OA 系统进行网络办公了。公司为了对外宣传,需要建立门户网站 www.dhy.com;公司与其他公司以及客户有业务来往,还想建立一个电子商务网站。公司希望在最小开销的情况下完成这个工作。

## 8.4.2 案例分析

要架设新的网站,同时开销最小,可以采用在同一台服务器上架设多个网站的方法。在 IIS 中能同时架设多个网站,以满足公司的需求。当然,多个网站在一台服务器上运行,性能必定受到服务器性能限制，所以必须在保证满足业务要求的性能的前提下，在一台服务器上架设多个网站。

## 8.4.3 案例实施的条件

与本章应用案例 1 的实施条件相同。

## 8.4.4 案例实施过程

在同一台服务器上架设多个网站，要解决如何识别不同的网站以便访问的问题。IIS 中，有三种标示用来区别不同的网站，三种标示中任何一个不同，就被认为是不同的网站。这三个标示是主机名、IP 地址、端口。下面新建网站，并使用三种不同标示，来区分新建网站 www.dhy.com 与已有的网站 oa.dhy.com。

**1. 用不同的主机名新建网站**

www.dhy.com 与 oa.dhy.com 就是不同的主机名，用主机名 www.dhy.com 新建网站，并把已有的 Default Web Site 的主机名改为 oa.dhy.com。

(1) 在 S-DNS 计算机中，添加 DNS 主机记录，域名 www.dhy.com，IP 地址为 10.0.0.2。注意这里 www.dhy.com 与 oa.dhy.com 都指向 S-Web 的地址 10.0.0.2。

(2) 为 www.dhy.com 准备好主页 default.html，保存在 c:\www 下面。

(3) 在 S-Web 计算机中打开 IIS 管理器。

(4) 在“连接”窗格中，右击树中的“网站”节点，然后单击“添加网站”命令。

(5) 如图 8-17 所示，在“添加网站”对话框中的“网站名称”文本框中，为网站输入一个好记的名称。比如就使用主机名 www.dhy.com 命名网站。

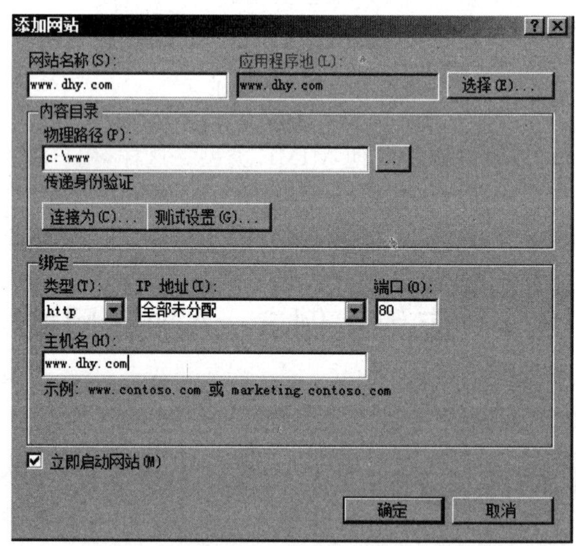


图 8-17 添加网站

(6) 如果要选择其他应用程序池，而不是“应用程序池”框中列出的应用程序池，请单击“选择”按钮。在“选择应用程序池”对话框中，从“应用程序池”列表中选择一个应用程序池，然后单击“确定”按钮。

应用程序池是一个可以向其分配 Web 应用程序的工作进程。通过应用程序池来隔离 Web 应用程序，可以减弱一个应用程序访问另一个应用程序的资源的能力，从而提高应用程序的安全性。此隔离还有助于防止一个应用程序池中的 Web 应用程序对同一 Web 服务器上另一个应用程序池中 Web 应用程序的可用性产生负面影响。例如，如果一个 Web 应用程序失败或耗用了大量资源，则在大多数情况下，Web 服务器上其他应用程序池中的应用程序将不受影响。如果在 Web 服务器上创建的应用程序池太多，则可能会对 Web 服务器的性能产生不利影响。

(7) 在“物理路径”文本框中，输入网站的文件夹的物理路径 c:\www，或者单击浏览按钮(…)并通过在文件系统中导航来找到该文件夹。

(8) 如果在第(5)步中输入的物理路径是远程共享的路径，则单击“连接为”按钮以指定有权访问该路径的凭据。如果不使用特定的凭据，在“连接为”对话框中选择“应用程序用户(传递式身份验证)”选项。

(9) 从“类型”列表中为网站选择协议。此处使用默认类型 http。

(10) “IP 地址”列表框中选择默认值“全部未分配”。

(11) 在“端口”文本框中选择默认值。

(12) 在“主机头”文本框中为网站输入主机头名称 www.dhy.com。

(13) 如果无须对站点做任何更改，并且希望网站立即可用，请选中“立即启动网站”复选框。

(14) 单击“确定”按钮。

(15) 在 PC-Win7 中，打开浏览器并输入 http://www.dhy.com，验证新建网站是否正确。图 8-18 显示的是作者的实验网页。

图 8-18 新建网站验证

### 2. 用不同的 IP 地址新建网站

为了更加清楚对比在同一个服务器中使用主机名区分不同的网站和使用 IP 地址区分不同的网站的不同，本节不再新建网站，而是修改已经建好的网站 www.dhy.com 和 oa.dhy.com 的配置，作为对比。

用不同的 IP 地址新建网站，服务器必须有两个以上的 IP 地址。要得到多个 IP 地址，可以添加多个网卡，每个网卡设置不同的 IP 地址，也可以在同一个网卡上添加多个 IP 地址。

(1) 在 S-Web 计算机中的同一个网卡上添加多个 IP 地址，如图 8-19 所示。打开“本地连接属性"对话框，双击"Internet 协议版本"选项，单击"高级"按钮。在"高级 TCP/IP 设置"对话框中单击"添加"按钮，添加 IP 地址 10.0.0.4。

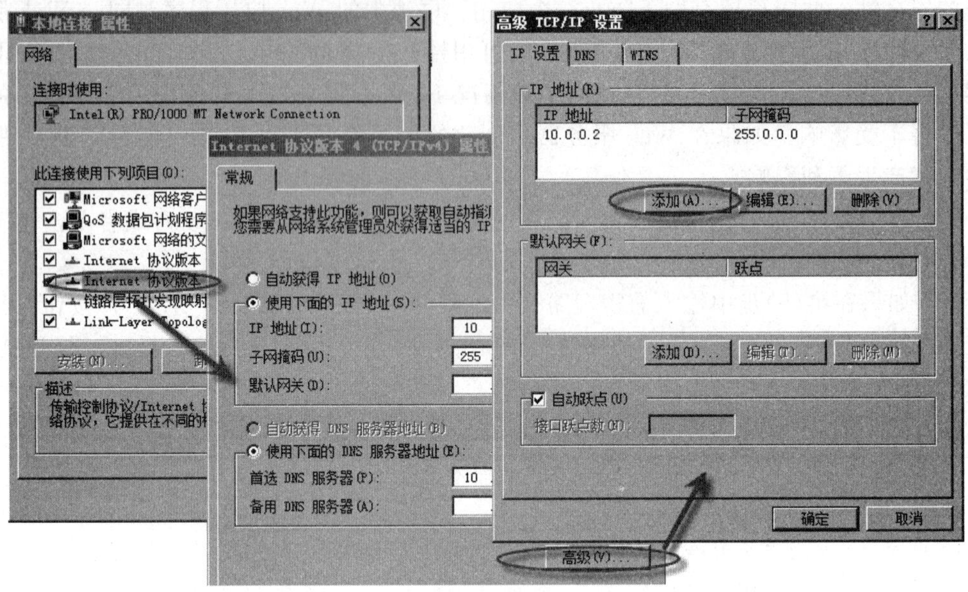


图 8-19 添加多个 IP 地址

(2) 在 S-DNS 计算机中修改主机记录 www.dhy.com 的 IP 地址为 10.0.0.4。

(3) 在 S-Web 计算机 IIS 管理器中，选中连接窗格的 www.dhy.com，在"操作"窗格中单击"绑定"选项，弹出"网站绑定"窗口，选中对应的网站条目，单击"编辑"按钮，弹出"编辑网站绑定"窗口，如图 8-20 所示。在 IP 地址中输入 10.0.0.4，端口为 80，清除主机名。

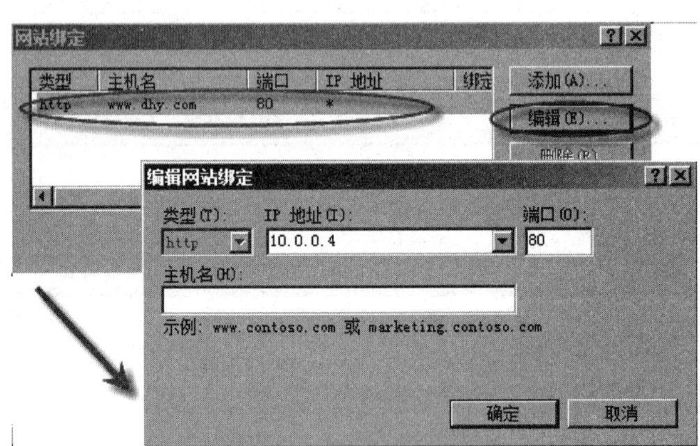


图 8-20 编辑网站绑定

(4) 同理，对网站 Default Web Site 编辑网站绑定。在 IP 地址中输入 10.0.0.2，端口为 80，清除主机名。

(5) 在 PC-Win7 计算机中，打开浏览器，分别输入 http://www.dhy.com 和 http://oa.dhy.com，检验结果是否正确。如果结果不正确，有可能是 DNS 缓存没有刷新造成的，请在命令提示符下输入 ipconfig /flushdns 刷新 DNS 缓存，重启浏览器后再访问。也可以直接输入 http://10.0.0.2 和 http://10.0.0.4 访问。

**3. 用不同的端口新建网站**

为了更加清楚地理解在同一个服务器中使用端口区分不同的网站，本节不再新建网站，而是修改已经建好的网站 www.dhy.com 和 oa.dhy.com 的配置，与前面两节进行对比。

(1) 在 S-Web 计算机 IIS 管理器中，对网站 Default Web Site 编辑网站绑定，IP 地址设置为全部未分配，端口为 8080，清除主机名。

(2) 同理对网站 www.dhy.com 编辑网站绑定，IP 地址设置为全部未分配，端口为 80，清除主机名。

(3) 在 PC-Win7 计算机中，打开浏览器，输入 http://www.dhy.com(或 http://oa.dhy.com 或 http://10.0.0.2 或 http://10.0.0.4)会显示公司的主页，输入 http://www.dhy.com:8080(或 http://oa.dhy.com:8080 或 http://10.0.0.2:8080 或 http://10.0.0.4:8080)会显示公司的 OA。检验结果是否正确。

**注意**：输入 http://www.dhy.com:8080 可能出现无法显示的情况。这是因为 Windows Server 2008 默认开启 Windows 防火墙，8080 端口是关闭的。此时可以开启 S-Web 计算机的 8080 端口或者关闭 Windows 防火墙后重试。

# 8.5 应用案例 3：新建物理目录和虚拟目录

## 8.5.1 案例内容

DHY 公司为了丰富网站内容，要求公司的下属部门都要有自己的网页，请配置 IIS，满足公司的需求。

## 8.5.2 案例分析

要满足公司的下属部门都要有自己的网页的要求，方法很多，可以为每一个下属部门新建一个网站，也可以在原有公司网站下面新建物理目录或虚拟目录的方法。此处采用后一种方法。

目录分为两种类型：物理和虚拟。在网站主目录之下新建多个子文件夹，然后将网页文件存储到主目录与这些子文件夹内，这些子文件夹被称为物理目录。虚拟目录是在 IIS 中指定并映射到本地或远程服务器上的物理目录的目录名称。可以使用虚拟目录包含应用程序中的内容，而无须向该应用程序的物理目录中移动或复制文件。

## 8.5.3 案例实施的条件

与本章应用案例 1 的实施条件相同。

## 8.5.4 案例实施过程

下面以 DHY 的下属部门 Sales 为例讲述案例的实施过程。

**1. 物理目录方式**

(1) 在计算机的 C:\www 文件夹下新建文件夹 Sales，在 Sales 下新建销售部的网页文件 default. html。

(2) 在 PC-Win7 的浏览器中输入 http://www. dhy. com/sales，检验是否显示正确的销售部网页。

**2. 虚拟目录方式**

(1) 在 S-Web 计算机中的 C 盘下新建文件夹 Sales，在 Sales 下新建销售部的网页文件 default. html。为避免物理目录的影响，删除 c:\www 文件夹下的文件夹 Sales。

(2) 在 S-Web 计算机的 IIS 管理器中，右击网站名称 www. dhy. com，选择“添加虚拟目录”命令。

(3) 在“添加虚拟目录”对话框中输入别名(此处假设为 Sales，别名与真实的物理文件的名称没有关系，可以相同也可以不同)，并单击“物理路径”后的按钮，指定 Sales 的网站文件路径，此物理路径可以是本机路径，也可以是网络上另外一个计算机内的共享文件夹，如图 8-21 所示，然后单击“确定”按钮。

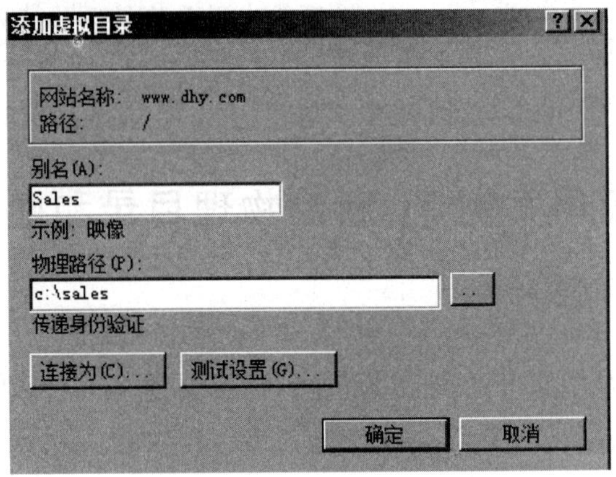


图 8-21　设置虚拟目录

(4) 在 PC-Win7 的浏览器中输入 http://www. dhy. com/sales，检验是否显示正确的销售部网页。

## 8.6　应用案例 4：搭建动态网站环境

### 8.6.1　案例内容

DHY 公司原有的网站都使用静态网页。现在公司网站升级，使用动态技术。请配置 IIS，满足公司的需求。

### 8.6.2　案例分析

默认情况下，IIS 中的 Web 网站只支持运行静态 HTML 页面，但从现在的网站技术来说，一般都采用动态技术实现，这就需要在 IIS 中搭建动态网站环境。在 IIS 中可以配置多种动态网站技术环境，如 ASP、JSP、PHP 等。

## 8.6.3 案例实施的条件

与本章应用案例1的实施条件相同。

## 8.6.4 案例实施过程

### 1. 搭建ASP环境

Active Server Pages(ASP)是微软提供的动态网站技术,可以用来创建和运行动态交互式网页。使用IIS架设的Web服务器可以运行ASP网页。

要搭建ASP运行环境,首先要确保安装了ASP组件。在“添加角色服务”向导中,选中ASP.NET和ASP复选框,如图8-22所示。

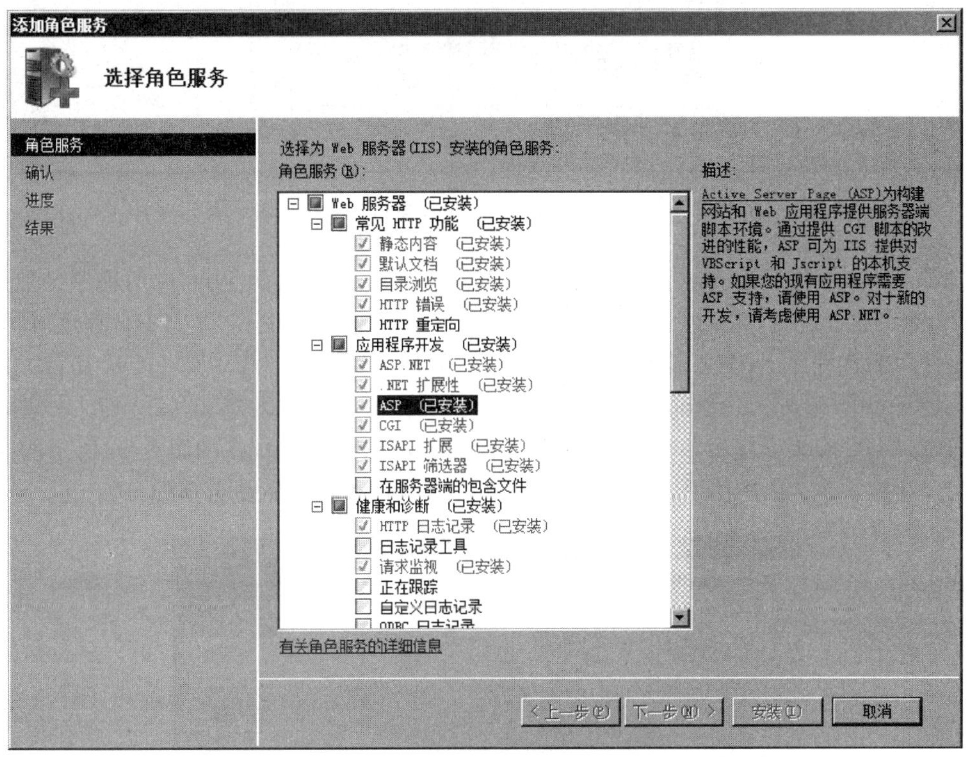


图8-22 安装ASP.NET和ASP

打开IIS管理器,选择Web站点,在主页窗口中双击ASP图标,显示如图8-23所示的窗口,可以设置ASP属性,包括编译、服务和行为等设置。此处需要将“启用父路径”的属性设置为True。

需要说明一点的是,在64位的Windows Server 2008系统中没有JET 4.0驱动程序,而IIS 7.0应用程序池默认没有启用32位程序,所以需要在IIS 7.0中启用32位程序。

方法如下:在IIS管理器中,选中“应用程序池”,单击右侧“操作”栏的“设置应用程序池默认设置”选项,将“启用32位应用程序”设置为True即可。

### 2. 搭建PHP环境

PHP是一种新型的编写语言,可以方便快捷地编写出功能强大、运行速度快,并可以运

图 8-23　ASP 设置窗口

行于 Windows、UNIX、Linux 操作系统的 Web 程序。PHP 编写的 Web 应用程序一般采用 Apache 服务器；但是，IIS 也可以支持 PHP。默认情况下，IIS 并不支持 PHP 程序，需要安装相应的 PHP 程序。PHP 目前用于 Windows 的最新版本为 5.3 版，可以从其官方网站(http://windows.php.net/download/)下载。

下载 PHP 安装程序后，双击安装程序进行安装，安装过程中，在如图 8-24 所示的 Web Server Setup 页面，选中 IIS FastCGI 单选按钮。其他过程使用默认选项即可。

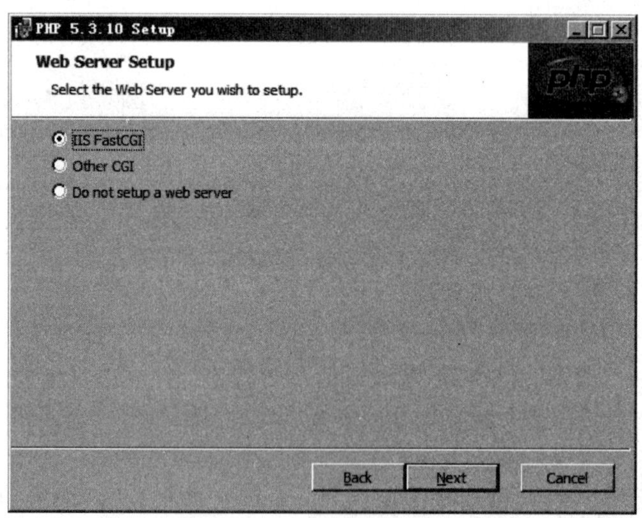


图 8-24　Web Server Setup

安装完成后，打开 IIS，选择默认网站，双击"处理应用程序映射"图标，会看到一个名为 Php_via_FastCGI 的程序映射名称，该映射说明对于 *.php 的应用程序，都将使用

FastCgiMoudle 处理程序来处理。至此，PHP 环境已经搭建完毕。

在默认网站下添加一个 index.php 的测试页面，输入内容为：

```
<?php phpinfo();?>
```

保存并退出。

在浏览器中输入 http://localhost/index.php，如果配置正确的话，将会出现如图 8-25 所示的 PHP 配置信息；否则，说明 PHP 配置不成功，需要检查并重新设置。

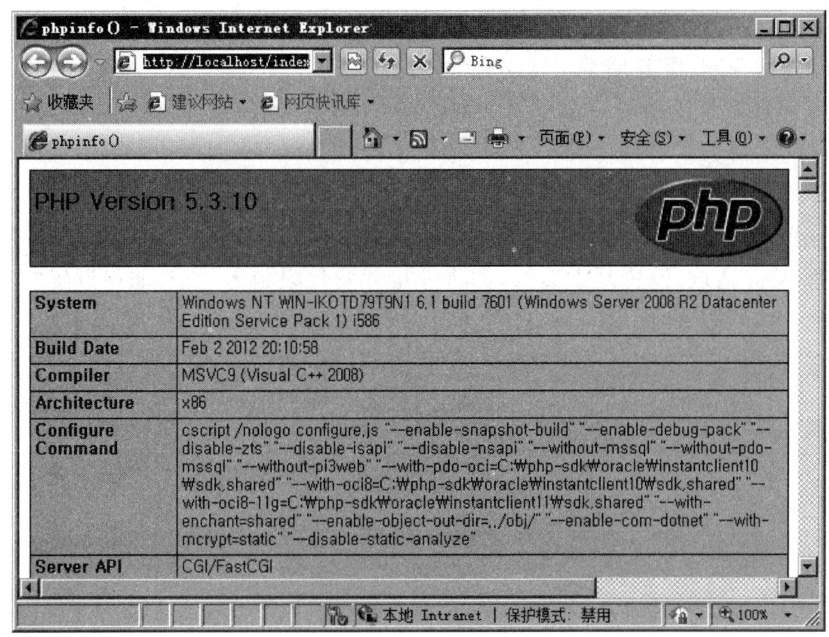


图 8-25 PHP 测试页

## 8.7 练习案例

你是公司的网络管理员，公司名为 fabrikam，Inc.，公司域名为 fabrikam.com。该公司有多个下属部门。

你在数据中心一台新的 Windows Server 2008 计算机上安装了 IIS。你将该计算机命名为 WWW，你在 WWW 上安装了两个网卡：一个具有公用 IP 地址 202.3.1.9，一个具有专用 IP 地址，并配置成具有 IP 地址 10.10.30.54。专用子网是 10.10.30.x。

公司由于宣传的需要，要求建立公司的对外宣传网站，网站名为 www.fabrikam.com，该网站从专用网和公网上都能够访问。

公司由于办公需求，要求建立公司的办公网络，网站名为 oa.fabrikam.com，出于安全考虑，该网站只能从专用网上访问，从公网上不能访问。

无论 www.fabrikam.com 还是 oa.fabrikam.com，都是用 ASP.NET 编写，网站必须支持该动态技术。

公司有很多下属部门，各下属部门也必须有自己的网页。

请根据以上要求，完成案例。

## 8.8 课后习题

1. 公司计划启用网站，域名为 heart.dhynet.com，服务器 IP 是 218.1.2.28，请概述完成此任务的过程。

2. 公司因举行宣传活动，设计了一个新的网页，计划使用 http://heart.dhynet.com/adv 进行访问，请概述操作过程。

3. 如何测试 Web 服务是否正常工作？

4. Web 服务默认端口号是多少？如何访问 Web 服务？

5. 创建网站得方式有哪几种？

6. 简要叙述新建网站和虚拟目录的区别。

7. 若需要 Web 站点支持 ASP，应做哪些设置？

8. 管理 Web 站点，设置站点属性，如将连接并发数限制为 3 个，如何设置？

# 第 9 章 网络设备管理

## 9.1 导语：为什么要进行网络设备管理

网络管理员对网络设备的管理主要是对交换机、路由器及线路的管理。要管理网络设备，就必须知道网络在物理上是如何连接起来的，网络中的终端如何与另一终端实现互访与通信，如何处理速率与带宽的差别；不同的网络是如何互联及如何通信的。要解决这些问题，需要了解网络设备管理的有关原理与技术，包括网络互联的架构、技术、接口器件以及交换机和路由器的管理和配置技术。

目前著名的网络设备生产厂商主要有 Cisco（思科）、华为、锐捷、中兴、大唐、中兴、D-LINK、TP-LINK 等。本章以 Cisco 网络设备为基础，介绍网络设备管理的有关原理和技术，重点介绍交换机和路由器的配置和管理。

## 9.2 网络互联的架构

网络架构采用层次化模型设计，即将复杂的网络设计分成几个层次，每个层次着重丁某些特定的功能，这样就能够使一个复杂的大问题变成许多简单的小问题。通常把网络设计分为三层，即核心层（网络的高速交换主干）、汇聚层（提供基于策略的连接）和接入层（将工作站接入网络，也称访问层），以把不同的主要网络设备合理有效地组织起来构建成一个网络，如图 9-1 所示。

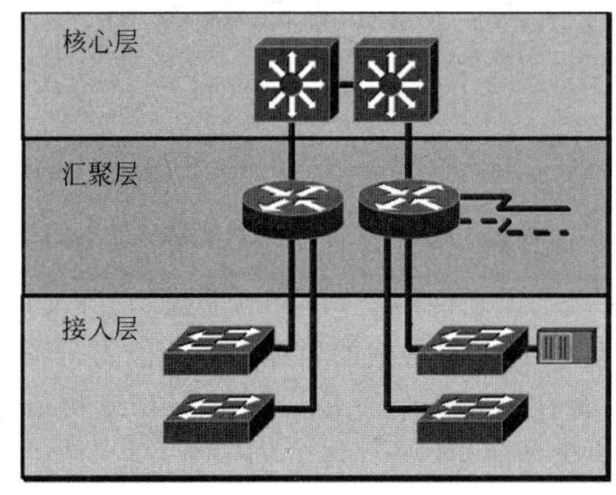


图 9-1 层次设计模型

**1. 核心层**

核心层是网络的高速交换主干,对整个网络的连通起到至关重要的作用。核心层应该具有可靠性、高效性、冗余性、容错性、可管理性、适应性、低延时性等特性。在核心层中,应该采用高带宽的千兆以上交换机。因为核心层是网络的中心,极其重要,所以核心层设备多采用双机冗余热备份以及负载均衡功能,来改善网络性能。核心层一直被认为是所有流量的最终承受者和汇聚者,所以对核心层的设计以及网络设备的要求十分严格,网络的控制功能最好尽量少在骨干层上实施。

**2. 汇聚层**

汇聚层是网络接入层和核心层的"中介",为接入层提供数据的汇聚、传输、管理、分发处理等,以减轻核心层设备的负荷。汇聚层具有实施策略、安全、工作组接入、虚拟局域网(VLAN)之间的路由、源地址或目的地址过滤等多种功能。汇聚层设备一般采用可管理的三层交换机或堆叠式交换机以达到带宽和传输性能的要求,并通过 VLAN 的设置达到网络隔离和分段的目的。汇聚层必须能够处理来自接入层设备的所有通信量,并提供到核心层的上行链路,因此汇聚层交换机与接入层交换机比较,需要更高的性能,更少的接口和更高的交换速率。汇聚层设备之间以及汇聚层设备与核心层设备之间多采用光纤互联,以提高系统的传输性能和吞吐量。

**3. 接入层**

为用户提供了在本地网段连接网络,访问应用系统的能力,接入层目的是允许终端用户连接到网络,因此接入层交换机具有低成本和高端口密度特性。在接入层设计上主张使用性能价格比高的设备。由于接入层是最终用户(教师、学生)与网络的接口,应该提供即插即用的特性,同时应该非常易于使用和维护,同时要考虑端口密度的问题。以解决相邻用户之间的互访需求,并且为这些访问提供足够的带宽,接入层可以选择不支持 VLAN 和三层交换技术的普通交换机。

对于网络规模小、联网距离较短的环境,可以采用"收缩核心"设计。忽略汇聚层,核心层设备可以直接连接接入层,这样在一定程度上可以省去部分汇聚层费用,还可以减轻维护负担,更容易监控网络状况。

## 9.3 网络互联设备

### 9.3.1 网络设备

**1. 路由器(Router)**

路由器用于广域网或广域网与局域网的互联,工作在 OSI 体系结构中的网络层,是企业网络的核心设备。路由器工作在网络层,具有地址翻译、协议转换和数据格式转换等功能,通过分组转发来实现网络互联,有很强的异种网连接能力,并有路径选择和子网划分功能。路由器中的路由表包含有网络地址、连接信息、路径信息和发送代价等。

市场上的路由器,其具体功能和档次千差万别。在企业网的网络中心,要求具有快速的包交换能力与高速的网络接口,可使用高端的核心路由器;而网络边缘的接入,则要求相对低速的端口及较强的控制能力,通常使用中低端的接入路由器。

**2. 中继器(Repeater)**

中继器又称转发器,用于连接局域网的多个网段,实现网络在物理层的连接,有中继放大信号并按原方向传输的作用。中继器是扩展网络最廉价的选择,并可连接不同传输介质的网络,但是只能用于相同协议的同构型网络的连接,且没有隔离和过滤功能。受 5-4-3 规则的限制,以太网中最多可使用四个中继器。使用中继器连接以后的两个网段仍为一个网络,如果希望连接后是两个网络,则应选择网桥。

**3. 集线器(Hub)**

集线器实际上是多口的中继器,又称集中器,用于连接多台计算机或其他网络设备,是校园网中最常见的网内连接设备。集线器的速度通常为 10Mbps,并且其带宽是各个端口共享的,同一时刻只能为一个客户服务。集线器会产生广播风暴,在级联时还受到 5-4-3 规则的约束。基于集线器的共享式网络在企业网中已较少使用。

**4. 网桥(Bridge)**

网桥也称桥接器,它是工作在数据链路层的一种网络互联设备,它在互联的局域网之间实现帧的存储和转发,扩大网络地理范围。如果学校的各个部门分别拥有自己独立管理的局域网,为了进行交互,需要使用网桥来实现互联(可连接不同类型的局域网);网桥也能用于将一个负载很重的大局域网分隔成几个局域网以减轻负担。网桥可以隔离负载,防止出故障的站点损害全网,并有助于安全保密。

**5. 交换机(Switch)**

交换机是工作于数据链路层的局域网连接设备,与集线器的区别在于,其速度通常在 100Mbps 以上,且带宽是各个端口独占的。从广义上来说,交换机仍属于集线器的范畴,但其功能却不断变化,有的可堆叠,有的支持网管,有的还具有第三层(ISO/OSI 参考模型的第三层,即网络层)的功能,也就是所谓的"三层交换机"。三层交换机既有三层路由的功能,又具有二层交换的网络速度,对于规模较大的企业网是必不可少的。

**6. 网关(Gateway)**

网关又称协议转换器,用于连接不同体系结构的网络,实现传输层及以上各层的协议转换,是网间互联中最复杂的设备。在企业网中,网关常是由一台计算机来充当网关,以实现 Internet 的共享连接。

**7. 硬件防火墙(Firewall)**

相对于软件防火墙而言,硬件防火墙有更多的优点,它的硬件和软件都是单独设计的,有专用网络芯片来处理数据包,同时采用专门的操作系统平台,避免了通用操作系统的安全性漏洞。

**8. 无线 AP(Wireless Access Point)**

无线 AP 即指无线"访问接入点",相当于常规网络设备的集线器或交换机,配合无线网卡可组成无线局域网。每个无线 AP 都会有其所能容纳的信道,相当于交换机的接口数量。无线 AP 有一定的覆盖距离,既可以作为无线中心站,也可以用来当作与有线局域网通信的桥梁,用来连接其他有线客户端、互联网或是其他网络设备等。

目前市场上的无线 AP 有普通无线 AP 和带路由功能的无线 AP 两种,带路由的扩展型 AP 即无线宽带路由器(Wireless Router),除了基本的 AP 功能之外,还带有若干以太网交换口(大多数无线宽带路由器都内置一个四口的交换机,可以当作有线宽带路由器使用),提供路由、NAT、DHCP、打印服务器等功能。

**9. 调制解调器(Modem)**

调制解调器用于模拟信号与数字信号之间的转换,在线路传输和计算机处理的交接处工作。过去用于电话拨号的56Kbps的调制解调器已成昨日黄花。宽带时代仍离不开各种各样的调制解调器:像用于有线电视上网的Cable调制解调器、宽带拨入的xDSL调制解调器、光缆接入的光纤调制解调器……

**10. 光纤收发器(Fiber Optic Converter)**

光纤收发器又叫光电介质转换器,通过光电耦合来实现光电信号转换作用,一端是接光纤,另一端是以太网接口,速度有10Mbps/100Mbps/1000Mbps,是使用光纤时必须要用到的。

**11. 网卡(LAN Adaptor)**

网卡又称网络适配器,工作于物理层和数据链路层的MAC子层,是计算机进行联网的必需设备,一般做成插卡的形式,或内置于主板上,接口有ISA、PCI、USB的,连接方式有双绞线的、同轴电缆的和无线的,速度有十兆、百兆直至千兆的。

### 9.3.2 网络传输介质

企业网的各种网络设备之间需要连线(或无线)进行互通,常用的有双绞线、同轴电缆、光纤等。

双绞线是8芯铜线,分成4对绞绕而成,与其他设备(交换机、网卡等)连接时需要用到RJ-45接头(8槽水晶头),并按照T568B或T568A规范压制,同类设备连接要用交叉接法(一头用T568B,另一头用T568A),不同设备连接则用平行接法(两头相同)。3类的双绞线只支持到10Mbps的速度,5类、超5类和6类的则支持100Mbps甚至1000Mbps的高速连接。双绞线在两个节点间的有效传输距离为100米,过长需要使用中继器。屏蔽双绞线(Shielded Twisted Pair,STP)的传输性能高于非屏蔽双绞线(Unshielded Twisted Pair,UTP),但却贵很多。

同轴电缆有粗缆和细缆之分,只支持10Mbps的传输速度,前者与9芯D型AUI连接,有效传输距离为500m;后者用T形头连接网卡的BNC口,传输距离为185m。

光纤是逐渐普及的传输介质,有多模和单模之分,传输距离分别能达到2km和40km甚至以上。

以上是对常见网络互联设备的简单介绍,限于篇幅,下面只介绍常用的交换机和路由器的初步配置与管理内容。

## 9.4 网络设备互联接口

网络设备支持的物理接口可细分为两种:一种是LAN(局域网)接口(RJ-45),通过RJ-45接口与局域网中的网络设备交换数据;另外一种是WAN(广域网)接口,包括同步/异步串口、E1/PRI接口、ISDN BRI接口等,通过广域网接口可以与广域网中的交换设备交换数据。

本节将围绕Cisco设备讨论网络物理接口与线缆的相关技术,包括接口规范、线缆类型、传输特征以及使用注意事项等。

## 9.4.1 局域网接口及线缆

网络设备连接局域网的物理端口一般是以双绞线作为连接介质的，双绞线的收发各由两条拧在一起并相互绝缘的铜线组成，两条拧在一起的线可以减少线间的电磁干扰。

3 类到 8 类双绞线在塑料外包皮内均有 4 对线缆，区别主要在于类型越高的双绞线，单位长度的绞环越多，这就使得 5 类或者 8 类双绞线的串扰现象更少，更符合高速网络的通信要求。

双绞线一般使用 RJ-45 插头作为连接器，如图 9-2 所示为 RJ-45 接头的外形。

图 9-2 RJ-45 接头

5 类双绞线由 8 芯细线组成，它有两种连接类型：直通方式和交叉方式。

直通和交叉两种双绞线根据相应的布线标准按一定的排列方式制作出来的，两种布线标准分别是 TIA/EIA 568A 和 TIA/EIA 568B，在实际应用中使用较多的是 TIA/EIA 568B 的做线方法，二者之间的区别可从导线颜色排列顺序加以区分。网线 RJ-45 接头的排线见图 9-3。

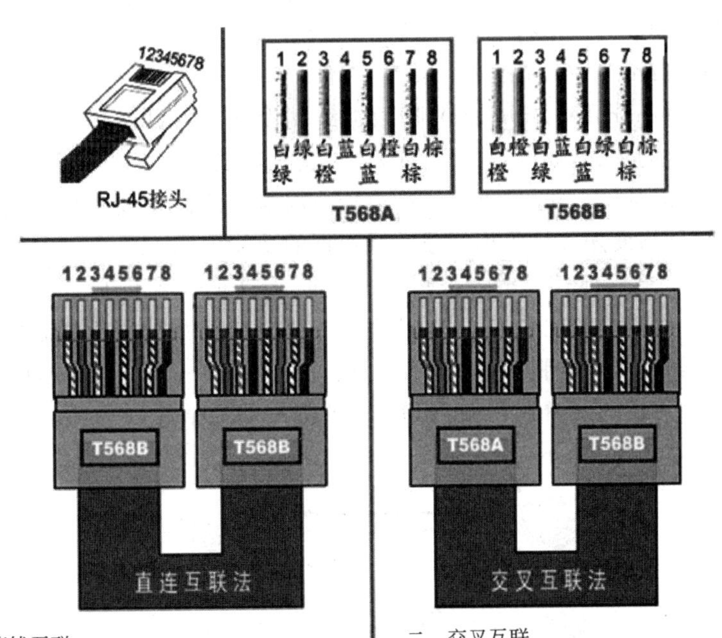


图 9-3 网线 RJ-45 接头（水晶头）排线示意图

制作直通网线时，两端可以都是 TIA/EIA 568A 线序，也可以都是 TIA/EIA 568B 的线序。也就是说，线缆两端的线序必须一致，因此称之为直通线缆。

制作交叉网线时，一端采用 TIA/EIA 568A 线序，另一端就必须采用 TIA/EIA 568B 线序。

在只用双绞线的以太网线缆与网络设备连接时，要注意：异种设备相连时用直通线，同种设备相连时用交叉线。比如 PC 与交换机相连时用直通线，交换机与其他交换机相连时用交叉线。当然有特殊情况，当把一台 PC 与一台路由器相连时，必须使用交叉线缆。

## 9.4.2 广域网的网络连接

**1. 广域网概述**

按照提供的网络带宽的不同，可以将广域网分为窄带和宽带两大类。

现有的窄带公共网络包括 PSTN(公共电话交换网)、ISDN(综合数字业务网)、DDN(数字数据网)、X. 25 网、Frame Relay(帧中继)网等，现有的宽带网络一般有 ATM(异步传输模式)和 SDH(同步数字体系)两种。

广域网按照线路类型可分为 ISDN 网、X. 25 网、帧中继网、ATM 网等类型，网络设备因此也相应有 ISDN 接口、同步串口、异步串口、ATM 接口等。

网络设备在实现广域网连接时主要通过串行端口来实现，串行端口可以通过连接多种中间设备来实现到多种广域网的互联。

路由器的端口包括两种类型：固定端口和模块化端口。路由器的每个固定端口都有一个端口类型和编号(如 Ethernet 0)。而每个模块化端口除了具有端口类型和编号以外，还有槽编号(如路由器的同步串行端口：Serial 0/1)。

**2. DTE 和 DCE**

DTE(Data Terminal Equipment)，即数据终端设备，是指所有具有作为二进制数字数据源点或终点能力的单元，如计算机、打印机、传真机等设备。

DCE(Data Circuit Terminal Equipment)，即数据通信设备或者数据电路终端设备，是指任何能够通过网络发送和接收模拟或数字数据的功能单元。

DTE 产生了包含一定信息的二进制数字数据，但这种数据不适合直接在通信双方之间的介质(或网络)上传输，因此引入了 DCE 来对二进制数字数据进行调制或转换等工作，使其适于远距离传输。例如调制解调器就是一种 DCE 设备。在发送数据的时候 DCE 提供时钟，对于与终端相连接的路由器都是 DTE，一种常见的通信路径为 DTE<->DCE<…>DCE<->DTE，如图 9-4 所示。

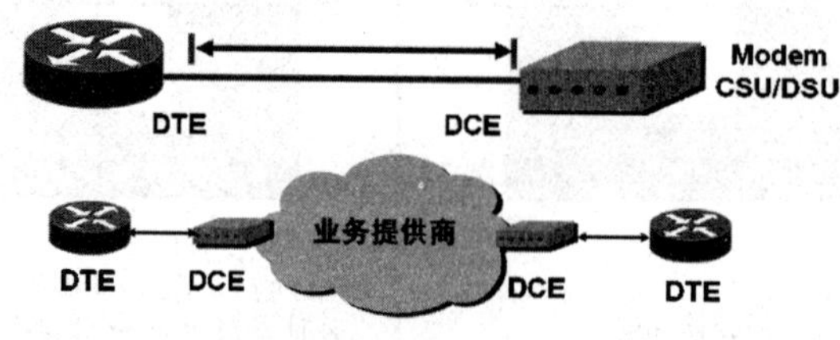


图 9-4 DTE 和 DCE

一般来说，适配器连线的两端接头会采用不同的外形(区分 DTE 和 DCE)，如果要把路由器背对背连接起来，那么其中一台路由器就成为 DTE，而另一台路由器就必须为 DCE。

但是 DTE 和 DCE 的线缆应该是对应的,区分 DTE 和 DCE 线缆的方法很简单:主要看它的连接接口,其中"凸"的是 DTE 线缆,"凹"的是 DCE 线缆。

**3. 网络设备的串口**

网络设备的串口按照工作模式可分为同步串口和异步串口。

1) 同步串口

在路由器的广域网连接中,路由器的"同步串口"(SERIAL)应用很多,这种端口主要用于连接目前应用广泛的 DDN、帧中继(Frame Relay)等网络,在企业网之间有时也通过 DDN 等广域网连接技术进行专线连接。这种同步端口一般要求速率非常高,如图 9-5 所示为高速同步串口。

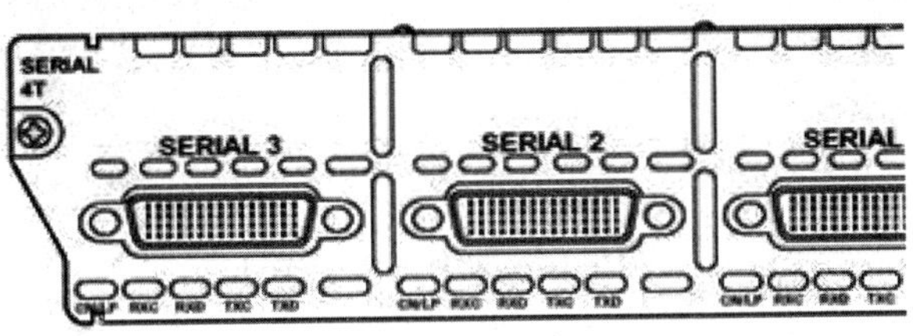


图 9-5 同步串口

2) 异步串口

异步串口(ASYNC)主要是应用于 Modem 或 Modem 池的连接,可以实现远程计算机通过公用电话网拨入网络。因为它并不要求网络的两端保持实时同步,只要求能连续即可,所以这种异步端口相对于上面介绍的同步端口来说速率较小,如图 9-6 所示为异步串口。

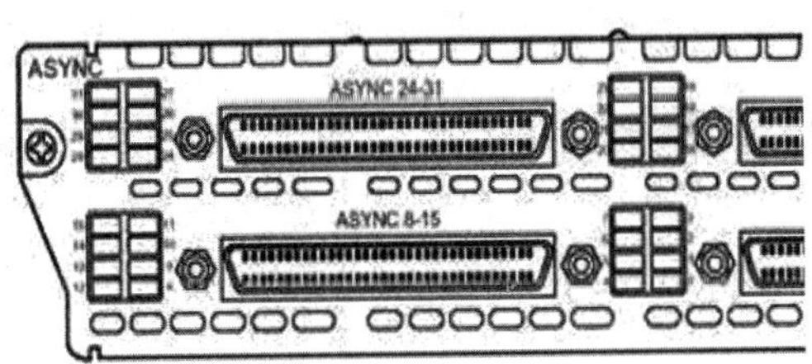


图 9-6 异步串口

**4. 广域网中常见的接口类型**

广域网中常见的接口类型主要有 EIA/TIA-232、EIA/TIA-449、V. 24、V. 35、ISDN BRI 接口等,限于篇幅,这里不一一介绍。

# 9.5 网络设备管理

## 9.5.1 网络设备管理方式

用户和 Cisco 路由器或交换机交互的最普通的方法是通过 Cisco IOS 软件提供的命令行界面 CLI(Command-Line Interface)。如果要通过命令行接口操作 Cisco 设备,就必须通过某种形式实现对路由器的访问,访问方式包括带内(in-band)管理和带外(out-of-band)管理方式。

**1. 带内(in-band)管理**

带内管理是指网络中的网管数据和业务数据在相同的链路中传输，带内管理包括Telnet方式、TFTP服务器、Web服务或网管软件等，如图9-7右侧所示。

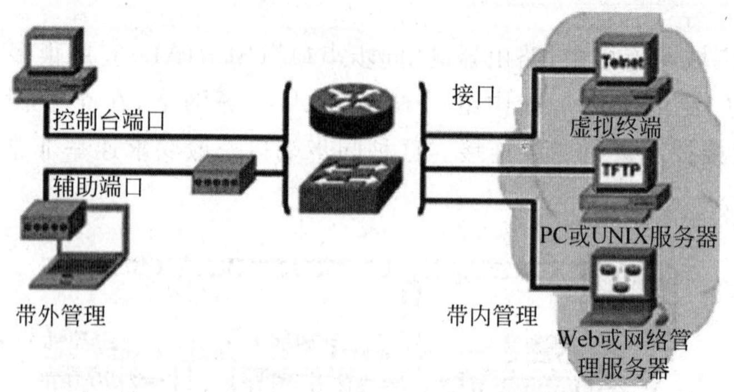


图9-7 设备管理方式

1) Telnet方式

要通过Telnet方式管理路由器，可以通过以下两种方式：

(1) 利用终端仿真程序。

在一台PC上运行终端仿真程序(如Windows操作系统下的超级终端)，弹出“连接描述”对话框，如图9-8所示。

在该对话框中的“名称”文本框里输入连接名称，并在“图标”区域中选择图标。这里输入sde。单击“确定”按钮，会弹出如图9-9所示“连接到”对话框。

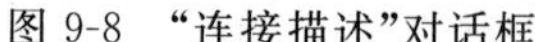
图9-8 “连接描述”对话框

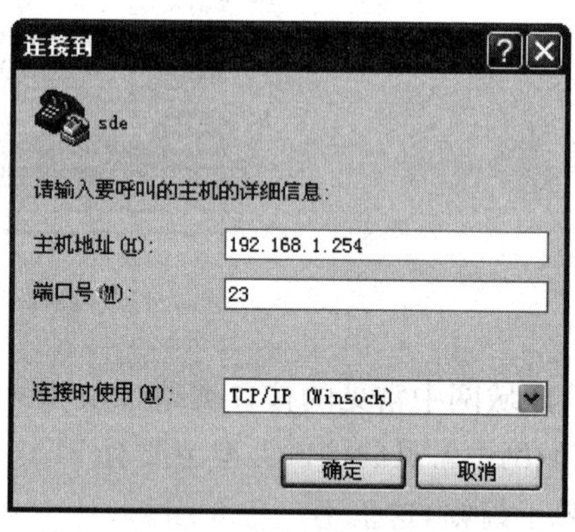


图9-9 “连接到”对话框

在“连接时使用”下拉列表框中选择TCP/IP(Winsock)选项，这时“端口号”文本框会自动为23，在该对话框中的“主机地址”文本框中输入路由器或交换机的地址。然后单击“确定”按钮即可连接路由器或交换机。

(2) 利用网络操作系统所提供的Telnet功能。

也可以利用网络操作系统(如Windows操作系统)所提供的Telnet功能来管理路由器或交换机。依次单击“开始”→“程序”→“附件”→“命令提示符”命令，打开“命令提示符”窗口,在命令提示符光标处输入“telnet<ip address>”,这里输入“telnet 192.188.1.254”;然后按回车键执行该命令即可访问路由器或交换机。

2) TFTP 服务器

简单文件传输协议(Trivial File Transfer Protocol,TFTP)可以用来传输 IOS 映像、发送和接收 Cisco 路由器配置文件,TFTP 更适合于备份服务器。当对配置进行改变时,可以将配置文件保存到 TFTP 服务器上,这样即使出现了故障,也能够迅速进行恢复。

3) Web 服务或网管软件

Web 服务器允许使用 Web 界面管理和监视 Cisco 路由器或交换机等网络设备,但是,并不是所有的 Cisco 的产品都支持基于 Web 页面的管理,可以通过访问 Cisco Web 站点,以确认特定的路由器或交换机是否支持 Web 管理。

另外,还可以利用 Cisco 公司的一些网络管理软件(如 CiscoWork 200)来管理网络设备,利用这些管理软件非常友好的图形界面,就可以启动路由器并可以实现单点管理,它从某种程度上可以替代命令行界面,但是它们并不能提供所有的功能,初始配置仍需通过命令行方式来实现。

**2. 带外(out-of-band)管理**

带外管理是指通过专门的网管通道实现对网络的管理,将网管数据与业务数据分开。网管数据与业务数据分离,可以提高网管的效率与可靠性,也有利于提高网管数据的安全性。

带外管理一般是通过路由器或交换机上的 CON 和 AUX 接口进行的,如图 9-10 所示,CON 端口是 Console(控制)的简写,它是访问 CLI 的最好的方式。要访问给端口,需要配置全反转式的 RJ-45 线缆和一个 9 针或 25 针的适配器直接连接至计算机的串口,RJ-45 连接器上的 5、2、4、1 根线与其他连接器上的 2、5、1、4 根线相对应。这样其每对线缆在其反向端进行交换,使得发送端能够接收,接收端也能够发送。

依次单击“程序”→“附件”→“通信”→“超级终端”命令,启动 Windows 自带终端仿真程序“超级终端”。对于新路由器来说,在开始工作之前,必须首先使用该端口进行配置。弹出“连接描述”对话框,在该对话框中的“名称”文本框里输入连接名称,并在“图标”区域中选择图标。单击“确定”按钮,会弹出“连接到”对话框。在“连接时使用”下拉列表框中选择 COM1 选项,然后单击“确定”按钮,弹出如图 9-10 所示的“COM1 属性”对话框。在“每秒位数”、“数据位”、“奇偶校验”、“停止位”、“数据流控制”下拉列表框中分别选择 9600、8、“无”、1、“无”选项。或者单击“还原为默认值”按钮。单击“确定”按钮就可登录到路由器或交换机上。

AUX 也称为辅助端口,为异步端口,主要用于远程配置,也可用于拨号连接,还可通过收发器与 Modem 进行连接。AUX 端口与 Console 端口通常被放置在一起,因为它们各自所适用的配置环境不一样。

## 9.5.2 Cisco IOS 简介

Cisco IOS(Internetwork Operating System,互联网操作系统)是一种基于文本方式的操作系统,通过 IOS 用户就可以和路由器交换机进行交互。

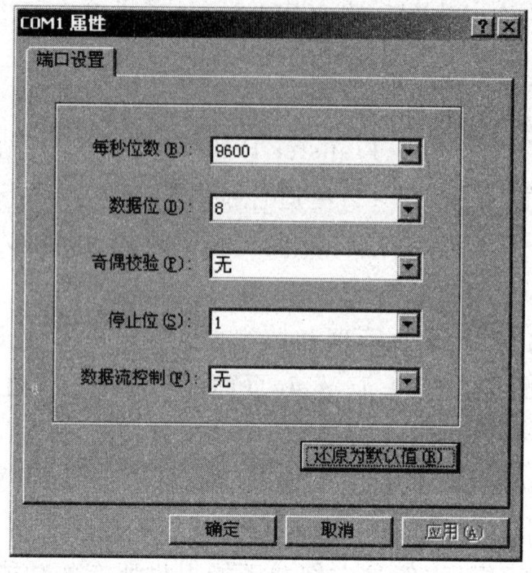


图 9-10 “COM1 属性”对话框

**1. Cisco IOS 引导设备启动的过程**

Cisco 设备如路由器与计算机类似，它有几种不同类型的内存，每种内存用于特定的用途来协助路由器完成相应的功能。为了更好地理解 Cisco 设备的启动过程，下面需要简单介绍一下 Cisco 中的内存的作用。

1）只读存储器（ROM）

相当于 PC 的 BIOS，Cisco 路由器运行时首先运行 ROM 中的程序，该程序主要进行加电自检，对路由器的硬件进行检测。另外，ROM 中还保存了一个备份操作系统，以防原操作系统被删除或破坏。

2）随机存储器（RAM）

可读写存储器，该内存中的内容在路由器重新启动或系统掉电时会完全丢失，主要用来存储运行中的路由器配置和与路由协议有关的 IOS 数据结构。

3）闪存（Flash）

闪存是一种可擦写、可编程的 ROM，在系统掉电时数据不会丢失。Flash 包含 IOS 及微代码，可以把它想象为和 PC 的硬盘功能一样，但其速度快得多，它用来存储 IOS 软件映像文件并可以通过写入新版本的 IOS 对路由器进行软件升级。

4）非易失 RAM（NVRAM）

其中包含有路由器配置文件，NVRAM 中的数据在路由器重新启动或系统掉电时不会丢失。

Cisco IOS 引导设备启动的过程分为以下几个步骤：

（1）加电自检（POST）。

（2）加载并运行启动引导微代码。

（3）寻找 IOS。

（4）加载 IOS。

（5）寻找配置文件。

（6）加载配置文件。

(7) 正常运行。

**2. IOS的用户界面**

Cisco IOS的用户界面类似UNIX操作系统的命令行界面,简称CLI。Cisco IOS提供了一些工具来简化使用命令行界面的过程,其中一个工具就是使用Tab键,它可以填充一个命令参数的剩余字符。有时使用简化命令,可以使用Tab键把命令补充完整,以确保所输命令正确。当用户登录到路由器后,根据特定的功能需要进入不同的操作模式,Cisco路由器提供如表9-1所示的基本操作模式。

**表9-1 CLI基本的操作模式**

| CLI模式 | 功能描述 | 进入方式 | 命令行的提示符 |
|---|---|---|---|
| 用户模式(User EXEC) | 能够提供有限的路由器信息与简单的状态查看命令,不能对路由器的配置进行修改 | 登录路由器的默认模式 | Router> |
| 特权模式(Priviledged EXEC) | 也称作超级用户模式,用户可以查看和修改路由器的配置 | 在用户模式下输入:enable并回车 | Router# |
| 全局配置模式(Global Configuration) | 允许更改具体路由器的相关配置 | 在超级用户模式下输入:config并回车 | Router(config)# |
| 端口配置模式(Interface Configuration) | 用于对该指定端口进行相应的配置 | 在全局配置模式下,用interface命令进入具体的端口。Route(config)#interface interface type number | Router(config-if)# |
| 控制器配置模式(Controller Configuration) | 用于配置T1或E1端口 | 在全局配置模式下,用controller命令配置T1或E1端口 Router(config)# controller e1 slot/port或number | Router(config-controller)# |
| 终端线路配置模式(Line Configuration) | 用于配置终端线路的登录权限 | 在全局配置模式下,用line命令指定具体的line端口 Router(config)# line number或{vty \| aux \| con} number | Router(config-line)# |
| 路由配置模式(Router Configuration) | 用于对路由器进行路由配置 | 在全局配置模式下,用Router命令指定具体的路由协议 Router(config)# router protocol [option] | Router(config-router)# |

# 9.6 应用案例1:Cisco交换机的基本配置

## 9.6.1 案例内容

某企业新近购置了一台Catalyst 2960交换机,在投入网络以后要进行初始配置与管理,需要对交换机进行初始化配置,同时为方便对这台交换机设备进行远程管理,需要给交换机标识一个管理IP地址,以便能够对该交换机进行网络管理,使得在办公室等场合也可以对设备进行远程管理,然后查看和测试交换机基本参数配置。

## 9.6.2 案例分析

该交换机需要进行初始化配置,需要命名主机名称,配置加密使能密码,配置虚拟终端口令等。同时为使该交换机能够通过网络管理,必须给它标识一个管理IP地址,默认情况下CISCO交换机的VLAN 1为管理VLAN,为该VLAN配上IP地址,交换机就可以通过网络管理了。

交换机的配置命令执行过程具有分层的模式,为安全起见,不同的层次可以使用的配置命令的权限也不同。具体分层及操作如表9-2所示。

表9-2 交换机命令操作模式及对应的命令

| 命令模式 | 访问方法 | 提示符 | 退出方法 |
| --- | --- | --- | --- |
| 用户模式 | 登录 | switch> | logout |
| 特权模式 | 在用户模式输入en或enable | switch# | exit、logout或disable |
| 全局配置 | 在特权模式输入config t或configure terminal | switch(config)# | exit、end或Ctrl+Z |
| 端口配置 | 在全局模式int端口名或interface端口名 | switch(config-if)# | exit或Ctrl+Z |

交换机的几种模式的简单说明如下。

**1. 用户模式与特权模式**

用户模式用交换机名加>提示符标识。在用户模式中,可查看交换机的某些设置。在特权模式(用#符号标识)中,可使用不同的show命令来显示交换机的所有设置。

```
switch>                      /*用户模式
switch>enable                /*由用户模式切换到特权模式
switch#                      /*特权模式
```

**2. 配置模式**

在特权模式下,通过输入configure terminal命令可进入到配置模式。为了退出配置模式,可使用end命令或Ctrl+Z组合键。

```
switch#configure terminal    /*进入配置模式
switch(config)#end           /*退出配置模式
switch#
```

**3. 交换机的管理方式**

交换机的管理方式基本分为两种:带内管理和带外管理。

通过交换机的Console端口管理交换机属于带外管理;这种管理方式不占用交换机的网络端口,第一次配置交换机必须利用Console端口进行配置。

通过Telnet、拨号等方式属于带内管理。

## 9.6.3 案例实施过程

(1) 按图9-11连接交换机和PC工作站。

按照如图9-11所示的网络拓扑图连接网络设备,也可用Cisco packet Tracer软件来进行网络拓扑图的连接绘制。

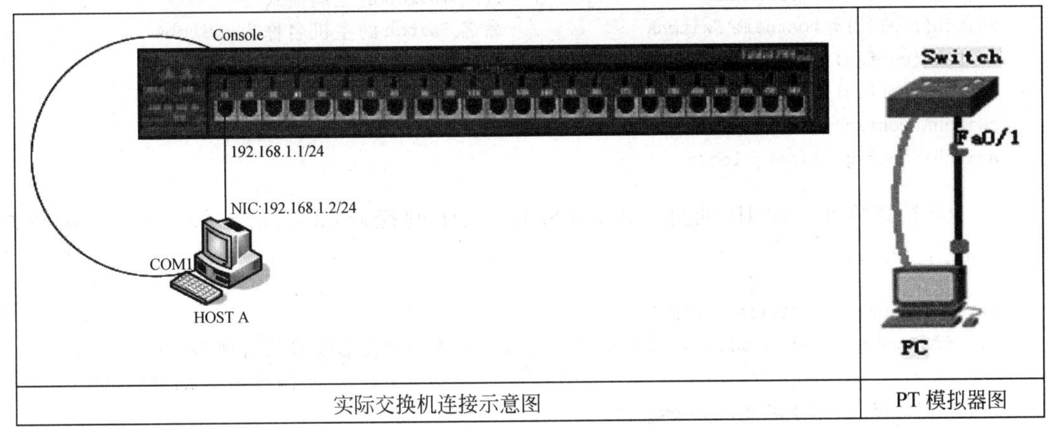


图 9-11　交换机的基本配置

(2) 使用配置线将 PC 串口与交换机的 Console 口相连,并启动 PC 上的终端仿真程序(超级终端)。

在一台 PC 上运行终端仿真程序(如 Windows 操作系统下的超级终端),弹出“连接描述”对话框,如图 9-12 所示。

在该对话框中的“名称”文本框里输入连接名称,并在“图标”区域中选择图标。这里输入 sde。单击“确定”按钮,会弹出如图 9-13 所示“连接到”对话框。

图 9-12　“连接描述”对话框

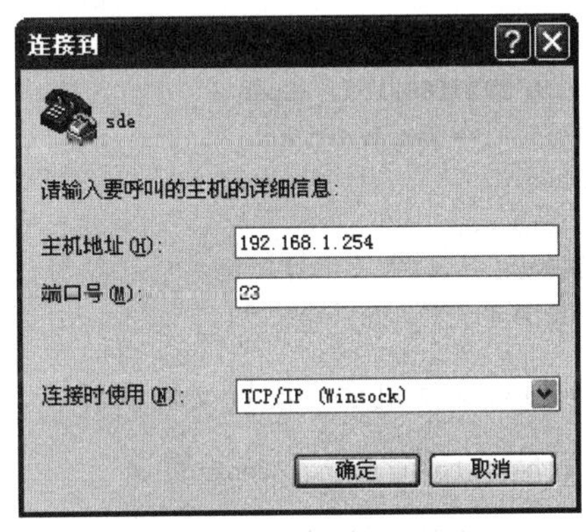


图 9-13　“连接到”对话框

在“连接时使用”下拉列表框中选择 TCP/IP(Winsock)选项,这时“端口号”文本框会自动为 23,在该对话框中的“主机地址”文本框中输入路由器或交换机的地址。然后单击“确定”按钮即可连接交换机或路由器了。

(3) 配置交换机主机名为 switchA、配置加密使能密码为 123456、配置虚拟终端口令为 dhy。

通过 PC 的超级终端程序连接交换机,进入交换机 Switch 的用户模式:

```
switch>enable                           /* 进入 Switch 的特权模式
switch#disable                          /* 退出 Switch 的特权模式
```

```
switch>enable                                 /*重新进入 Switch 的特权模式
switch#configure terminal                     /*进入 Switch 的全局模式
switch(config)#hostname SwitchA               /*命名 Switch 的主机名称为 switchA
switchA(config)#enable password 123456        /*配置加密使能密码为 123456
switchA(config)#line vty 0 4                  /*配置虚拟终端登录
switchA(config-line)#password dhy             /*配置虚拟终端口令为 dhy
switchA(config-line)#login
```

(4) 配置交换机管理 IP 地址(192.168.1.1)、子网掩码(255.255.255.0)、默认网关(192.168.1.254)。

```
switchA(config)#interface vlan1
switchA(config-if)#ip add 192.168.1.1 255.255.255.0   /*配置交换机管理 IP 地址为(192.168.
                                                       /*1.1)、子网掩码(255.255.255.0)
switchA(config-if)#no shutdown
switchA(config-if)#exit
switchA(config)#ip default-gateway 192.168.1.254
```

(5) 配置交换机端口速度(100Mbps)、端口双工方式(全双工)。

```
switchA(config)#int fa 0/1
switchA(config-if)#speed auto
switchA(config-if)#duplex auto
```

(6) 通过 Telnet 方式登录到交换机。

在 hostA 上,进入 CMD,执行下列命令:

```
PC>telnet 192.168.1.1
Trying 192.168.1.1 ...Open
User Access Verification
Password:
switchA>en
Password:
switchA#
```

(7) 检查交换机运行配置文件内容。

```
switchA#show running-config
```

(8) 检查交换机启动配置文件内容。

```
switchA#show startup-config
```

(9) 检查 VLAN 的参数及配置。

```
switchA#show vlan
```

检查端口 FastEthernet 0/1 的状态及参数。

```
switchA#show interfaces fastEthernet 0/1
```

(10) 检查交换机 MAC 地址表的内容。

```
switchA#show mac-address-table
```

总结：通过上述内容的设置，便完成了案例中的交换机的初始化配置要求，同时也能掌握交换机的最基本初始化配置过程和方法。

## 9.7 应用案例2：Cisco交换机的VLAN配置

### 9.7.1 案例内容

某一公司内财务部、销售部的PC通过2台交换机实现通信；要求财务部和销售部的PC可以互通，但为了数据安全起见，销售部和财务部需要进行互相隔离，现要在交换机上做适当配置来实现这一目标。

### 9.7.2 案例分析

VLAN(Virtual Local Area Network)，翻译成中文是“虚拟局域网”。VLAN是指在一个物理网段内，进行逻辑的划分，划分成若干个虚拟局域网。

VLAN最大的特性是不受物理位置的限制，可以进行灵活的划分。VLAN具备了一个物理网段所具备的特性。相同VLAN内的主机可以相互直接通信，不同VLAN间的主机之间互相访问必须经由路由设备进行转发。广播数据包只可以在本VLAN内进行广播，不能传输到其他VLAN中。

通过在交换机上划分VLAN，可将一个大的局域网划分成若干个网段，每个网段内所有主机间的通信和广播仅限于该VLAN内，广播帧不会被转发到其他网段，即一个VLAN就是一个广播域，VLAN间是不能进行直接通信的，从而实现了对广播域的分割和隔离。

通过在局域网中划分VLAN，可起到以下方面的作用：控制网络的广播，增加广播域的数量，减小广播域的大小。便于对网络进行管理和控制。VLAN是对端口的逻辑分组，不受任何物理连接的限制，同一VLAN中的用户可以连接不同的交换机，并且可以位于不同的物理位置，增加了网络连接、组网和管理的灵活性。

VLAN可以增加网络的安全性。由于默认情况下，VLAN间是相互隔离的，不能直接通信，对于保密性要求较高的部门，比如财务处，可将其划分在一个VLAN中，这样，其他VLAN中的用户将不能访问该VLAN中的主机，从而起到了隔离作用，并提高了VLAN中用户的安全性。VLAN间的通信，可通过应用VLAN的访问控制列表进行，从而实现VLAN间的安全通信。

**1. VLAN的实施方式**

1) 静态VLAN

静态VLAN就是明确指定各端口所属VLAN的设定方法，通常也称为基于端口的VLAN，其特点是将交换机按端口进行分组，每一组定义为一个VLAN，属于同一个VLAN的端口，既可来自一台交换机，也可来自多台交换机，即可以跨越多台交换机设置VLAN。

静态指定各端口所属的VLAN，需要对每一个端口地进行设置，当要设定的端口数目较多时，工作量会比较大，通常适合于网络拓扑结构不是经常变化的情况。静态VLAN是目前最常用的一种VLAN端口划分方式。

基于端口的 VLAN 在实现上包括两个步骤：

(1) 首先启用 VLAN(用 VLAN ID 标识)；

(2) 而后将交换机端口指定到相应 VLAN 下。

2) 动态 VLAN

动态 VLAN 是根据每个端口所连的计算机，动态设置端口所属 VLAN 的设定方法。动态 VLAN 通常可分为基于 MAC 地址的 VLAN、基于子网的 VLAN 和基于协议的 VLAN 等。

基于 MAC 地址的 VLAN，就是根据端口所连计算机的网卡 MAC 地址，来决定该端口所属的 VLAN。在这种方式下，端口所属的 VLAN，不是事先固定的，而是由所连计算机的 MAC 地址来决定的。比如，若 MAC 地址为 00-0C-6E-E1-1B-36 的计算机被设置为属于 VLAN2，则该台计算机无论接到交换机的哪个端口，其所连端口就会被自动划归为 VLAN2。

基于子网的 VLAN，是根据端口所连计算机的 IP 地址来决定端口所属的 VLAN 的。

基于协议的 VLAN，是根据协议字段划分的(如 IP 协议和 IPX 协议)。

**2. 跨越多台交换机的 VLAN 设置**

在实际应用中，通常需要跨越多台交换机的多个端口划分 VLAN，比如，同一个部门的员工，可能会分布在不同的建筑物或不同的楼层中，此时的 VLAN，就将跨越多台交换机。

跨越多台交换机的 VLAN，VLAN 内的主机彼此间应可以自由通信，当 VLAN 成员分布在多台交换机的端口上时，如何才能实现彼此间的通信呢？通过让交换机间的互联链路汇集到一条链路上，让该链路允许各个 VLAN 的通信流经过，这样就可解决对交换机端口的额外占用，这条用于实现各 VLAN 在交换机间通信的链路，称为交换机的汇聚链路或主干链路(Trunk Link)，如图 9-14 所示。

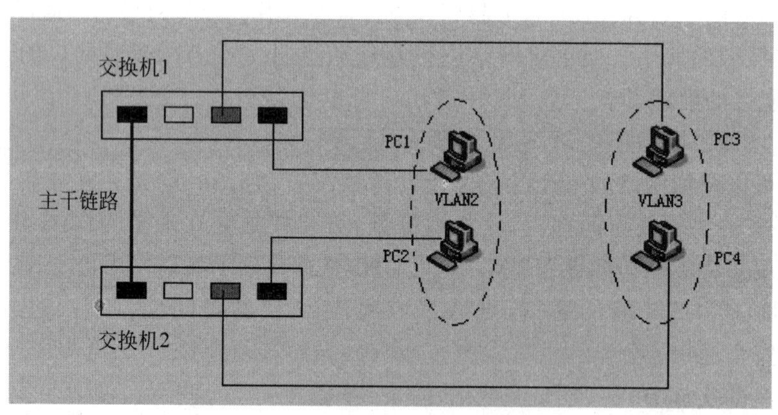


图 9-14　利用汇聚链路实现各 VLAN 内主机跨交换机的通信

在引入 VLAN 后，交换机的端口按用途就分为了：访问链路(Access Link)端口和汇聚链路(Trunk Link)端口两种。访问链路(Access Link)端口通常用于连接客户 PC，以提供网络接入服务。该种端口只属于某一个 VLAN，并且仅向该 VLAN 发送或接收数据帧。端口所属的 VLAN 通常也称作 native vlan。汇聚连接(Trunk Link)端口不隶属于某个 VLAN，属于所有 VLAN 共有，可以承载所有 VLAN 的帧；由于汇聚链路承载了所有

VLAN 的通信流量，为了标识各数据帧属于哪一个 VLAN，为此，需要对流经汇聚链路的数据帧进行打标(tag)封装，以附加上 VLAN 信息，这样交换机就可通过 VLAN 标识，将数据帧转发到对应的 VLAN 中。

用于提供汇聚链路的端口，称为汇聚端口。由于汇聚链路承载了所有 VLAN 的通信流量，因此要求只有通信速度在 100Mbps 或以上的端口，才能作为汇聚端口使用。如图 9-15 所示。

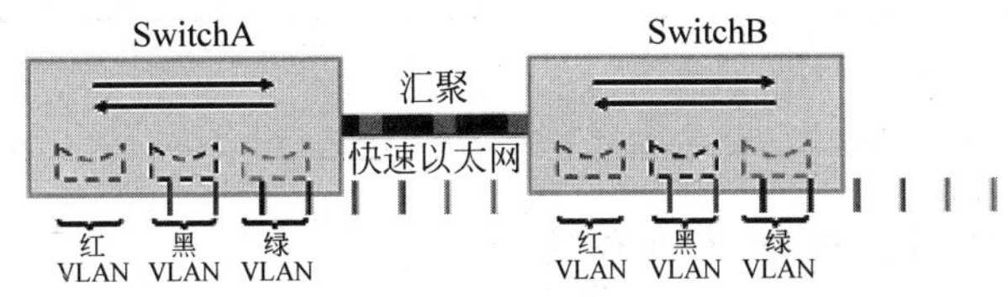


图 9-15 使用汇聚链路方式实现跨交换机的 VLAN 内部连通

目前交换机支持的打标封装协议有 IEEE 802.1Q 和 ISL。其中 IEEE 802.1Q(见图 9-16)是经过 IEEE 认证的对数据帧附加 VLAN 识别信息的协议，属于国际标准协议，适用于各个厂商生产的交换机，该协议通常也简称为 dot1q。

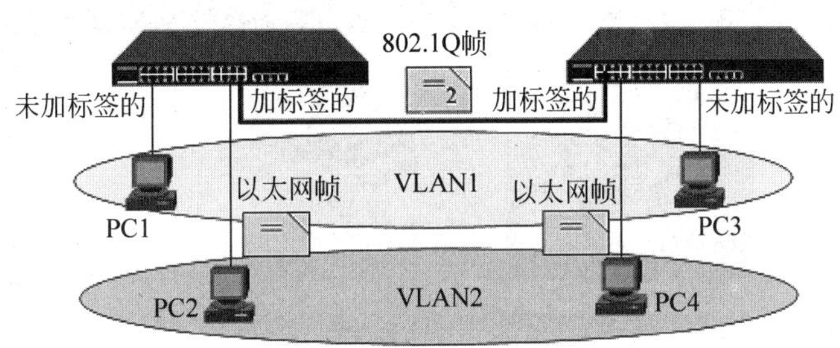


图 9-16 交换机支持的打标封装协议 IEEE 802.1Q

## 9.7.3 案例实施的条件

物理设备：交换机 Cisco Catalyst 2960-24 两台，带有网卡的 PC 工作站四台(至少两台)，双绞线若干条。

初始学习阶段，建议使用 Cisco PT 模拟器的虚拟实验环境。本处的 Cisco PT 模拟器版本为 Cisco Packet Tracer 5.3。Cisco packet Tracer 模拟器的软件使用请参照相关资料。

本案例中交换机 SwitchA 和 SwitchB 中各需要划分两个 VLAN(vlan 2 和 vlan 3)，并指定给对应的 PC 端口，网络设备的配置信息表见表 9-3。

**表 9-3 网络设备配置信息表**

| 设备 | 接口 | IP 地址 | 子网掩码 | 默认网关 |
|---|---|---|---|---|
| SwitchA | Fa0/1-8 | vlan 2 | 不适用 | 不适用 |
| SwitchA | Fa0/9-16 | vlan 3 | 不适用 | 不适用 |
| SwitchA | Fa0/24 | 连接 SwitchB | 不适用 | 不适用 |
| SwitchB | Fa/1-8 | vlan 2 | 不适用 | 不适用 |
| SwitchB | Fa0/9-16 | vlan 3 | 不适用 | 不适用 |

续表

| 设备 | 接口 | IP 地址 | 子网掩码 | 默认网关 |
|---|---|---|---|---|
| SwitchB | Fa0/24 | 连接 SwitchA | 不适用 | 不适用 |
| HOST A | NIC | 192.168.0.1 | 255.255.255.0 | 不用 |
| HOST B | NIC | 192.168.1.1 | 255.255.255.0 | 不用 |
| HOST Y | NIC | 192.168.0.2 | 255.255.255.0 | 不用 |
| HOST Z | NIC | 192.168.1.2 | 255.255.255.0 | 不用 |

### 9.7.4 案例实施过程

(1) 按图 9-17 连接交换机和 PC 工作站。

按照图 9-17 的网络拓扑图连接网络设备,也可用 Cisco Packet Tracer 软件来进行网络拓扑图的连接绘制。

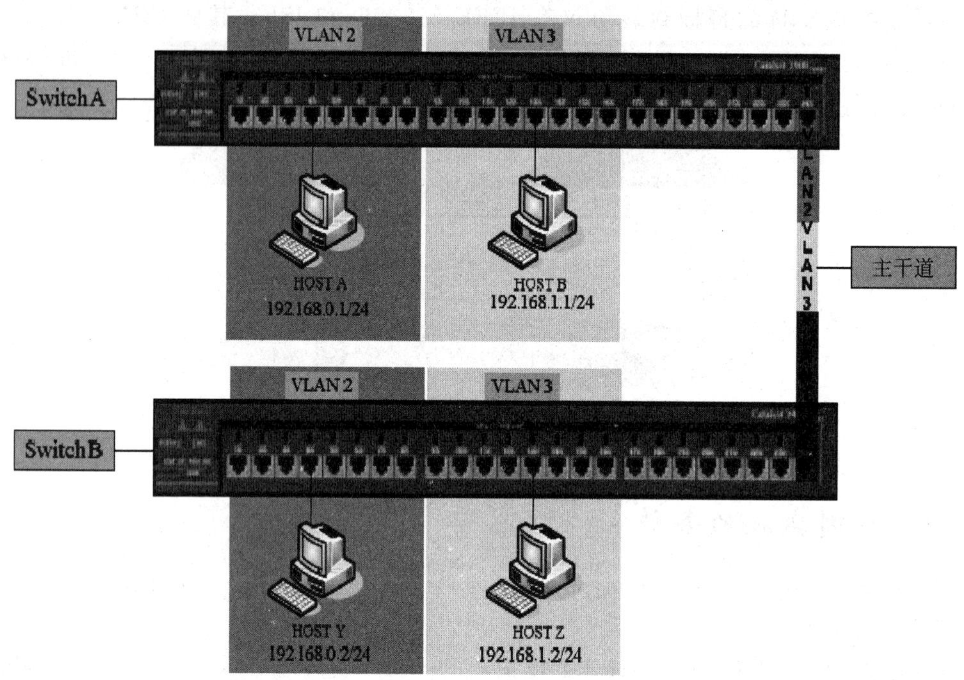


图 9-17 跨交换机的 VLAN 主干道配置

(2) 只在交换机 SwitchA 上创建两个 VLAN：vlan 2 和 vlan 3。

```
Switch>enable                              /* 切换到特权模式
Switch#configure terminal                  /* 切换到全局配置模式
Switch(config)#hostname SwitchA            /* 命名交换机主机名为 SwitchA
SwitchA(config)#vlan 2                     /* 建立虚拟局域网 vlan2
SwitchA(config-vlan) #exit                 /* 退出
SwitchA(config)#vlan 3                     /* 建立虚拟局域网 vlan3
SwitchA(config-vlan)#exit
SwitchA(config)#exit
SwitchA#
```

交换机 SwitchB 的 VLAN 配置同 SwitchA。

(3) 将各交换机上的端口 1～8 分配成 vlan 2 的成员,将交换机上的端口 9～16 分配成 vlan 3 的成员。

```
SwitchA#configure terminal
SwitchA(config)#int range f0/1-8           /*将端口 1～8 分配成 vlan2 的成员
SwitchA(config-if-range)#switchport access vlan 2
SwitchA(config-if-range)#exit
SwitchA(config)#int range f0/9-16          /*将端口 9～16 分配成 vlan2 的成员
SwitchA(config-if-range)#switchport access vlan 3
SwitchA(config-if)#no shutdown             /*启用该端口
SwitchA(config-if-range)#exit
SwitchA(config)#exit
SwitchA#exit
```

交换机 SwitchB 的端口配置同 SwitchA。

(4) 将工作站 HostA 接入交换机 SwitchA 上的端口 1～8 中的某个端口。

(5) 将工作站 HostY 接入交换机 SwitchB 上的端口 1～8 中的某个端口。

(6) 将工作站 HostB 接入交换机 SwitchA 上的端口 9～16 中的某个端口。

(7) 将工作站 HostZ 接入交换机 SwitchB 上的端口 9～16 中的某个端口。

(8) 按图 9-17 配置各工作站 IP 地址、子网掩码信息。

(9) 将交换机 SwitchA 和 SwitchB 的第 24 号端口设置成为主干道接口。

```
SwitchA(config)#int f0/24
SwitchA(config)#switchport mode trunk
SwitchB 的配置同 SwitchA。
```

(10) 测试同一 VLAN 内工作站的连通性。

```
hostA 能否 ping 通 hostY?
hostB 能否 ping 通 hostZ?
```

(11) 测试不同 VLAN 间工作站的连通性。

```
hostA 能否 ping 通 hostB?
hostA 能否 ping 通 hostZ?
```

测试结果应为:同属一个 VLAN 的 hostA、hostY 和 hostB、hostZ 能 PING 通,不同 VLAN 间不能 PING 通,如检查不能通过,则前面的命令可能出错,请按任务步骤逐一检查。

(12) 检查交换机上的 VLAN 相关信息。

```
SwitchA#show vlan
```

(13) 检查交换机上的主干道相关信息。

```
SwitchA#show int f0/24 trunk
```

## 9.8 应用案例3：Cisco路由器的静态路由配置

### 9.8.1 案例内容

学校有新旧两个校区，每个校区是一个独立的局域网，为了使新旧校区能够正常相互通信，共享资源。每个校区出口利用一台路由器进行连接，两台路由器间学校申请了一条2Mbps的DDN专线进行相连，要求对路由器做适当的配置以实现两个校区的正常相互访问。

### 9.8.2 案例分析

路由器属于网络层设备，能够根据IP包头的信息，选择一条最佳路径，将数据包转发出去。实现不同网段的主机之间的互相访问。路由器是根据路由表进行选路和转发的。而路由表就是由一条条路由信息组成的。

生成路由表主要有两种方法：手工配置和动态配置，即静态路由协议配置和动态路由协议配置。

静态路由是指有网络管理员手工配置的路由信息。静态路由除了具有简单、高效、可靠的优点外，它的另一个好处是网络安全保密性高。静态路由的一个缺点就是不能自动适应网络拓扑的变化。

默认路由可以看作是静态路由的一种特殊情况。当数据在查找路由表时，没有找到和目标相匹配的路由表项时，为数据指定路由。

配置静态路由的一般步骤如下：

(1) 为路由器每个接口配置IP地址，确定本路由器有哪些直连网段。

(2) 确定网络中有哪些网段属于本路由器的非直连网段。

(3) 添加本路由器的非直连网段的相关路由信息。

### 9.8.3 案例实施的条件

物理设备：Cisco Router两台(Route_2811)，交换机Cisco Catalyst 2960-24两台，带有网卡的PC工作站两台，串行通信线缆一条，双绞线若干条。

初始学习阶段，建议使用Cisco PT模拟器的虚拟实验环境。本处的Cisco PT模拟器版本为Cisco Packet Tracer 5.3。Cisco Packet Tracer模拟器的软件使用请参照相关资料。

本案例实施需要的网络拓扑图见图9-18。

Cisco Router路由器2811需要加装WIC-1T或WIC-2T模块(思科模块接口卡产品类型的广域网模块)。

路由器的串口是背对背的直接连接，因此，有一个串口要配置时钟速率，使用clock rate命令进行配置，配置时钟速率的一个串口为DCE端。

当第一次启动路由器时，它并没有初始配置，而是一个初始化配置对话框。通过该对话框路由器会提示用户提供最基本的配置功能，该对话框还可以在enable模式下通过命令setup启动。对话框中所有的问题都在其后的括号中有答案，可以通过按回车键来接收默

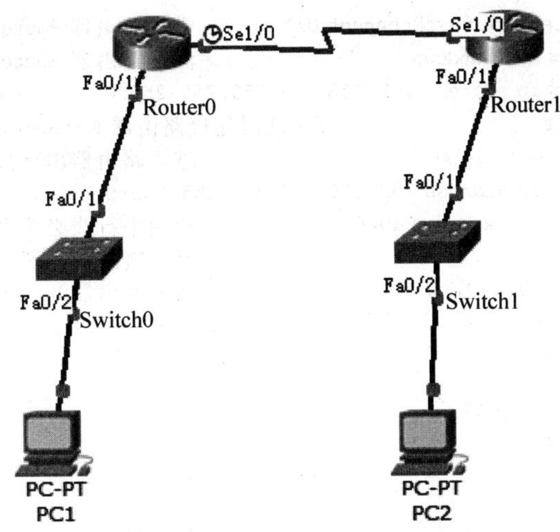


图 9-18 路由器的静态路由配置

认值。在初始化对话框的任何时候都可以通过按 Ctrl+C 键来中止启动设置过程或在启动设置的第一个提示符下输入 no 来停止启动设置过程。建议在路由器启动时第一个提示符下输入 no 来停止初始化配置，直接登录路由器进行其他设置。

### 9.8.4 案例实施过程

(1) 按图 9-18 连接路由器、交换机和工作站 PC。

按照上面的网络拓扑图连接网络设备。也可用 Cisco Packet Tracer 软件来进行网络拓扑图的连接绘制。

(2) 进行工作站 PC 的 IP 信息设置及连通性测试。

PC1：

首先进入 PC1 的配置界面改名为 PC1。

```
IP:         192.168.1.2
Submask:    255.255.255.0
Gateway:    192.168.1.1
```

PC2：

首先进入 PC2 的配置界面改名为 PC2。

```
IP:         192.168.2.2
Submask:    255.255.55.0
Gateway:    192.168.2.1
```

PC1 ping PC2：

```
ping 192.168.2.2   timeout
```

(3) 路由器 Router0 的配置。

```
Router＞enable
Router＃configure terminal
Router(config)＃hostname Router0                /＊命名路由器主机名为 Router0
```

```
Router0(config)#interface fastEthernet 0/1      /*进入路由器 Router0 以太网接口 fa 0/1
Router0(config-if)#no shutdown                  /*激活路由器 Router0 以太网接口 fa 0/1
Router0(config-if)#ip address 192.168.1.1 255.255.255.0     /*配置 fa 0/1 接口的 IP 信息
Router0(config)#exit                  /*此时连接路由器 Router0 及 PC1 的网络指示灯会变绿
Router0(config)#int serial 1/0                  /*进入路由器串行接口 S1/0
Router0(config-if)#ip address 192.168.3.1 255.255.255.0     /*配置 S1/0 接口的 IP 信息
Router0(config-if)#clock rate 64000             /*使用串行线必须设置时钟才可通信,而且只
                                                /*要在链路的一端设置,另一端不必设置
Router0(config-if)#no shutdown                  /*激活路由器 Router0 串行接口 S1/0
Router0(config-if)#end
Router0#
```

(4) 路由器 Router1 的配置。

```
Router>enable
Router#configure terminal
Router(config)#hostname Router1                 /*命名路由器主机名为 Router1
Router1(config)#interface fastEthernet 0/1      /*进入路由器 Router1 以太网接口 fa 0/1
Router1(config-if)#no shutdown                  /*激活路由器 Router1 以太网接口 fa 0/1
Router1(config-if)#ip address 192.168.2.1 255.255.255.0     /*配置 fa 0/1 接口的 IP 信息
Router1(config)#exit                  /*此时连接路由器 Router1 及 PC2 的网络指示灯会变绿
Router1(config)#int serial 1/0                  /*进入路由器 Router1 串行接口 S1/0
Router1(config-if)#ip address 192.168.3.2 255.255.255.0 /*配置 S1/0 接口的 IP 信息
Router1(config-if)#no shutdown                  /*激活路由器 Router1 串行接口 S1/0,此时连
                                                /*接路由器 R1 及路由器 R1 的串口线的网络指
                                                /*示灯会变绿
Router1(config-if)#end
Router1#
```

(5) 路由器 Router0 的静态路由配置。

```
Router0#enable
Router0#configure terminal
Router0(config)#ip route 192.168.2.0 255.255.255.0 192.168.3.2     /*设置静态路由: 192.
/*168.2.0 是要到达的目标网络,255.255.255.0 为目标网络对应的子网掩码,192.168.3.2 为与本路
/*由器直接相连的下一跳路由器的接口地址。在静态路由中,只需要指出下一跳的地址,至于以后如
/*何指向,那是下一跳路由器考虑的事情
Router0(config)#end
Router0#show ip route                           /*显示路由表信息
```

```
Router0#show ip route
Codes: C - connected, S - static, I - IGRP, R - RIP, M - mobile, B - BGP
       D - EIGRP, EX - EIGRP external, O - OSPF, IA - OSPF inter area
       N1 - OSPF NSSA external type 1, N2 - OSPF NSSA external type 2
       E1 - OSPF external type 1, E2 - OSPF external type 2, E - EGP
       i - IS-IS, L1 - IS-IS level-1, L2 - IS-IS level-2, ia - IS-IS inter area
       * - candidate default, U - per-user static route, o - ODR
       P - periodic downloaded static route
Gateway of last resort is not set
C    192.168.1.0/24 is directly connected, FastEthernet0/1
S    192.168.2.0/24 [1/0] via 192.168.3.2
C    192.168.3.0/24 is directly connected, Serial1/0
Router0#
```

(6) 路由器 Router1 的静态路由配置。

```
Router1＃enable
Router1＃configure terminal
Router1(config)＃ip route 192.168.1.0 255.255.255.0 192.168.3.1        /* 设置静态路由
Router1(config)＃end
Router1＃show ip route                                                 /* 显示路由表信息
```

```
Router1＃show ip route
Codes: C - connected, S - static, I - IGRP, R - RIP, M - mobile, B - BGP
       D - EIGRP, EX - EIGRP external, O - OSPF, IA - OSPF inter area
       N1 - OSPF NSSA external type 1, N2 - OSPF NSSA external type 2
       E1 - OSPF external type 1, E2 - OSPF external type 2, E - EGP
       i - IS - IS, L1 - IS - IS level - 1, L2 - IS - IS level - 2, ia - IS - IS inter area
       * - candidate default, U - per - user static route, o - ODR
       P - periodic downloaded static route
Gateway of last resort is not set
S     192.168.1.0/24 [1/0] via 192.168.3.1
C     192.168.2.0/24 is directly connected, FastEthernet0/1
C     192.168.3.0/24 is directly connected, Serial1/0
Router1＃
```

(7) 验证 R1、R2 上的静态路由配置。

(8) 将 PC1、PC2 主机默认网关分别设置为路由器接口 fa 1/0 的 IP 地址。

(9) PC1、PC2 主机之间可以相互通信。

## 9.9 应用案例 4:路由器动态路由配置

### 9.9.1 案例内容

假设校园网通过一台三层交换机连到校园网出口路由器上,路由器再和校园外的另一台路由器连接。现要做适当配置,实现校园网内部主机与校园网外部主机之间的相互通信。为了简化网络管理维护工作,学校决定采用 RIP v2 协议实现互通。

### 9.9.2 案例分析

RIP(Routing Information Protocols,路由信息协议)是应用较早、使用较普遍的 IGP 内部网管协议,使用于小型同类网络,是距离矢量协议; RIP 协议是以跳数作为衡量路径开销的,RIP 协议里规定最大跳数为 15; 跳计数 16 则表示目标不可达。

RIP 协议有两个版本: RIP v1 和 RIP v2,RIP v1 属于有类路由协议,不支持 VLSM,以广播形式进行路由信息的更新,更新周期为 30s; RIP v2 属于无类路由协议,支持 VLSM,以组播形式进行路由更细。

RIP 是一个距离矢量的路由协议,它定期更新,默认时间是 30s,也就是说,如果刚刚发送过更新,即使网络拓扑发生了变化,路由器也不进行更新,要等待下一个更新周期才发送更新。

配置动态路由的一般步骤如下：

(1) 为路由器每个接口配置 IP 地址，确定本路由器有哪些直连网段。

(2) 添加本路由器的直连网段，根据使用的不同动态路由协议，配置相关信息。

```
(config-router)#default-information originate        /* 在 RIP 域内发布默认路由
(config)#ip route 0.0.0.0 0.0.0.0 172.31.16.4        /* 创建一条静态路由
(config-router)#no auto-summary                      /* 在类路由边界关闭自动汇总功能
```

### 9.9.3 案例实施的条件

物理设备：Cisco Router 两台(Router_2811)，交换机 Cisco Catalyst 3560-24 一台，带有网卡的工作站 PC 两台，串行通信线缆一条，直通线及交叉线缆若干条。

初始学习阶段，建议使用 Cisco PT 模拟器的虚拟实验环境。本处的 Cisco PT 模拟器版本为 Cisco Packet Tracer 5.3。Cisco packet Tracer 模拟器的软件使用请参照相关资料。

本案例实施需要的网络拓扑图见图 9-19。

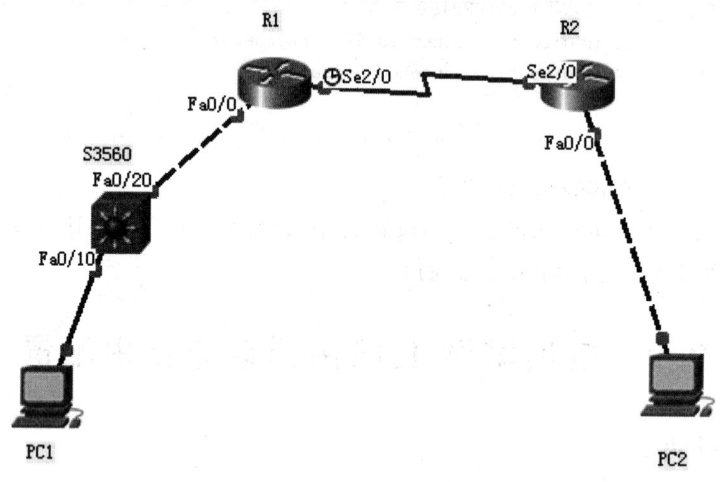


图 9-19 RIP 动态路由配置

Cisco Router 路由器 2811 需要加装 WIC-1T 或 WIC-2T 模块(Cisco 模块接口卡产品类型的广域网模块)。

路由器的串口是背对背的直接连接，因此，有一个串口要配置时钟速率，使用 clock rate 命令进行配置，配置时钟速率的一串口为 DCE 端。

在本案例中的三层交换机上划分两个 VLAN，分别为 vlan 10 和 vlan 20，其中 vlan 10 用于连接校园网主机，vlan 20 用于连接 R1。设备配置信息如表 9-4 所示。

表 9-4 网络设备配置信息表

| 设备 | 接口 | VLAN 所属及连接 | IP 地址 | 子网掩码 | 默认网关 |
|---|---|---|---|---|---|
| S3560 | Fa0/10 | vlan 10 | 192.168.1.1 | 255.255.255.0 | 不适用 |
| S3560 | Fa0/20 | vlan 20 | 192.168.3.1 | 255.255.255.0 | 不适用 |
| R1 | Fa0/0 | 连接 S3560 | 192.168.3.1 | 255.255.255.0 | 不适用 |

续表

| 设备 | 接口 | VLAN 所属及连接 | IP 地址 | 子网掩码 | 默认网关 |
|---|---|---|---|---|---|
| R1 | Se 2/0 | 连接 R2 | 192.168.4.1 | 255.255.255.0 | 不适用 |
| R2 | Fa 0/0 | 连接 pc2 | 192.168.2.1 | 不适用 | 不适用 |
| R2 | Se 2/0 | 连接 R1 | 192.168.4.2 | 255.255.255.0 | 不适用 |
| Pc1 | NIC | 连接 S3560 | 192.168.1.2 | 255.255.255.0 | 192.168.1.1 |
| pc2 | NIC | 连接 R2 | 192.168.2.2 | 255.255.255.0 | 192.168.2.1 |

### 9.9.4 案例实施过程

(1) 按图 9-19 连接路由器、交换机和 PC 工作站。

按照上面的网络拓扑图连接网络设备，也可用 Cisco packet Tracer 软件来进行网络拓扑图的连接绘制。主机和交换机通过直连线，主机与路由器通过交叉线连接。

(2) 进行工作站 PC 的 IP 信息设置。

PC1：

首先进入 PC1 的配置界面改名为 PC1。

```
IP:           192.168.1.2
Submask:      255.255.255.0
Gateway:      192.168.1.1
```

PC2：

首先进入 PC2 的配置界面改名为 PC2。

```
IP:           192.168.2.2
Submask:      255.255.255.0
Gateway:      192.168.2.1
```

三层交换机 3560 的配置：

```
/* 交换机设置 VLAN 及端口分配
Switch>enable                                    /* 切换到特权模式
Switch#configure terminal                        /* 切换到全局配置模式
Switch(config)#hostname S3560                    /* 命名交换机主机名为 S3560
S3560(config)#vlan 10                            /* 建立虚拟局域网 vlan 10
S3560(config-vlan) #exit                         /* 退出
S3560(config)#vlan 20                            /* 建立虚拟局域网 vlan 20
S3560(config-vlan)#exit
S3560(config)#exit
S3560#interface fa 0/10
S3560(config-if)#switchport access vlan 10       /* 将 fa 0/10 端口划到 vlan 10
S3560(config-if)#exit
S3560(config)#interface fa 0/20
S3560(config-if)#switchport access valn 20       /* 将 fa 0/20 端口划到 vlan 20
S3560(config-if)#exit
S3560(config)#end
S3560#show vlan
```

```
/* 设置 VLAN 端口模式
S3560#conf t
S3560(config)#interface vlan 10
S3560(config-if)#ip address 192.168.1.1 255.255.255.0
S3560(config-if)#no shutdown
S3560(config-if)#exit
S3560(config)#interface vlan 20
S3560(config-if)#ip address 192.168.3.1 255.255.255.0
S3560(config-if)#no shutdown
S3560(config-if)#end
S3560#show ip route                    /* 显示路由信息
S3560#show runing                      /* 显示系统运行文件信息
/* 交换机开启路由功能,设置 RIP 路由
S3560#conf t
S3560(config)#ip routing               /* 启动路由功能
S3560(config)#router rip               /* 启动 RIP 路由
S3560(config)#network 192.168.1.0      /* 加入主类网络,能通过 vlan 10 的
S3560(config)#network 192.168.3.0      /* 加入主类网络,能通过 vlan 20 的
S3560(config)#version 2                /* 配置 RIP 版本是 2,RIP 协议默认运行版本 1
S3560(config)#end
S3560#show ip route                    /* 显示路由信息
```

记录显示结果：

显示结果中的 C 为直连路由、R 为通过 RIP 学来的路由、S 为静态路由。

Cisco 路由器 R1 的配置：

```
Router>enable
Router#configure terminal
Router(config)#hostname R1                   /* 设置路由器的主机名为 R1
R1(config)#interface fastEthernet 0/0        /* 进入路由器 R1 以太网接口 fa 0/0
R1(config-if)#no shutdown                    /* 激活路由器 R1 以太网接口 fa 0/0
R1(config-if)#ip address 192.168.3.1 255.255.255.0       /* 配置 fa 0/0 接口的 IP 信息
R1(config-if)#exit
R1(config)#interface serial 2/0              /* 进入路由器 R1 串行接口 2/0
R1(config-if)#no shutdown                    /* 激活该端口
R1(config-if)#ip address 192.168.4.1 255.255.255.0       /* 设置该端口的 IP 信息
R1(config-if)#clock rate 64000               /* 使用串行线必须设置时钟才可通信,而且只要
                                             /* 链路的一端设置,另一端不必设置。
R1(config-if)#end
R1#show ip route
```

记录显示结果：

```
R1#conf t
R1(config)#router rip                        /* 进入 RIP 路由协议配置模式
R1(config)#network 192.168.3.0               /* 加入端口 f0/0 的主类网络
R1(config)#network 192.168.4.0               /* 加入串口 S2/0 的主类网络
R1(config)#version 2                         /* 配置 RIP 版本 2,RIP 协议默认运行的是版本 1
R1(config)#exit
```

Cisco 路由器 R2 的配置：

```
    Router>enable
    Router#configure terminal
    Router(config)#hostname R2                     /* 设置路由器的主机名为 R2
    R2(config)#interface fastEthernet 0/0          /* 进入路由器 R2 以太网接口 fa 0/0
    R2(config-if)#no shutdown                      /* 激活路由器 R2 以太网接口 fa 0/0
    R2(config-if)#ip address 192.168.2.1 255.255.255.0       /* 配置 fa 0/0 接口的 IP 信息
R2(config-if)#exit
R2(config)#interface serial 2/0                    /* 进入路由器 R2 串行接口 2/0
R2(config-if)#no shutdown                          /* 激活该端口
R2(config-if)#ip address 192.168.4.2 255.255.255.0             /* 设置该端口的 IP 信息
R2(config-if)#clock rate 64000                     /* 使用串行线必须设置时钟才可通信,而且只要
                                                   /* 在链路的一端设置,另一端不必设置
R2(config-if)#end
R2#show ip route
```

记录显示结果:

```
R2#conf t
R2(config)#router rip
R2(config)#network 192.168.2.0
R2(config)#netword 192.168.4.0
R2(config)#version 2
R2(config)#end
R2(config)#show ip route
```

记录显示结果:

验证 PC1、PC2 主机之间可以互相通信。

```
PC1 Ping PC2
Ping 192.168.2.2     rcply
```

## 9.10 练 习 案 例

1. 你是某公司新进的网管,公司要求你熟悉网络产品,首先要求你登录路由器,了解、掌握路由器的命令行操作;然后在你第一次在设备机房对路由器进行了初次配置后,希望以后在办公室或出差时也可以对设备进行远程管理,请为路由器上做适当的初始化配置。

2. 假设某企业的网络中,计算机 PC1 和 PC3 属于营销部门,PC2 和 PC4 属于技术部门,PC1 和 PC2 连接在 S2126-1 上,PC3 和 PC4 连接在 S2126-2 上,而两个部门要求互相隔离,本实验的目的是实现跨两台交换机将不同端口划归不同的 VLAN,如图 9-20 所示。

步骤提示:

(1) 在交换机 S2126G-1 上创建 vlan 10,并将 F0/1 端口划分到 VLAN10 中;

(2) 在交换机 S2126G-1 上创建 vlan 20,并将 F0/2 端口划分到 VLAN20 中;

(3) 在交换机 S2126G-2 上创建 vlan 10,并将 F0/1 端口划分到 VLAN10 中;

(4) 在交换机 S2126G-2 上创建 vlan 20,并将 F0/1 端口划分到 VLAN20 中;

(5) 把 S2126G-1 和 S2126-2 相连的端口 F0/6 定义为 tag vlan 模式;

(6) 验证 PC1 和 PC3 能相互通信,PC2 和 PC4 能相互通信,但 PC2 和 PC3 不能相互通信。

图 9-20　实验原理图

## 9.11　课后习题

1. VLAN 的划分方法有哪些？(　　)

A. 基于设备的端口　　B. 基于协议

C. 基于 MAC 地址　　D. 基于物理位置

2. VLAN 之间的通信需要什么设备？(　　)

A. 网桥　　B. 二层交换机　　C. 路由器　　D. 集线器

3. 请列出交换机网络产品实施虚拟局域网的优点(　　)。

A. 终端设备易于添加、改动　　B. 减少网络管理量

C. 隔离广播域　　D. 提供安全性

4. 下列所述的网络设备具有连接不同子网功能的是(　　)。

A. 网桥　　B. 二层交换机　　C. 集线器

D. 路由器　　E. 中继器

5. 引入 VLAN 划分的原因是(　　)。

A. 降低网络设备移动和改变的代价　　B. 增强网络安全性

C. 限制广播包，节约带宽　　D. 实现网络的动态组织管理

6. 以太网使用的物理介质主要有(　　)。

A. 同轴电缆　　B. 双绞线　　C. 光缆　　D. V.24 电缆

7. 为了扩大网络范围，可以使用(　　)连接多根电缆，放大信号。

A. 中继器　　B. HUB　　C. 路由器　　D. 网桥

8. 一个 VLAN 可以看作是一个(　　)。

A. 冲突域　　B. 广播域　　C. 管理域　　D. 阻塞域

9. IEEE 组织制定了(　　)标准，规范了跨交换机实现 VLAN 的方法。

A. ISL　　B. VLT　　C. 802.1q

10. 路由器是一种用于网络互联的计算机设备，但作为路由器，并不具备的是(　　)。

A. 路由功能　　B. 多层交换

C. 支持两种以上的子网协议　　D. 具有存储、转发、寻径功能

11. 路由器网络层的基本功能是(　　)。

A. 配置 IP 地址　　B. 寻找路由和转发报文

C. 将 MAC 地址解释成 IP 地址

12. RIP 路由协议的最大跳数是(　　)。

A. 25　　B. 16　　C. 15　　D. 1

13. 在以下传输介质中,抗电磁干扰最高的是(　　)。

A. 双绞线　　B. 光纤　　C. 同轴电缆　　D. 微波

14. WLAN 技术是采用哪种介质进行通信的?(　　)

A. 双绞线　　B. 无线电　　C. 广播　　D. 电缆

# 第 10 章　数据备份与还原

## 10.1　导语：为什么要备份与还原数据

我国计算机推广应用飞速发展，人们在生活、工作等各个方面已离不开计算机，但有关数据丢失造成损失的报道和统计资料并未引起震动，人们从近年来报刊报道的银行、证券业被"电脑罪犯"攻击造成重大经济损失后，对"信息安全"逐渐提高了认识。

数据是计算机网络系统中最宝贵的资源。数据的变更可能导致资金转移，数据的泄露可能直接影响公司和个人的利益和信誉。数据，只要进行传输、存储和交换，就存在安全问题，若未采取备份和恢复手段与措施，就会导致数据丢失。一旦它们属于不能再生的关键数据，将会造成无法弥补和估算的损失。维护数据的完整性和准确性是各个公司系统管理人员或信息中心主管的首要职责，数据备份和数据恢复是保护数据的最后手段，也是防止"信息攻击"的最后防线。

## 10.2　备份与还原

数据库备份，是指在数据丢失的情况下，能及时恢复重要数据，防止数据丢失的一种重要手段。一个合理的数据库备份方案，应该能够在数据丢失时，有效地恢复重要数据，同时需要考虑技术实现难度和有效地利用资源。

在做备份之前，一般需要了解如下内容：

(1) 数据丢失的允许程度；

(2) 允许的故障处理时间；

(3) 业务处理的频繁程度；

(4) 服务器的工作负荷；

(5) 可接受的备份；

(6) 恢复处理技术难度；

(7) 数据库的大小；

(8) 数据库大小的增长速度；

(9) 哪些表中的数据变化是频繁的，哪些表中的数据是相对固定的；

(10) 哪些表中的数据是很重要的，不允许丢失的，哪些表中的数据是允许丢失一部分的；

(11) 什么时候大量使用数据库，导致频繁的插入和更新操作；

(12) 现有的数据库备份资源(磁盘、磁带、光盘)有哪些；

(13) 有无可能为数据库备份投入新的设备或资金。

## 10.3 Windows Server 2008 备份与还原功能

传统服务器系统也支持数据备份、还原功能，那么 Windows Server 2008 系统中的 Backup 功能，是不是以前数据备份功能的一次简单升级或改进呢？事实上，Backup 功能是一种全新的、与众不同的备份、还原功能，该功能组件是 Windows Server 2008 系统中一个可选功能特性，在默认状态下该功能并没有被自动安装；善于使用 Backup 功能，可以高效地对服务器系统中的重要数据信息进行备份存储，甚至还能对整个操作系统进行备份、还原。

**1. 备份速度更为快速**

Windows Server 2008 系统中的 Backup 功能的操作对象是数据块或磁盘卷，该功能会自动将待备份的内容处理成数据卷集，而每一个数据卷集又会被服务器系统当作是一个独立的磁盘块，因此在进行备份数据的过程中，Backup 功能是以磁盘块为基础进行数据传输，这种传输数据的方式速度也是非常快的；而传统的数据备份、还原功能是以普通的数据文件作为操作对象的，在传输数据的时候也是一个个文件地进行传输，这种备份数据的方式速度自然不会快到哪里；很显然，Windows Server 2008 系统中的 Backup 功能备份数据的速度会更快一些，备份效率自然也就会更高一些。

**2. 备份方式更为灵活**

Windows Server 2008 系统中的 Backup 功能提供了更为灵活的备份方式，它既允许进行完整备份，又允许采用增量备份，甚至还允许针对服务器系统中的某个特定磁盘卷，自定义选用合适的备份方式。默认状态下，Backup 功能会选用完整备份方式，这种方式适合对整个服务器操作系统进行备份存储，可以确保服务器系统日后遇到问题时能够在很短的时间内恢复正常工作状态，而且它不会影响整个系统的整体运行性能，不过该备份方式会降低数据备份、还原的速度；如果待备份的重要数据信息频繁发生变化时，可以考虑选用增量备份方式，因为该方式会以智能方式对前一次备份后发生变化的数据内容进行备份，这样就能有效降低多个完整备份所带来的硬盘空间容量过度消耗现象。在 Windows Server 2008 系统环境下，Backup 功能会根据待备份数据内容的性质，自动选用合适的备份方式，而传统的数据备份还原功能则需要用户进行手工设置，显然 Backup 功能的备份方式更加灵活。

**3. 备份类型更为多样**

在网络带宽容量不断增大的今天，Windows Server 2008 系统中的 Backup 功能也为备份用户提供了更为多样的备份存储类型，我们既可以将数据内容直接备份保存到本地硬盘的其他分区中，也可以通过网络传输通道将数据内容直接备份保存到网络文件夹，理论上甚至还能将其备份保存到 Internet 网络中的任何一个位置处。此外，Windows Server 2008 系统中的 Backup 功能也增加了对 DVD 光盘备份的支持；由于现在待备份的数据内容容量越来越大，为了方便随身携带备份内容，Backup 功能允许用户直接将数据内容刻录备份到 DVD 光盘中，用户能够随心所欲地创建包含多个磁盘卷的数据备份集，到时候 Backup 功能可以智能地利用压缩功能将多个磁盘卷的数据备份集一次性写入到 DVD 光盘中，日后进行数据还原操作时这些磁盘卷的数据备份集也会一次性被还原出来。

**4. 还原效率更加高效**

Windows Server 2008 系统中的 Backup 功能在还原先前备份好的数据内容时，往往可对目标备份内容进行智能识别，判断它是采用了完全备份方式还是增量备份方式，如果发现了使用完全备份方式，那么 Backup 功能会自动对所有的数据内容执行还原操作；如果发现使用了增量备份方式，那么 Backup 功能会自动对增量备份内容进行还原操作；而传统的数据备份功能在执行数据还原操作时，不具有智能识别备份方式的功能，因此在还原采用增量备份方式备份的数据信息时，只能逐步地还原，很明显，Backup 功能的数据还原效率更加高效。

## 10.4 卷影副本

### 10.4.1 认识卷影服务

为了保护共享信息的安全，单位局域网往往会对重要的共享资源进行合适的共享权限设置以及安全属性设置，同时会对共享资源进行定期备份操作；用户连接到局域网中后，通过网上邻居窗口就能安全访问到目标共享资源，从而大大方便了工作。不过，经过一段时间的访问之后，许多用户常常抱怨说在访问共享资源的过程中，被临时修改或意外删除的文件无法像系统回收站那样被快速还原；要是网络管理员强硬地在服务器系统中对目标资源进行还原时，又容易影响其他共享访问用户的内容状态，那么该如何实现按需恢复的目的呢？其实在 Windows Server 2008 系统环境下，借助该系统自带的卷影副本服务，就能轻松实现按需恢复的目的。

### 10.4.2 卷影服务的作用

卷影副本服务在 Windows Server 2008 系统环境下该功能得到了明显提升，巧妙地使用该功能，能够为局域网中的重要共享资源创建即时点副本，当局域网用户不小心删除或修改了其中的共享文件时，可以尝试通过访问对应共享资源的卷影副本，来将目标文件内容快速还原到正确的状态。不过，要想享受卷影副本服务，不但需要在 Windows Server 2008 服务器系统中对卷影副本服务功能进行正确的设置，还需要在客户端系统中安装相应的控制程序。正确安装设置好卷影副本服务后，应该在平时共享资源正常的情况下及时创建即时点副本，日后发现自己的共享资源不小心被删除时，在客户端系统打开目标共享资源的属性设置窗口，之后在对应窗口的“以前的版本”标签页面中，选择之前创建好的某个时间点的卷影副本，就能轻松将不小心删除的文件恢复到特定时间的版本。

## 10.5 应用案例 1：数据备份与还原

### 10.5.1 案例内容

作为公司的网络管理员，你必须保证公司要害部门信息的安全，因此你计划每周做一次备份。

为 DHY 这样规模的公司做备份，是一件非常耗时耗力的工作，而且公司资源不允许你耗费过多的资源进行备份工作，同时你自己也不想耗费过多的休息时间从事备份工作。

## 10.5.2 案例分析

如何用最少的时间、最少的资源提供最优质的、最安全的备份是本案例要解决的问题。

在这里，作为网络管理员，你应该做出一个备份计划：

(1) 选择一周中的某一天(或几天)进行备份，这一天公司的计算机和网络资源较为空闲，备份工作不会影响公司的正常工作(如周六晚上)；

(2) 选择第一次备份的类型；

(3) 每次备份只备份有过变动的资源。

## 10.5.3 案例实施过程

对于只有一个硬盘的服务器来讲，只需接受 AD 安装向导的默认安装设置即可。但是，必须至少在该硬盘上创建两个卷：一个卷用于存储关键卷数据，另一个卷用于存储备份。在使用 Windows Server Backup 或 Wbadmin. exe 命令行工具备份 DC 时，至少必须备份系统状态数据，以便使用备份恢复服务器。用于存储备份的卷不能与承载系统状态数据的卷相同。构成系统状态数据的系统组件由安装在计算机上的服务器角色来决定。系统状态数据至少包括下列数据(根据所安装的服务器角色，还可能包括其他数据)：

- 注册表。
- COM＋类注册数据库。
- 引导文件。
- ActiveDirectory 证书服务(AD CS)数据库。
- 承载 ActiveDirectory 数据库(Ntds. dit)的卷。
- 承载 Active Directory 数据库日志文件的卷。
- SYSVOL 目录。
- 群集服务信息。
- Microsoft Internet Information Services(IIS)元目录。
- Windows 资源保护下的系统文件。

**1. 安装备份功能**

安装 Windows Server 2008 R2 自带的 Server Backup 工具，打开服务器管理器，选择添加功能，选中 Windows Server Backup 和“命令行工具”选项，如图 10-1 所示。Server Backup 提供 MMC 图形界面备份和 wbadmin 命令备份，而“命令行工具”提供的是 PowerShell cmdlet 备份，单击“下一步”按钮进行安装，直至完成。

**2. 计划备份**

(1) 打开 Server Backup 工具，可以选择“备份计划”、“一次性备份”、“恢复”等选项，选择备份计划既可以进行每天一次的备份计划，也可以进行每天多次不同时间点的备份，如图 10-2 所示。

(2) 进行下一步时，推荐备份到一个专用于存储备份的硬盘上，如果选择此选项，该硬盘将被格式化，专门用于存储备份内容，如图 10-3 所示。

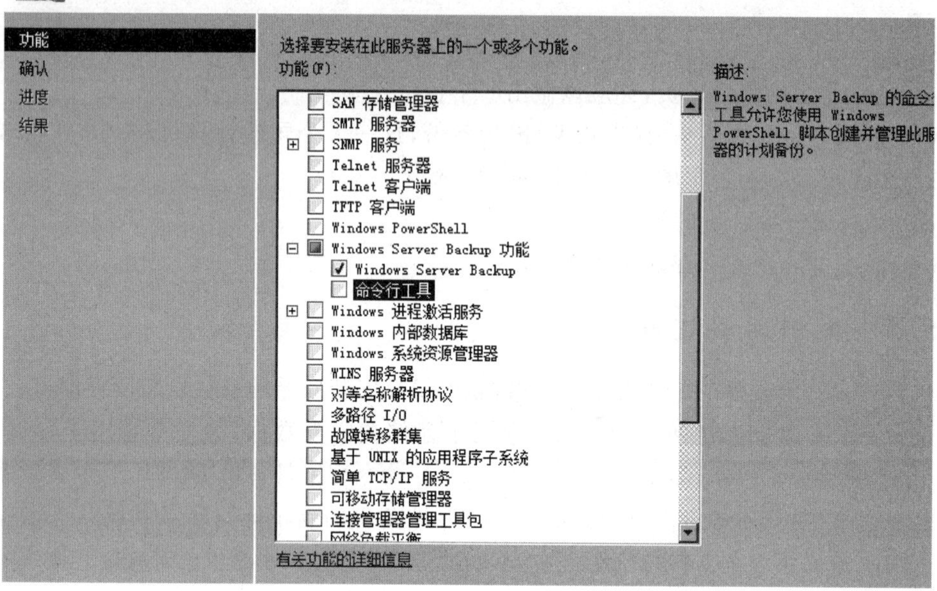


图 10-1　安装 Windows Server Backup 工具

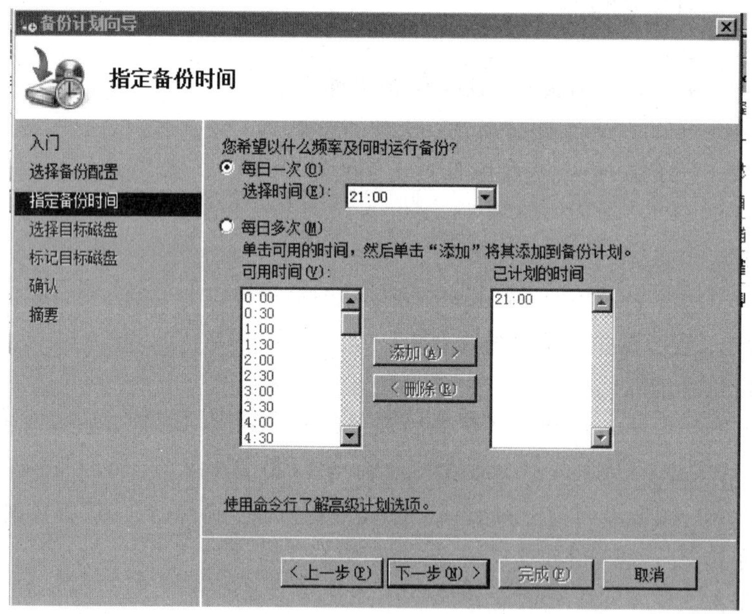


图 10-2　备份计划

### 3. 一次性备份

进行自定义备份即可以选择自己要备份的文件，推荐使用备份整个服务器，即备份整个服务器的数据、应用程序、系统状态等，如图 10-4 所示。

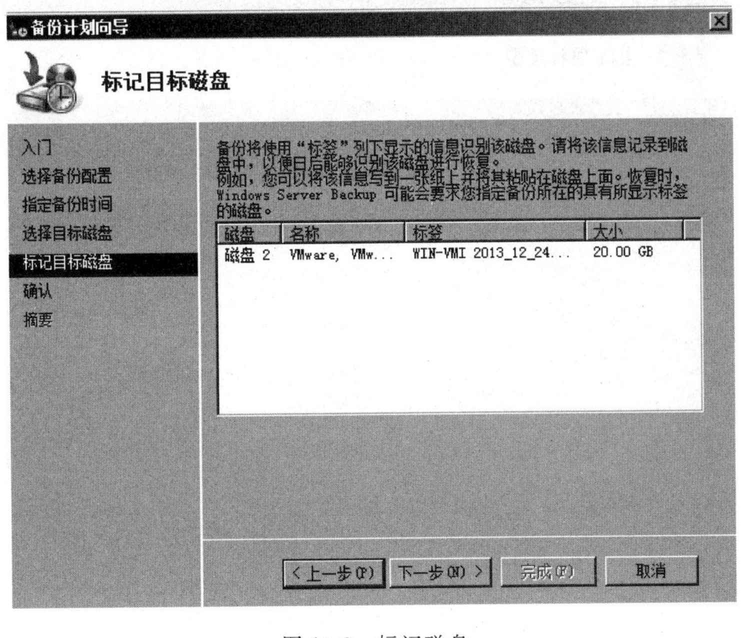


图 10-3　标记磁盘

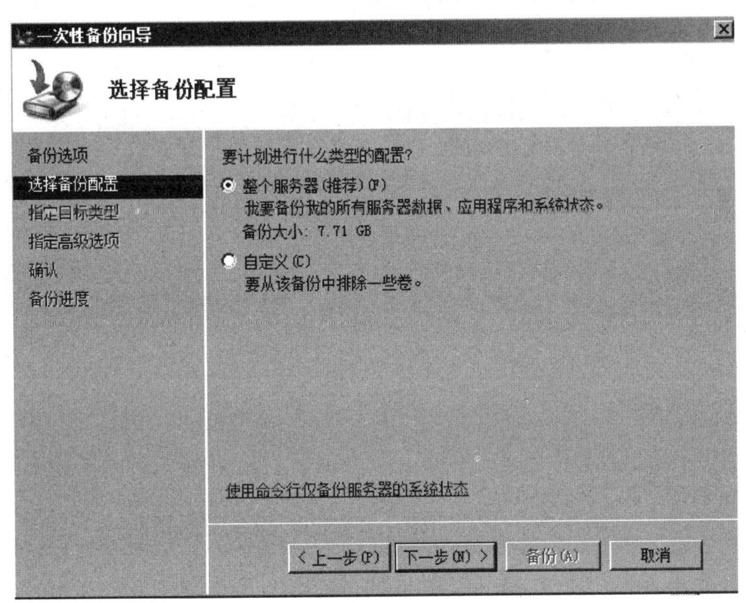


图 10-4　备份配置

进行下一步，选择存储在本地磁盘上(包括移动硬盘)，如图 10-5 所示。

进行下一步时，由于备份的是整个服务器，推荐备份到一个移动硬盘上。此处先假设没有备份到移动硬盘上，而是备份到了本地的 D 盘中，如图 10-6 所示。

如果选择本地的磁盘，会收到警告提示“将会从备份项目中排除目标卷”。

在备份项目中，本该是有 D 盘的，但作为测试实验中没有插入移动硬盘，故用 D 盘来存

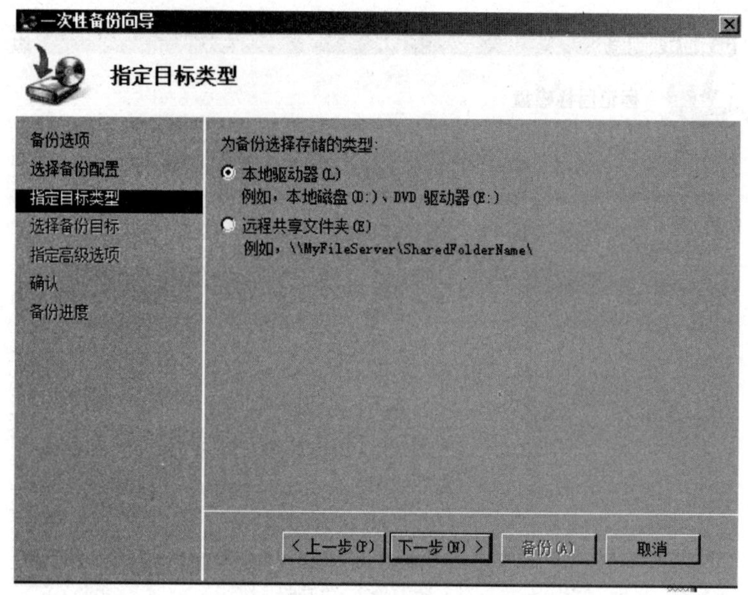


图 10-5　选择备份目标类型

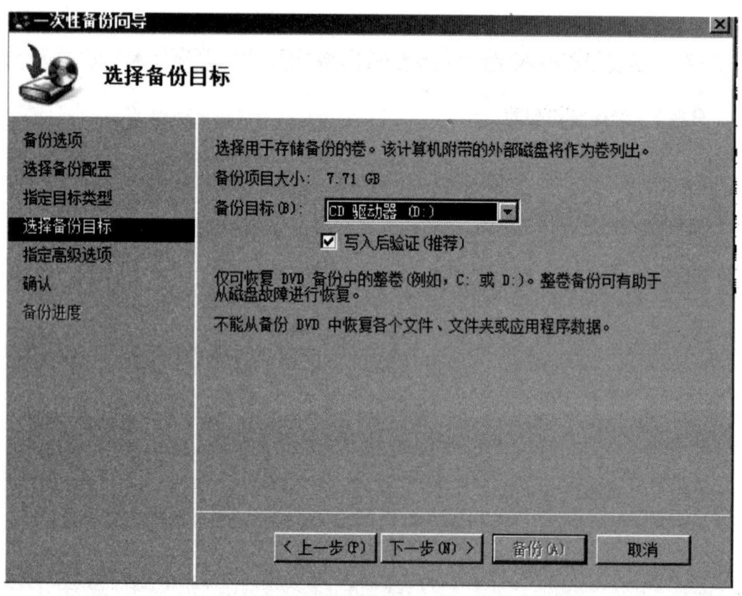


图 10-6　选择备份目标

储备份内容，同时 D 盘就被自动排除在备份项目外了，选择“备份”备份就开始进行了。

**4. 自定义备份**

(1) 选中“自定义”单选按钮，进行下一步，如图 10-7 所示。

(2) 在右侧的备份卷选择中，选择需要进行备份的卷，添加要备份的项目，如图 10-8 所示。

备份项目中至少要包含的项目是“系统状态”。C 盘是系统盘，存放着操作系统信息，如

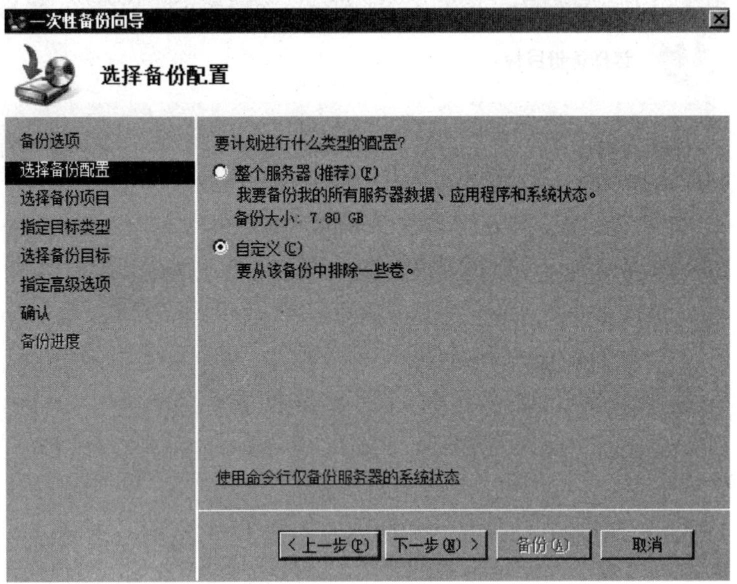


图 10-7　备份配置

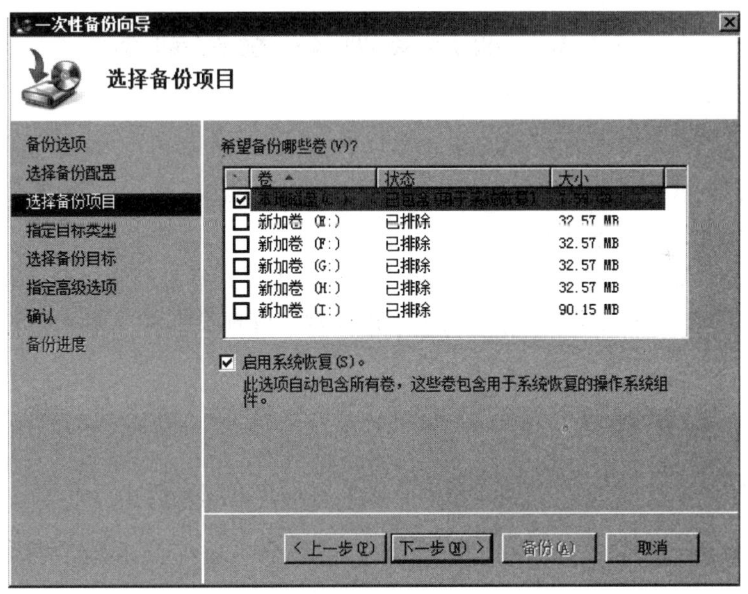


图 10-8　选择备份项目

果只备份C盘而不备份系统状态，那么系统恢复后，AD的数据库就恢复不上，恢复操作系统没有问题。

(3) 实验中备份至本地的D盘即可，如图10-9所示。

(4) 单击“备份”按钮开始进行备份，直至完成为止。

如果在域环境下AD的备份只用备份系统状态就可以了。

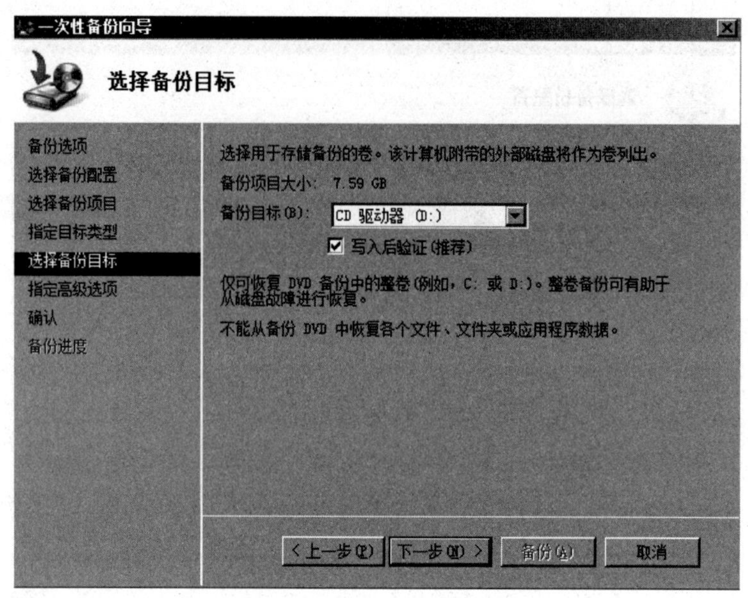


图 10-9 选择备份目标

## 10.6 应用案例 2：卷影副本

### 10.6.1 案例内容

DHY 公司发展迅速，为了业务发展的需要，公司在全国各省省会以及直辖市都开设了分支机构，公司每天的业务量很大。

DHY 公司非常注重日常工作信息的保留，因此，DHY 公司经常进行备份工作，但是这些备份并不是都有用，很多情况下，公司员工以及网络管理员都希望回复到某一时间点的备份状态。

### 10.6.2 案例分析

使用 Windows Server 2008 的卷影副本功能可以很好地解决上述问题。

### 10.6.3 案例实施过程

**1. 为共享资源启用卷影服务**

为了让局域网用户享受到卷影副本服务，应该先以系统管理员权限登录进入 Windows Server 2008 服务器系统。

(1) 双击桌面上的“计算机”图标，在其后窗口中找到目标共享资源所在的磁盘分区，并右击该分区图标，从弹出的快捷菜单中执行“属性”命令，打开目标磁盘分区的属性设置窗口，如图 10-10 所示。

(2) 单击该设置窗口中的“卷影副本”标签，打开标签设置页面，选中共享资源所在的目标磁盘卷，再单击“启用”按钮，随后系统屏幕上将会自动弹出提示窗口，继续单击“是”按钮，如图 10-11 所示，那么 Windows Server 2008 服务器系统就能按照默认设置启用目标共享资源的卷影副本功能了，如图 10-12 所示。

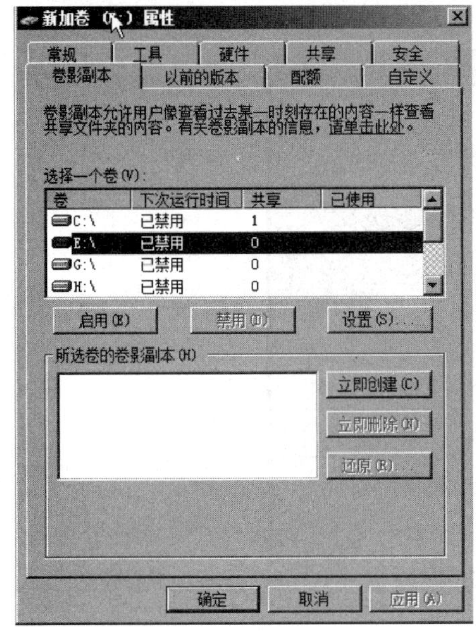


图 10-10 选择共享磁盘

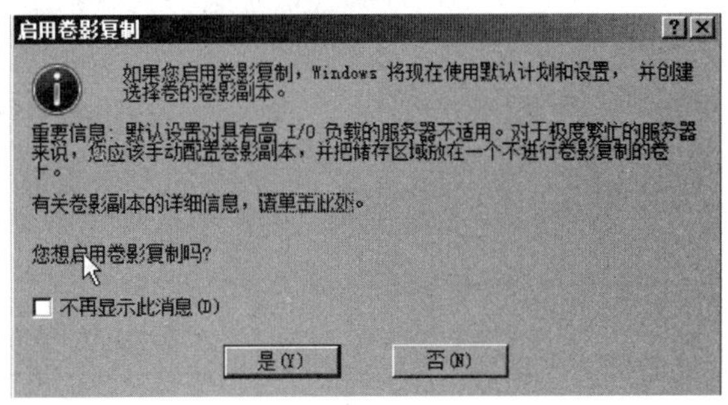


图 10-11 确定启用卷影副本

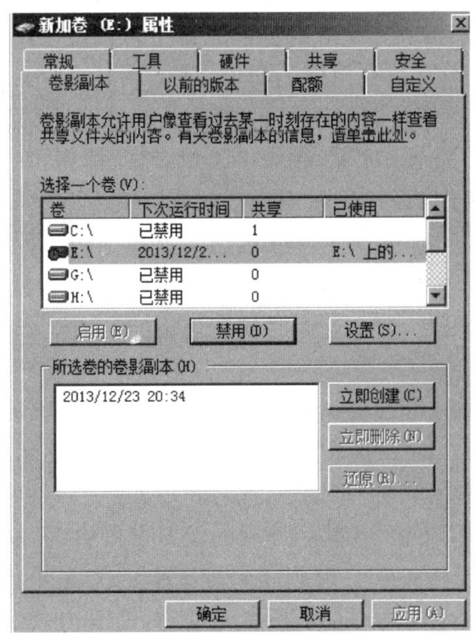


图 10-12 卷影副本

**2. 对卷影服务进行合适设置**

为了让卷影副本服务按照需求进行工作，在正确地将目标共享资源的卷影副本服务启用成功后，需要对其进行合适的设置：

(1) 打开“卷影副本”标签设置页面，选中已经启用了卷影副本服务的目标磁盘卷，再单击“设置”按钮，打开“设置”对话框，在该对话框中对存储区域参数、最大值参数、运行计划参数进行设置，如图 10-13 所示。

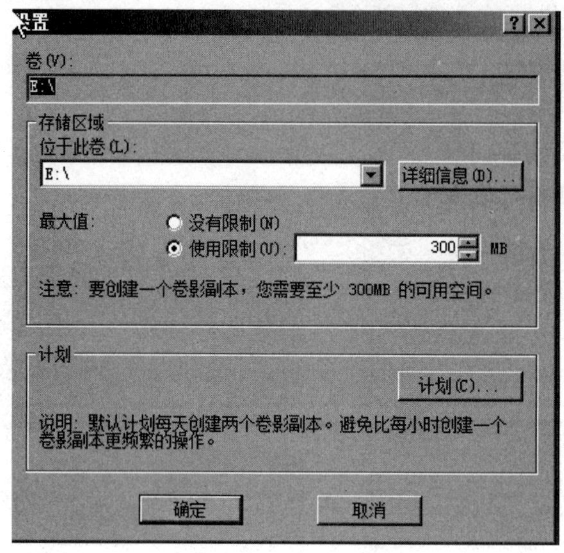


图 10-13 卷影副本设置

(2) 在“存储区域”选项区域，设置用来保存卷影副本的目标磁盘卷，默认状态下 Windows Server 2008 服务器系统会指定包含源文件的磁盘卷作为保存卷影副本的目标磁盘卷。只有在任何卷影副本还没有创建的时候，才能调整存储磁盘卷；要是想对已经启用了卷影副本的磁盘卷更改存储位置时，必须先将对应磁盘卷中的所有卷影副本删除掉，之后才能调整存储位置。单击“设置”对话框中的“详细信息”按钮，在其后界面中还能查看到目标磁盘卷中最大的存储限制以及已经使用的空间资源大小。

(3) 在“最大值”选项区域，可以在目标磁盘卷上指定用来保存共享资源卷影副本的最大空间量，默认数值是目标共享资源所在磁盘卷大小的 10%；要是目标共享资源与对应的卷影副本位于不同的磁盘位置，那么这个时候应该将“最大值”参数调整为专门用于保存卷影副本的目标磁盘卷大小。

(4) 在“计划”选项区域，可以根据实际需要制订创建共享资源卷影副本的任务计划；在默认状态下，Windows Server 2008 服务器系统每天会对目标共享资源创建两个卷影副本，同时该任务计划会约定在星期一到星期五之间每天上午 7:00 以及中午 12:00 执行卷影副本创建操作。单击“计划”按钮，从其后出现的设置窗口中，可以自行定义创建卷影副本的具体工作时间，例如可以设置一天只要创建卷影副本一次就可以了；完成上面的各项设置任务后，再单击“确定”按钮关闭卷影副本设置对话框，如图 10-14 所示。

**3. 对卷影副本进行管理操作**

在 Windows Server 2008 服务器系统长时间运行之后，系统中可能会创建有若干个卷影副本，为了方便日后能快速找到自己需要的卷影副本，有必要在服务器系统中对这些卷影副本进行一些有效的管理操作。在对卷影副本进行管理操作时，可以按照下面的操作来进行：

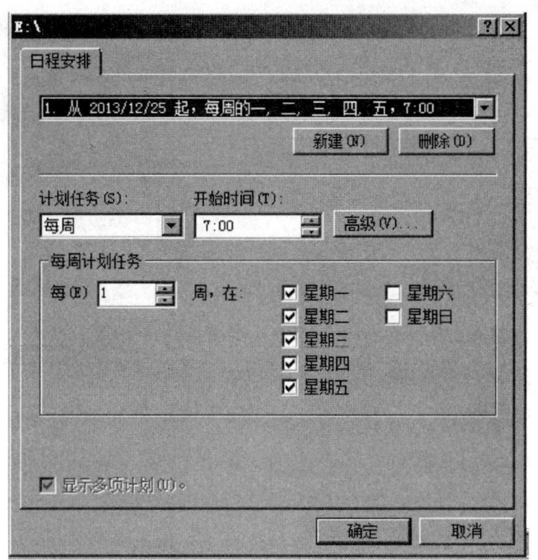


图 10-14　卷影副本计划

(1) 以系统管理员权限进入 Windows Server 2008 服务器系统桌面，依次单击“开始”→“程序”→“服务器管理器”命令，在弹出的服务器管理器控制台窗口中，光标定位于左侧显示区域中的“存储”选项，如图 10-15 所示，再从该选项下面选中“磁盘管理”子选项。

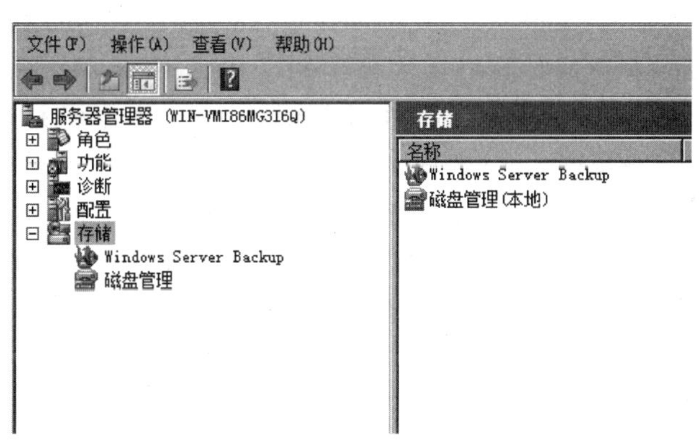


图 10-15　服务器管理器中的磁盘管理

(2) 右击磁盘管理子项，从弹出的快捷菜单中依次选择“所有任务”→“配置卷影副本”命令，打开设置对话框，在该对话框中可以根据实际需求来将过时的卷影副本删除掉，也可以手工创建新的卷影副本，还可以将整个磁盘卷还原到一个特定的时间点上。当然，在对整个磁盘卷执行还原操作时，必须要注意该操作无法被撤销，所以在执行该操作时一定要相当慎重，如图 10-16 和图 10-17 所示。

**4. 在客户端上执行按需恢复**

在 Windows Server 2008 服务器系统中安装、配置好卷影副本服务后，那么局域网用户就能在客户端上打开共享文件夹的属性设置窗口，并从对应的“以前的版本”标签页面中来将目标共享文件夹的状态恢复到过去设定的某个时间点的状态，从而实现按需恢复的目的。

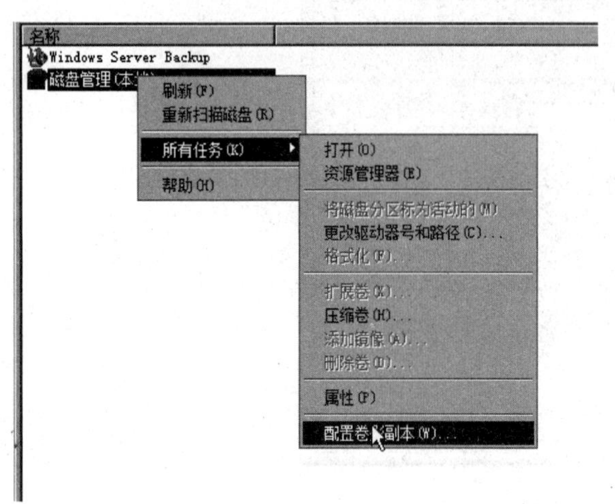


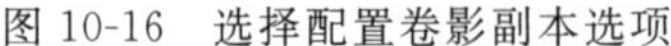

图 10-16　选择配置卷影副本选项

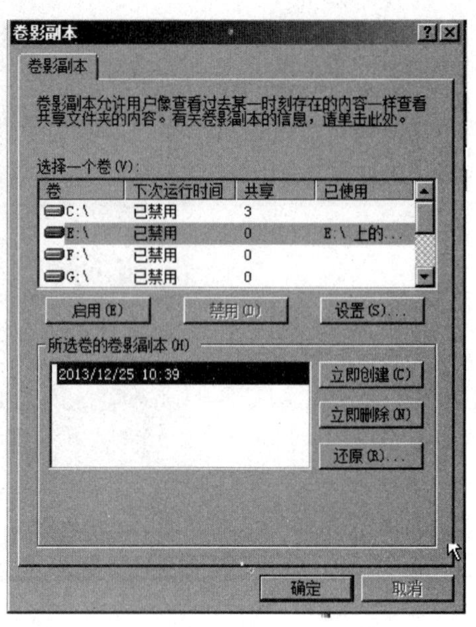


图 10-17　配置卷影副本

不过，要是无法从客户端的共享文件夹属性设置窗口中看到“以前的版本”标签选项，还必须在客户端系统中安装一下卷影副本的客户端程序，该程序可以从 Windows Server 2008 服务器系统中的 Windows\System32\clients\twclient\x86\twcli32.msi 处获得。

当然，要是局域网客户端计算机中安装使用了 Windows XP SP2 系统或 Windows Server 2003 系统时，那么我们一般不需要在对应系统中安装卷影副本客户端程序，因为这些系统本身已经内置了卷影副本客户端程序。

当我们尝试把某个目标共享资源恢复到以前某一时间点状态时，就可以先从客户端计算机中打开目标共享资源的属性设置窗口，之后单击其中的“以前的版本”标签，并在对应标签页面的“文件夹版本”列表框中选择一个合适的时间点选项，再单击“查看”按钮，确认当前选中的时间点所对应的共享资源是否符合恢复要求，要是符合要求，则单击一下“还原”按钮，就能完成共享资源的数据恢复操作了。

**5. 使用卷影副本的事项**

为了更好地使用卷影副本服务来保护重要共享资源的安全，需要在使用过程中注意下面一些事项：

首先，卷影副本服务只能用于启用了 NTFS 格式的磁盘分区上，其他格式的磁盘分区不能使用，因此必须将重要的共享资源保存在 NTFS 格式的磁盘分区中；并且卷影副本服务的操作对象是磁盘分区，而不是具体的某个共享文件夹。

其次，要删除某个过期的卷影副本时，必须先将创建对应卷影副本的任务计划删除掉，不然的话会造成任务计划失败的故障现象；同时卷影副本服务无法替代常规的备份工具，因此应该定期使用备份工具来对整个服务器系统进行安全备份。

再次，应该根据实际需求来合适设置卷影副本的创建时间点以及创建频率，尽量不要在 1 小时内进行多次创建操作；频繁地创建卷影副本，会消耗服务器系统宝贵的空间资源，严重的话还能拖累服务器系统的运行性能；过多或过少地创建卷影副本，会降低卷影副本服务的实际作用。

最后，每一个磁盘分区中最多只能保存 64 个卷影副本，一旦创建的实际卷影副本数量超过这个数值时，那么 Windows Server 2008 服务器系统就会自动删除旧的卷影副本，并且被删除了的卷影副本日后是无法恢复过来的。日后再恢复数据时，数据的访问权限将保持为原有的状态。

## 10.7 练习案例

你是公司的网络管理员。公司名为 fabrikam。

你在数据中心有多台 Server 服务器，需要进行管理，并且有一台新的 Windows Server 2008 计算机需要安装活动目录并进行管理。你将该计算机命名为 server1，并配置成具有 IP 地址 10.10.30.1。

公司目前每天的信息量很大，需要大量的人力、物力进行维护。公司要求每段时间的系统信息要进行备份，并且希望个别部门的信息可以迅速恢复到某个特定时间点的状态。

你作为管理员，应该完成如下工作：

(1) 为系统信息备份。

(2) 为个别部门信息做卷影副本。

(3) 做好备份计划。

## 10.8 课后习题

1. 为什么大多数备份工作选择晚上进行?
2. 卷影副本与普通备份的区别有哪些?
3. 好的备份计划对公司有哪些好处?

# 第 11 章　网络安全管理

## 11.1　网络安全相关知识

网络安全是指网络系统的硬件、软件及其系统中的数据受到保护，不受偶然的或者恶意的原因而遭到破坏、更改、泄露，系统连续可靠正常地运行，网络服务不中断。网络安全从其本质上来讲就是网络上的信息安全。

从广义来说，凡是涉及网络上信息的保密性、完整性、可用性、真实性和可控性的相关技术和理论都是网络安全的研究领域。

网络安全是一门涉及计算机科学、网络技术、通信技术、密码技术、信息安全技术、应用数学、数论、信息论等多种学科的综合性学科。

### 11.1.1　网络安全研究的两大体系

网络安全研究的内容广泛，但究其根本，可归纳为两大体系：攻击技术体系和防御技术体系，如图 11-1 所示。

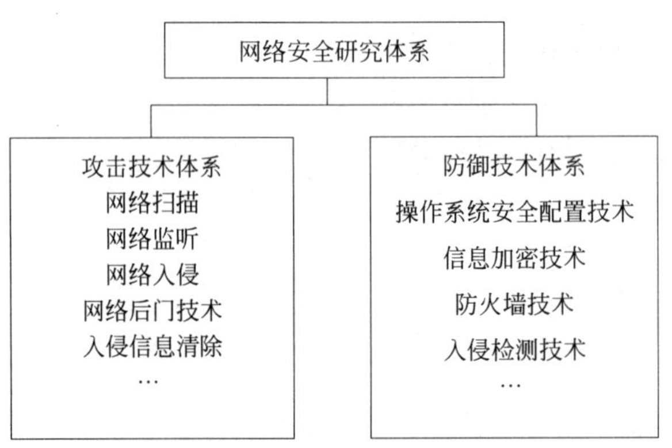


图 11-1　网络安全研究体系

**1. 攻击技术体系**

网络扫描：利用程序去扫描目标计算机，以获取其端口开放情况、操作系统类型情况、提供服务情况等信息，目的是发现是否有可以利用的漏洞，以便利用进行入侵。

网络监听：在本机上使用监听程序，对网络中传输的信息进行监听，获取其他计算机的通信信息。该技术不主动进行探测，仅仅是被动接收信息。

网络入侵：利用目标计算机的漏洞，进行入侵，连入目标计算机盗取信息或进行其他操作。

网络后门技术：在入侵成功的计算机上，安装特殊程序，以方便以后快速连接，长期使用。

入侵信息清除：入侵完成后退出目标计算机。

**2. 防御技术体系**

操作系统安全配置技术：操作系统是计算机应用的平台，对于操作系统的安全配置是最基础也是最重要的。

信息加密技术：将传送的信息数据进行加密，可以有效防止监听和数据偷盗。强力的信息加密技术使得信息即便被监听或盗取，也会因解密困难使非法获得的数据无法使用。

防火墙技术：在内部网和外部网之间构造的保护屏障，对传输的数据进行检测和限制，保护内部网免受非法用户的侵入。

入侵检测技术：对计算机和网络资源的恶意使用行为进行识别和相应处理的系统。

### 11.1.2 网络安全面临的威胁

计算机网络所面临的威胁包括对网络中信息的威胁和对网络中设备的威胁。影响计算机网络的因素很多，大体可分为两种：一是对网络中信息的威胁；二是对网络中设备的威胁。影响计算机网络的因素很多，有些因素可能是有意的，也可能是无意的；可能是人为的，也可能是非人为的；可能是外来黑客对网络系统资源的非法使用。

非授权访问：指对网络设备及信息资源进行非正常使用或越权使用等。

冒充合法用户：主要指利用各种假冒或欺骗的手段非法获得合法用户的使用权限，以达到占用合法用户资源的目的。

破坏数据的完整性：指使用非法手段，删除、修改、重发某些重要信息，以干扰用户的正常使用。

干扰系统正常运行：指改变系统的正常运行方法，减慢系统的响应时间等手段。

病毒与恶意攻击：指通过网络传播病毒或恶意 Java、XActive 等。

线路窃听：指利用通信介质的电磁泄漏或搭线窃听等手段获取非法信息。

### 11.1.3 常见的网络威胁

计算机病毒(Virus)的散布：计算机病毒可能会自行复制，或更改应用软件或系统的可运行组件，或是删除文件、更改数据、拒绝提供服务，其常伴随着电子邮件，借由文件档或可执行文件的宏指令来散布，有时不会马上发作，让用户在不知情的情况下帮其散布。

阻绝服务(Denial of Service，DoS)：系统或应用程序的访问被中断或是阻止，让用户无法获得服务，或是造成某些实时系统的延误或中止。例如，利用大量邮件炸弹塞爆企业的邮件服务器、借由许多他人计算机提交 http 的请求而瘫痪 Web Server。

后门或特洛伊木马程序(Trapdoor/Trojan Horse)：未经授权的程序，可以通过合法程序的掩护，而伪装成经过授权的流程，来运行程序，如此造成系统程序或应用程序被更换，而运行某些不被察觉的恶意程序，例如，回传重要机密给犯罪者。

窃听(Sniffer)：用户之识别数据或其他机密数据，在网络传输过程中被非法的第三者得知或取得重要的机密信息。

伪装(Masquerade)：攻击者假装是某合法用户，而获得使用权限。例如，伪装别人的名义传送电子邮件、伪装官方的网站来骗取用户的帐号与密码。

数据篡改(Data Manipulation):存储或传输中的数据,其完整性被毁坏。例如,网页被恶意篡改、股票下单由10张被改为1000张。

否认(Repudiation):用户拒绝承认曾使用过某一计算机或网络,或曾寄出(收到)某一文件。例如,价格突然大跌,而否认过去所下的订单。此项是电子财务交易(Electronic Financial Transaction)及电子契约协议(Electronic Contractual Agreement)的主要威胁。

网络钓鱼(Phishing):创建色情网站或者"虚设"、"仿冒"的网络商店,引诱网友在线消费,并输入信用卡卡号与密码,以此来获取用户的机密数据。

双面恶魔(Evil Twins):为网络钓鱼法的另一种方式,指的是一种常出现在机场、旅馆、咖啡厅等地方,假装可提供正当无线网络链接到Internet的应用服务,当用户不知情登上此网络时,就会被窃取其密码或信用卡信息。

网址转嫁链接(Pharming):犯罪者常侵入ISP的服务器中修改内部IP的信息并将其转接到犯罪者伪造的网站,所以即使用户输入正确的IP也会转接到犯罪者的网站,而被截取信息。

点击诈欺(Click Fraud):许多网络上的广告例如Google,是靠点击次数来计费(Pay by Click),但某些不法网站利用软件程序或大量中毒的僵尸网站(Zomhies)不法地去点击广告,造成广告商对这些大量非真正消费者的点击来付费,或者有的犯罪者故意大量去点击竞争对手的广告,让其增加无谓的广告费用。

Rootkits:一堆能窃取密码、监听网络流量、留下后门并能抹掉入侵系统的相关记录以及隐藏自己行踪的程序集,为木马程序的一种。如果入侵者在系统中成功植入Rootkits,一般人将很难发现已经被入侵,对于入侵者来说,就能轻易控制系统,而通行无阻。

### 11.1.4 网络安全管理分类

网络安全管理主要分为两大类:物理上的安全管理和逻辑上的安全管理。

物理安全管理主要包括环境的安全和设备的安全。

逻辑安全管理主要是指各种安全技术手段。

## 11.2 物理安全管理

### 11.2.1 为什么需要物理安全

网络的物理安全是整个网络系统安全的前提,就像是大厦的地基一样重要。不好的物理环境有可能导致网络设备和线路工作异常,甚至是完全不可用。

例如,因物理环境因素导致设备被盗、设备老化严重、故障频发、无线电磁辐射泄密等等。如果局域网采用广播方式,则会让本段广播域上传送的所有信息都可能被监听到。

### 11.2.2 物理安全内容

物理位置选择:机房应选择在具有防震、防风和防雨等能力的建筑内;机房的承重要求应满足设计要求;机房场地应避免设在建筑物的高层或地下室,以及用水设备的下层或隔壁；机房场地应当避开强电场、强磁场、强震动源、强噪声源、重度环境污染，易发生火灾、水灾，易遭受雷击的地区。

物理访问控制：有人值守机房出入口应有专人值守，鉴别进入的人员身份并登记在案；无人值守的机房门口应具备告警系统；对重要区域配置电子门禁系统，鉴别和记录进入的人员身份并监控其活动。

防盗：计算机作为一种价格高昂设备，也是盗窃者的目标。计算机盗窃行为所造成的损失一般都会远远超过其本身的价值。应利用光、电等技术设置机房的防盗报警系统，以防进入机房的盗窃和破坏行为；应对机房设置监控报警系统。

防火：计算机的工作环境具有很多的电线电缆，电气设备和线路因为短路、过载、接触不良、绝缘层破坏或静电等原因引起电打火，从而引起火灾。另外，人为因素也容易引起火灾，如吸烟、乱扔烟头、把易燃物品乱堆放等。应设置火灾自动消防系统，自动检测火情，自动报警，并自动灭火。

防静电：静电是电子设备的一大敌人，由物理相互摩擦产生。静电积累过多时，会有很高的电位，可能会导致静电放电火花，引起火灾，而且静电还可能导致电子设备损坏。

防雷击：传统的避雷针会产生感应雷，导致电子设备损坏。机房建筑应设置避雷装置；应设置防雷保安器，防止感应雷；应设置交流电源地线。

防电磁辐射：计算机在工作时，会产生电磁辐射。电磁辐射可以被高灵敏度的专业设备接收并分析、还原信息，从而导致信息泄露。

防水和防潮：电子设备是严禁接触到水的，而潮湿也会引起设备故障，因此要杜绝此种现象发生。

温湿度控制：应设置恒温恒湿系统，使机房温、湿度的变化在设备运行所允许的范围之内。

电力供应：机房供电应与其他市电供电分开；应设置稳压器和过电压防护设备；应提供短期的备用电力供应(如 UPS 设备)；应建立备用供电系统(如备用发电机)，以备常用供电系统停电时启用。

## 11.3 逻辑安全管理

### 11.3.1 为什么要使用逻辑安全管理

在有了比较安全的物理环境基础后，进一步要考虑的就是如何让网络使用得更安全，信息能安全有效地在网络上进行传输，未被授权的用户不能访问网络或不能进行规定以外的操作。

### 11.3.2 操作系统安全配置

操作系统是作为一个支撑软件，使得程序或别的应用系统在上面正常运行的一个环境。操作系统提供了很多的管理功能，主要是管理系统的软件资源和硬件资源。操作系统的安全为软件运行和应用提供了基础平台，它的安全十分重要。

禁用 Guest 帐号。Guest 帐号是访客帐号，不需密码即可访问计算机，会带来安全隐患。

给默认管理员帐号降级。Administrator 是操作系统默认的管理员，很多探测软件都是针对这个帐号进行的，可以新建一个管理员帐号来管理计算机，在将 administrator 隶属的组改为 guest，使得其权限降低，并设置复杂密码，让探测难度加大，从而增强系统安全性。

使用安全级别密码。好的密码应使用 3 种类型以上的字符(大小写字母、数字、符号，长度超过 8 位，并定期更换)。

使用 NTFS 分区。NTFS 分区具有更高的安全性，并具有更多的功能(现在 Windows 系统使用的都是 NTFS 分区，但其他盘符的分区仍使用 FAT32 的，不建议这样做)。

备份资料。对于重要的资料进行备份，以防万一(网盘都具有备份功能，可以考虑使用网盘，很方便)。

使用策略管理器增强计算机安全性。Windows 系统带有策略管理器，可以对计算机的安全策略进行设置，如帐户策略、本地策略等。

关闭不必要的服务。一些服务对于用户来说并没有用处，可以将其关闭，防止因系统漏洞或其他原因导致的安全问题。

安装系统补丁。微软公司不定期推出系统补丁，修补系统漏洞，增强系统安全性。

安装杀毒软件。

操作系统安全配置不止于以上所说内容，随着计算机的发展，其内容也在变化。

### 11.3.3 防火墙技术

防火墙是近期发展起来的一种保护计算机网络安全的技术性措施，它是一个用以阻止网络中的黑客访问某个机构网络的屏障，也可称之为控制进/出两个方向通信的门槛。在网络边界上通过建立起来的相应网络通信监控系统来隔离内部和外部网络，以阻挡外部网络的侵入。

目前的防火墙主要有以下三种类型：

**1. 包过滤防火墙**

包过滤防火墙设置在网络层，可以在路由器上实现包过滤。首先应建立一定数量的信息过滤表，信息过滤表是以其收到的数据包头信息为基础而建成的。信息包头含有数据包源 IP 地址、目的 IP 地址、传输协议类型(TCP、UDP、ICMP 等)、协议源端口号、协议目的端口号、连接请求方向、ICMP 报文类型等。当一个数据包满足过滤表中的规则时，则允许数据包通过，否则禁止通过。这种防火墙可以用于禁止外部不合法用户对内部的访问，也可以用来禁止访问某些服务类型。但包过滤技术不能识别有危险的信息包，无法实施对应用级协议的处理，也无法处理 UDP、RPC 或动态的协议。

**2. 代理防火墙**

代理防火墙又称应用层网关级防火墙，它由代理服务器和过滤路由器组成，是目前较流行的一种防火墙。它将过滤路由器和软件代理技术结合在一起。过滤路由器负责网络互联，并对数据进行严格选择，然后将筛选过的数据传送给代理服务器。代理服务器起到外部网络申请访问内部网络的中间转接作用，其功能类似于一个数据转发器，它主要控制哪些用户能访问哪些服务类型。当外部网络向内部网络申请某种网络服务时，代理服务器接受申请，然后它根据其服务类型、服务内容、被服务的对象、服务者申请的时间、申请者的域名范围等来决定是否接受此项服务，如果接受，它就向内部网络转发这项请求。代理防火墙无法快速支持一些新出现的业务（如多媒体）。现在较为流行的代理服务器软件有 WinGate 和 Proxy Server。

**3. 双穴主机防火墙**

该防火墙是用主机来执行安全控制功能。一台双穴主机配有多个网卡，分别连接不同的网络。双穴主机从一个网络收集数据，并且有选择地把它发送到另一个网络上。网络服务由双穴主机上的服务代理来提供。内部网和外部网的用户可通过双穴主机的共享数据区传递数据，从而保护了内部网络不被非法访问。

防火墙虽然可以对外部的入侵起到阻止和防护的作用，但俗话说"家贼难防"，对于来自于内部的网络攻击，防火墙是无能为力的。

## 11.3.4 信息加密技术

信息加密技术的历史比较悠久，在四千年前，古埃及人就开始使用密码来保密传递消息。两千多年前，罗马国王 Julius Caesare（恺撒）就开始使用目前称为"恺撒密码"的密码系统。但是信息加密技术直到 20 世纪 40 年代以后才有重大突破和发展。特别是 20 世纪 70 年代后期，由于计算机、电子通信的广泛使用，信息加密技术得到了空前的发展。

消息被称为明文。用某种方法伪装消息以隐藏它的内容的过程称为加密，加了密的消息称为密文，而把密文转变为明文的过程称为解密，图 11-2 表明了加密和解密的过程。

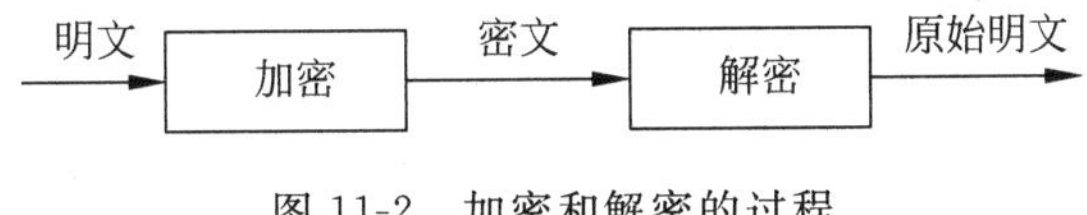


图 11-2　加密和解密的过程

**1. 信息加密技术作用**

信息加密技术提供三方面的功能：鉴别、完整性和抗抵赖性。这些功能是通过计算机进行社会交流，至关重要的需求。

鉴别：消息的接收者应该能够确认消息的来源；入侵者不可能伪装成他人。

完整性：消息的接收者应该能够验证在传送过程中消息没有被修改；入侵者不可能用假消息代替合法消息。

抗抵赖性：发送消息者事后不可能虚假地否认他发送的消息。

**2. 加密技术分类**

根据加密与解密使用的密钥是否相同，加密技术分为对称加密和非对称加密。

对称加密算法有 DES、IDEA、RC2、RC4、SKIPJACK、RC5、AES 算法等，DES 算法应用最广泛。

非对称加密算法有 RSA、Elgamal、背包算法、Rabin、D-H、ECC 等，RAS 算法应用最广泛。

## 11.3.5 入侵检测系统

**1. 入侵检测系统简介**

入侵检测系统（Intrusion Detection System，IDS）指的是一种硬件或者软件系统，该系统对系统资源的非授权使用能够做出及时的判断、记录和报警。

入侵检测是防火墙的合理补充，帮助系统对付网络攻击，扩展了系统管理员的安全管理能力（包括安全审计、监视、进攻识别和响应），提高了信息安全基础结构的完整性。它从计算机网络系统中的若干关键点收集信息，并分析这些信息，看看网络中是否有违反安全策略的行为和遭到袭击的迹象。入侵检测被认为是防火墙之后的第二道安全闸门，在不影响网络性能的情况下能对网络进行监测，从而提供对内部攻击、外部攻击和误操作的实时保护。

对一个成功的入侵检测系统来讲，它不但可使系统管理员时刻了解网络系统（包括程序、文件和硬件设备等）的任何变更，还能给网络安全策略的制订提供指南。更为重要的一点是，它应该管理、配置简单，从而使非专业人员非常容易地获得网络安全。而且，入侵检测的规模还应根据网络威胁、系统构造和安全需求的改变而改变。入侵检测系统在发现入侵后，会及时做出响应，包括切断网络连接、记录事件和报警等。

**2. 入侵检测系统分类**

1）按所采用的技术分类

（1）特征检测。

特征检测（Signature-based detection）又称 Misuse detection，这一检测假设入侵者活动可以用一种模式来表示，系统的目标是检测主体活动是否符合这些模式。它可以将已有的入侵方法检查出来，但对新的入侵方法无能为力。其难点在于如何设计模式既能够表达“入侵”现象，又不会将正常的活动包含进来。

（2）异常检测。

异常检测（Anomaly detection）的假设是入侵者活动异常于正常主体的活动。根据这一理念建立主体正常活动的“活动简档”，将当前主体的活动状况与“活动简档”相比较，当违反其统计规律时，认为该活动可能是“入侵”行为。异常检测的难题在于如何建立“活动简档”以及如何设计统计算法，从而不把正常的操作作为“入侵”或忽略真正的“入侵”行为。

2）按入侵检测的信息来源

（1）基于主机。

一般主要使用操作系统的审计、跟踪日志作为数据源，某些也会主动与主机系统进行交互以获得不存在于系统日志中的信息以检测入侵。这种类型的检测系统不需要额外的硬件，对网络流量不敏感，效率高，能准确定位入侵并及时进行反应，但是占用主机资源，依赖于主机的可靠住，所能检测的攻击类型受限。不能检测网络攻击。

（2）基于网络。

通过被动地监听网络上传输的原始流量，对获取的网络数据进行处理，从中提取有用的信息，再通过与已知攻击特征相匹配或与正常网络行为原型相比较来识别攻击事件。此类检测系统不依赖操作系统作为检测资源，可应用于不同的操作系统平台；配置简单，不需要任何特殊的审计和登录机制；可检测协议攻击、特定环境的攻击等多种攻击。但它只能监视经过本网段的活动，无法得到主机系统的实时状态，精确度较差。大部分入侵检测工具都是基于网络的入侵检测系统。

（3）分布式。

这种入侵检测系统一般为分布式结构，由多个部件组成，在关键主机上采用主机入侵检测，在网络关键节点上采用网络入侵检测，同时分析来自主机系统的审计日志和来自网络的数据流，判断被保护系统是否受到攻击。

## 11.4 课后习题

1. 什么是网络安全？
2. 网络安全研究的两大体系各是什么？
3. 防御技术体系包括哪些内容？
4. 网络安全面临的威胁有哪些？
5. 简述网络安全管理分类。
6. 防火墙作用有哪些？
7. 什么是 IDS？
8. 你给自己的操作系统进行了哪些安全配置？

# 第 12 章　网络故障诊断和排除

## 12.1　导语：网络故障会对网络管理产生怎样的影响

当你作为一名企业的网络管理员，某部门里有人说自己的计算机无法上网，请问你该如何处理？

许多网络管理者都经受过各种各样网络异常的困扰，例如突然发现网络运行速度变慢，或者经常出现莫名其妙的现象，那么网络就可能存在故障隐患。面对这些还未发生或者已经发生的故障，作为一名网络管理员，你会进行怎样的故障诊断和排除呢？接下去就让我们深入地学习网络故障的诊断和排除。

## 12.2　网络故障诊断和排除概述

日常应用中网络出现故障是极普遍的事，其种类也多种多样。在网络出现故障时对出现的问题及时进行维护，以最快的速度恢复网络的正常运行，掌握行之有效的网络维护理论方法和技术是至关重要的。

### 12.2.1　故障诊断和排除基本概念

网络故障诊断以网络原理、网络配置和网络运行的知识为基础。从故障现象出发，以网络诊断工具为手段获取诊断信息，确定网络故障点，查找问题的根源，排除故障，恢复网络正常运行从而提高网络的利用率及服务质量。

网络故障诊断应该实现三方面的目的：

- 确定网络的故障点，恢复网络的正常运行；
- 发现网络规划和配置中欠佳之处，改善和优化网络的性能；
- 观察网络的运行状况，及时预测网络通信质量。

作为网络管理员，在实际维护网络的过程中。遇到网络故障几乎是一件不可避免的事情。从故障现象来看，有的网络故障解决办法是相通的，但从实际运行环境来看。解决相同现象的故障，方法可能迥然不同。产生网络故障的原因很多：可能是网卡，不停地发出坏包；也可能是交换机，端口故障使错包增多；还可能是服务器，硬盘的故障使网络瘫痪；软设置的错误更会引发各种各样的问题；一条链路负载量大，也可能形成整个网络的瓶颈。

从 OSI 的层次模型剖析，网络故障通常有以下几种。

- 物理层问题：物理设备相互联接失败或者硬件及线路本身的问题；
- 数据链路层问题：网络设备的接口配置问题；

• 网络层问题：网络协议配置或操作错误；
• 传输层问题：设备性能、通信拥塞及差错问题；
• 高层问题：包括操作系统，应用接口、驱动程序及各种应用程序错误。

网络故障的诊断过程应该沿着 OSI 七层模型从物理层开始向上进行。首先检查物理层，然后检查数据链路层，以此类推，设法确定通信失败的故障点，直到系统通信正常为止。

网络故障是在所难免的，重要的是应快速隔离和排除故障。网络维护人员应该配备相应的工具和相应的知识，以便及时、有效地找到和解决问题。提高故障诊断水平需要注意以下几方面的问题：

• 认真学习有关网络技术理论；
• 熟悉网络的结构设计，包括网络拓扑、设备连接、系统参数设置及软件使用；
• 了解网络正常的运行状况、注意收集网络正常运行时的各种状态和报告输出参数；
• 熟悉常用的诊断工具，准确地描述故障现象。

## 12.2.2 网络故障分类

网络中可能出现的故障多种多样，解决一个复杂的网络故障往往需要广泛的网络知识与丰富的工作经验。同时，由于网络故障具有多样性和复杂性，因此如果对网络故障进行详细的分类则存在一定的困难。一般情况下，根据网络故障的性质，将网络故障分为物理故障和逻辑故障两大类。其中物理故障与网络中所使用的 PC、交换机、路由器、防火墙等硬件设备有关，而逻辑故障则与网络的规划与布局有关。

**1. 物理故障**

物理故障通常是指由网络硬件或网络连接引起的网络故障。网络硬件设备或线路的损坏、接触不良、接头松动、线路受到严重电磁干扰等情况均会引起网络物理故障。例如，当网络物理故障表现为一段网络连接不通或时断时通，网络管理人员就可以从监控界面上发现该故障，并通过多种方法来排除故障。可以使用专用的线缆测试仪来测试网线是否存在物理故障。在排除物理故障后，可以使用 ping 命令检查线路在端口处是否连通，如果不连通，则检查端口插头是否松动。下面具体分析各种物理故障和相应的排查方法。

1）线路故障

在日常网络维护中，线路故障的发生率是相当高的，约占发生故障的 70%。线路故障通常包括线路损坏及线路受到严重电磁干扰。

排查方法：如果是短距离的范围内，判断网线好坏简单的方法是将该网络线一端插入一台确定能够正常接入局域网的主机的 RJ-45 插座内，另一端插入确定正常的 HUB 端口，然后从主机的一端 Ping 线路另一端的主机或路由器，根据通断来判断即可。如果线路稍长，或者网线不方便调动，就用网线测试器测量网线的好坏。如果线路很长，比如由邮电部门等供应商提供的，就需通知线路提供商检查线路，看是否线路中间被切断。

对于是否存在严重电磁干扰的排查，我们可以用屏蔽较强的屏蔽线在该段网络上进行通信测试，如果通信正常，则表明存在电磁干扰，注意远离如高压电线等电磁场较强的物件。如果同样不正常，则应排除线路故障而考虑其他原因。

2）端口故障

端口故障通常包括插头松动和端口本身的物理故障。

排查方法：此类故障通常会影响到与其直接相连的其他设备的信号灯。因为信号灯比较直观，所以可以通过信号灯的状态大致判断出故障的发生范围和可能原因。也可以尝试使用其他端口看能否连接正常。

3）集线器或路由器故障

集线器或路由器故障在此是指物理损坏，无法工作，导致网络不通。

排查方法：通常最简易的方法是替换排除法，用通信正常的网线和主机来连接集线器（或路由器），如能正常通信，集线器或路由器正常；否则再转换集线器端口排查是端口故障还是集线器（或路由器）的故障；很多时候，集线器（或路由器）的指示灯也能提示其是否有故障，正常情况下对应端口的灯应为绿灯。若始终不能正常通信，则可认定是集线器或路由器故障。

4）主机物理故障

其中最突显的是主机网卡故障，因为网卡多装在主机内，靠主机完成配置和通信，即可以看作网络终端。此类故障通常包括网卡松动，网卡物理故障，主机的网卡插槽故障和主机本身故障。

排查方法：对于网卡松动、主机的网卡插槽故障最好的解决办法是更换网卡插槽。对于网卡物理故障的情况，如若上述更换插槽始终不能解决问题的话，就拿到其他正常工作的主机上测试网卡，若仍无法工作，可以认定是网卡物理损坏，更换网卡即可。

**2. 逻辑故障**

逻辑故障通常是指由软件引起的网络故障，最常见的是由配置不当引起的网络故障，如网卡的参数配置、路由器及交换机的配置、计算机中协议的配置等均能引起网络故障。一些网络服务进程或端口关闭或者计算机病毒、网络攻击也可能会引起网络故障。

1）路由器逻辑故障

路由器逻辑故障通常包括路由器端口参数设定有误，路由器路由配置错误、路由器CPU 利用率过高和路由器内存余量太小等。

排查方法：路由器端口参数设定有误，会导致找不到远端地址。用 Ping 命令或用 Traceroute 命令，查看在远端地址哪个节点出现问题，对该节点参数进行检查和修复。

路由器路由配置错误，会使路由循环或找不到远端地址。比如，两个路由器直接连接，这时应该让一台路由器的出口连接到另一路由器的入口，而这台路由器的入口连接另一路由器的出口才行，这时制作的网线就应该满足这一特性，否则也会导致网络错误。该故障可以用 Traceroute 工具，可以发现在 Traceroute 的结果中某一段之后，两个 IP 地址循环出现。这时，一般就是线路远端把端口路由又指向了线路的近端，导致 IP 包在该线路上来回反复传递。解决路由循环的方法就是重新配置路由器端口的静态路由或动态路由，把路由设置为正确配置，就能恢复线路了。

路由器 CPU 利用率过高和路由器内存余量太小，导致网络服务的质量变差。比如路由器内存余量越小丢包率就会越高等。检测这种故障，利用 MIB 变量浏览器较直观，它收集路由器的路由表、端口流量数据、计费数据、路由器 CPU 的温度、负载以及路由器的内存余量等数据，通常情况下网络管理系统有专门的管理进程，不断地检测路由器的关键数据，并及时给出报警。要排除这种故障，只有对路由器进行升级、扩大内存等，或者重新规划网络拓扑结构。

2）一些重要进程或端口关闭

一些有关网络连接数据参数的重要进程或端口受系统或病毒影响而导致意外关闭。比如，路由器的 SNMP 进程意外关闭，这时网络管理系统将不能从路由器中采集到任何数据，因此网络管理系统失去了对该路由器的控制。或者线路中断，没有流量。

排查方法：用 Ping 线路近端的端口看是否能 Ping 通，Ping 不通时检查该端口是否处于 down 的状态，若是，则说明该端口已经关闭了，因而导致故障。这时只需重新启动该端口，就可以恢复线路的连通。

3）主机逻辑故障

主机逻辑故障所造成网络故障率是较高的，通常包括网卡的驱动程序安装不当、网卡设备有冲突、主机的网络地址参数设置不当、主机网络协议或服务安装不当和主机安全性故障等。

（1）网卡的驱动程序安装不当，包括网卡驱动未安装或安装了错误的驱动出现不兼容，都会导致网卡无法正常工作。

排查方法：在设备管理器窗口中，检查网卡选项，看是否驱动安装正常，若网卡型号前标示出现"!"或"X"，表明此时网卡无法正常工作。解决方法很简单，只要找到正确的驱动程序重新安装即可。

（2）网卡设备与主机其他设备有冲突，会导致网卡无法工作。

排查方法：磁盘大多附有测试和设置网卡参数的程序，分别查验网卡设置的接头类型、IRQ、I/O 端口地址等参数。若有冲突，只要重新设置（有些必须调整跳线），或者更换网卡插槽，让主机认为是新设备重新分配系统资源参数，一般都能使网络恢复正常。

（3）主机的网络地址参数设置不当是常见的主机逻辑故障。比如，主机配置的 IP 地址与其他主机冲突，或 IP 地址根本就不在子网范围内，这将导致该主机不能连通。

排查方法：在"网上邻居"→"本地连接"属性窗口中，查看 TCP/IP 选项参数是否符合要求包括 IP 地址、子网掩码、网关和 DNS 参数，进行修复。

（4）主机网络协议或服务安装不当也会出现网络无法连通。主机安装的协议必须与网络上的其他主机相一致，否则就会出现协议不匹配，无法正常通信，还有一些服务如"文件和打印机共享服务"，不安装会使自身无法共享资源给其他用户，"网络客户端服务"，不安装会使自身无法访问网络其他用户提供的共享资源。再比如 E-mail 服务器设置不当导致不能收发 E-mail，或者域名服务器设置不当将导致不能解析域名等。

排查方法：在"网上邻居"属性或在"本地连接"属性窗口查看所安装的协议是否与其他主机是相一致的，如 TCP/IP 协议、NetBEUI 协议和 IPX/SPX 兼容协议等。其次查看主机所提供的服务的相应服务程序是否已安装，如果未安装或未选中，请注意安装和选中之。注意有时需要重新启动计算机，服务方可正常工作。

（5）主机故障中另一种可能是主机安全故障。通常包括主机资源被盗、主机被黑客控制、主机系统不稳定等。

排查方法：主机资源被盗，主机没有控制其上的 finger、RPC、rlogin 等服务。攻击者可以通过这些进程的正常服务或漏洞攻击该主机，甚至得到管理员权限，进而对磁盘所有内容有任意复制和修改的权限。还需注意的是，不要轻易地共享本机硬盘，因为这将导致恶意攻击者非法利用该主机的资源。主机被黑客控制，会导致主机不受操纵者控制。通常是由于主机被安置了后门程序所致。发现此类故障一般比较困难,一般可以通过监视主机的流量、扫描主机端口和服务、安装防火墙和加补系统补丁来防止可能出现的漏洞。

主机系统不稳定,往往也是由于黑客的恶意攻击,或者主机感染病毒造成。通过杀毒软件进行查杀病毒,排除病毒的可能。或重新安装操作系统,并安装最新的操作系统的补丁程序和防火墙、防黑客软件和服务来防止可能的漏洞的产生所造成的恶性攻击。

发现主机故障是一件比较困难的工作,特别是当有人恶意进行攻击时。一般可以通过监视主机的流量或扫描主机端口和提供的服务来防止可能出现的漏洞,同时对于操作系统和应用系统来说,要注意及时安装所需要的补丁程序。当发现主机受到攻击之后,应立即分析可能出现的漏洞,并加以预防。

## 12.3 故障诊断和排除的基本过程

### 12.3.1 故障诊断的一般过程

故障诊断和排除的基本过程首先要确定网络故障原因和位置;其次是纠正错误,恢复网络的正常运行;最后要总结错误原因,改进网络规划和配置以提高网络的性能。

故障诊断的一般过程可分为以下三步。

**1. 网络故障问题记录与描述**

在网络运行期间,应记录网络的运行状况。一旦发生网络故障,应该了解并记录网络故障表现出来的现象。这些现象通常包括:哪些用户使用网络的哪些服务时出现故障,是速度降低还是不能访问,是时断时续还是连续出现故障,等等。对网络故障的现象尽可能描述详细。

**2. 网络故障原因分析**

在记录故障现象以后,应收集与网络故障排除相关的信息,包括网络的拓扑结构、网络是否发生了改变、是否有其他用户使用网络时也发生了故障、故障发生期间计算机在进行什么操作等,同时还可以从网络管理系统、网络分析设备中收集相关信息。根据收集到的故障及相关信息,分析可能引起故障的因素。

在故障原因分析过程中,应充分利用每一条信息,尽可能缩小引起网络故障的目标范围。

**3. 制订排除故障计划,按照计划排除故障并记录**

根据对网络故障的分析所确定的可能故障点,制订一整套完整的故障排除方案。通常应从最容易引起故障的地方入手,或从最低层次入手,从简单到复杂,逐步排除故障。

按照制订的方案,做好每一步的测试和观察,并且做好记录,直到故障排除。如果故障没有排除,应恢复到故障的原始状态,重新分析。

### 12.3.2 分层诊断技术

网络体系结构的模型把网络实现的功能划分为不同的逻辑层次。逻辑层次的划分不但减少了网络的设计复杂性,也为定位与分析网络的故障提供了清晰的思路。

**1. 物理层故障的查找和排除**

计算机之间数据的传输在物理层表现为比特的形式,中继器、集线器等设备运行在物理层上。物理层还包括综合布线系统，以及备用线路的连接设备和接口。物理层的故障主要表现在设备出现硬件故障、线路及节点的物理连接不正确、设备的物理连接方式不正确等方面。

1）电力故障

网络设备的正常运行需要有符合其要求的电力供应，由于电力的原因引起网络设备不能提供正常的服务，在网络故障中占有很大的比例。例如，电力功率不足甚至断电导致网络设备停止运行；供电线路上出现过高的电涌，以及闪电或其他设备产生的电磁波和射频干扰都有可能损坏网络设备。

电源故障比较容易发现和定位，一般的检查方法如下：

(1) 网络设备都有电源状态指示灯，如果发现指示灯不正常，那就应该首先检查电力供应、电源线、设备的电源开关是否正常；

(2) 如果电源状态指示灯正常，设备的风扇没有正常运转，那就应该怀疑设备内部的交直流转换模块或者风扇系统；

(3) 如果网络设备在运行了一段时间后自动地停止了运行，那就怀疑是否是因为环境的原因(如温度、湿度、地线等)，或者电力线路的质量无法满足设备运行的条件。

2）传输线路故障

传输线路发生故障，将影响网络通信的质量，甚至造成连接中断或网络瘫痪。常见的传输介质包括同轴电缆、双绞线、光纤等有导线介质，以及微波、激光等无线传输介质。目前在综合布线系统中使用最广泛的是双绞线和光纤。

当双绞线被损坏，或者其中的线对出现短路、开路等故障时，网络将无法通信。有时网络的通信是可以进行的，但其性能总是与正常情况下的性能差距较大，如数据的传输速率大大低于正常时的数据流速率。这种情况可能是劣质线缆、连接器或者噪声干扰的结果，要诊断和排除这类故障需要采用线缆分析仪来测试所怀疑的传输线缆。测试的内容包括衰减、近端串扰、回波损耗等几个方面。

检查双绞线的一般步骤如下：

(1) 检查双绞线是否被损坏，如果是，则更换新的双绞线；

(2) 使用线缆连通测试仪测试双绞线是否出现短路、开路等简单的线缆故障，如果是，则更换连接头，测试故障是否修复；如果未修复，则更换新的双绞线；

(3) 如果双绞线连通测试没有发现故障，检查 RJ-45 插座是否出现故障，如果是，则更换插座；

(4) 使用线缆分析器测试双绞线。

3）硬件故障

硬件故障主要包括网络设备硬件故障、集线器或交换机端口故障、网络接口卡故障。

4）因配置错误引起的故障

因配置错误引起的故障主要包括：串行链路的同步与异步、接口被关闭、双工配置。

**2. 数据链路层故障的查找和排除**

数据链路层故障的查找和排除，检查连接端口的工作状况。链路层故障分析内容包括：数据链路层的运行状况、流量状况；链路层数据包的丢包、重发及包碰撞情况；网络计算机设备的链路层驱动程序的加载等。

1）传输路径与网络性能故障

传输路径和网络性能的问题是产生链路层故障的常见原因。由于生成树算法缺陷、系统配置不合理等问题，使得生成树设计欠佳，导致帧在传输的过程中选择了一条不合理的路径，并且由于该路径的性能差，造成严重的帧丢失和延时。

2）封装类型错误

在TCP/IP网络中，通常使用的以太网封装类型是ARPA，但在网络间进行分组交换的环境中，由于设置错误，有可能使链路一端的封装类型与远端使用的封装类型不一致，造成远端设备接收到无法识别的帧。

3）地址解析错误

在数据链路层，网络层的数据包将被封装在帧中。利用链路层的地址进行传输。如何确定链路层的地址由所使用的协议来决定。

实现将网络层地址映射到链路层地址的机制有静态映射和动态映射两种方式。使用静态映射方式匹配网络层和数据链路层地址，常见的错误是分配和设置不正确。动态配置是基于地址解析协议（Address Resolution Protocol，ARP）来实现的，常见的ARP欺骗是造成网络连接频繁中断的重要因素之一。所谓ARP欺骗，就是通过大量地伪造IP地址和MAC地址来干扰地址解析。

4）其他

引起数据链路层故障的原因还包括：由于噪声干扰、线缆长度不合理及驱动程序缺陷等原因，造成在发送和接收帧的过程中出现太多的循环冗余校验（CRC）错误和帧校验序列（FCS）错误；由于相同的MAC地址在交换机的不同端口出现，形成局域网中的网络回环，造成以太网的“广播风暴”。

**3. 网络层故障的查找和排除**

网络层故障包括与网络层协议有关的所有问题，如各种网络设备的网络层地址的设置、网络层协议、路由选择协议的加载和设置等。

常见的有IP地址分配故障、静态路由协议故障、动态路由协议故障。

针对这一类故障，首先查看用户物理层的连通性。例如，可以让用户检查网线是否与墙上端口和设备相关。然后可以结合一些路由器、交换机配置命令进行信息数据查看和检查。

**4. 传输层故障的查找和排除**

诊断传输层的网络故障要比检查链路层和网络层的故障困难，且可用于检测传输层故障的专门工具也很少，网络管理员必须具备扎实的网络基础知识，熟悉传输层协议的工作原理，应用一些辅助工具，才能快速准确地定位故障点，提高故障排查的效率。

检测网络传输层故障的常用工具和方法如下：

（1）使用Telnet测试传输层的连接情况；

（2）使用端口扫描工具测试传输层的连接情况；

（3）使用netstat测试传输层的连接情况。

**5. 高层故障的查找和排除**

在高层的故障查找和排除中，主要是对应用层的分析。

应用层是开放系统的最高层，是直接为应用进程提供服务的。其作用是在实现多个系统进程相互通信的同时，完成一系列业务处理所需的服务。它不仅要提供应用进程所需的信息交换和远地操作，而且还要作为互相作用的应用进程的用户代理(User Agent)。它的主要任务是为用户提供应用的接口，即提供不同计算机间的文件传送、访问与管理，电子邮件的内容处理，不同计算机通过网络交互访问的虚拟终端功能等。

应用层故障检查主要包括以下几个方面：

(1) 终端系统的系统资源状态，如CPU、内存、磁盘利用、I/O系统、进程等；

(2) 应用程序对系统资源的占用及调度管理；

(3) 安全管理、用户管理、文件管理等高层服务。

针对不同的应用特点分别采取不同的工具和方法，这里不再详述。

总体而言，故障排除具体思路是：先询问、观察故障时间和原因，然后动手检查硬件和软件设置，动手(观察和检查)则要遵循先外(网间连接)、后内(单机内部)，先硬(硬件)、后软(软件)的原则。此外在故障检测和排除中会使用一些常用的工具，比如万用表、网络电缆测试仪等，并且会使用一些常用的网络命令。

## 12.4 网络故障诊断和维护的常用命令

网络故障诊断时，一般的操作系统功能都可以通过图形用户接口(GUI)完成，但是，使用命令行完成某些操作会更容易操作，也能更高效地工作。

在一般的网络操作系统中访问命令提示符的方法是：打开“开始”菜单，然后选择“运行”命令并输入 cmd，系统则打开命令提示符窗口。命令提示符交互并不区分可执行命令的大小写。同时，对于任何命令，可以附带参数“/?”获取相关命令的帮助信息。

### 12.4.1 Windows 环境下的 ping 命令

在网络中 ping 是一个十分强大的 TCP/IP 工具。它主要的作用是用来检测网络的连通情况和分析网络速度。

**1. ping 命令的语法格式**

ping 命令的完整语法格式如下：

```
ping[ - t][ - a][ - n count][ - l size][ - f][ - i TTL][ - v TOS][ - r count][ - s count][[ - j host - list]|[ - k host - list]][ - w timeout]<目标地址(IP 或主机名)>
```

- -t——有这个参数时，当你 ping 一个主机时系统就不停地运行 ping 这个命令，直到按下 Ctrl+C 键。
- -a——解析主机的 NETBIOS 主机名，如果想知道所 ping 的计算机名则要加上这个参数了，一般是在运用 ping 命令后的第一行就显示出来。
- -n count——定义用来测试所发出的测试包的个数，默认值为 4。通过这个命令可以自己定义发送的个数，对衡量网络速度很有帮助，比如想测试发送 20 个数据包的返回的平均时间为多少、最快时间为多少、最慢时间为多少就可以通过执行带有这个参数的命令获知。
- -l length——定义所发送缓冲区的数据包的大小，在默认的情况下 Windows 的 ping 发送的数据包大小为 32B，也可以自己定义，但有一个限制，就是最大只能发送

65 500B，超过这个数时，对方就很有可能因接收的数据包太大而死机，所以微软公司为了解决这一安全漏洞而限制了 ping 的数据包大小。

- -f——在数据包中发送“不要分段”标志，一般所发送的数据包都会通过路由分段再发送给对方，加上此参数以后路由就不会再分段处理。
- -i ttl——指定 TTL 值在对方的系统里停留的时间，此参数同样是帮助你检查网络运转情况的。
- -v tos——将“服务类型”字段设置为 tos 指定的值。
- -r count——在“记录路由”字段中记录传出和返回数据包的路由。一般情况下发送的数据包是通过一个个路由才到达对方的，但到底是经过了哪些路由呢？通过此参数就可以设定你想探测经过的路由的个数，不过限制在了 9 个，也就是说，你只能跟踪到 9 个路由。
- -s count——利用 count 值对应跃点数的时间戳，此参数和-r 差不多，只是这个参数不记录数据包返回所经过的路由，最多也只记录 4 个。
- -j host-list ——host-list 值对应的计算机列表路由数据包。连续计算机可以被中间网关分隔，IP 允许的最大数量为 9。
- -k host-list——host-list 值对应的计算机列表路由数据包。连续计算机不能被中间网关分隔，IP 允许的最大数量为 9。
- -w timeout——指定超时间隔，单位为毫秒。
- destination-list ——是指要测试的主机名或 IP 地址。

**2. ping 命令的应用**

图 12-1 显示的是 ping 命令的连通性测试。一般情况下，用户可以通过使用一系列 ping 命令查找问题出在什么地方，或检验网络运行的情况。

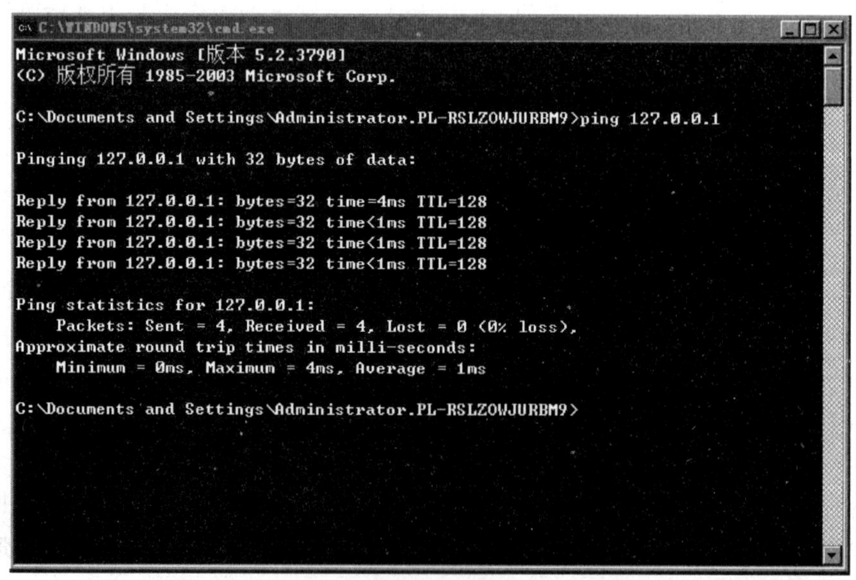


图 12-1 ping 命令的连通性测试

下面给出一个典型的检测顺序及对应的可能故障。

1）ping 127.0.0.1

如果测试成功，表明网卡、TCP/IP 协议的安装、IP 地址、子网掩码的设置正常。如果测试不成功，表示 TCP/IP 的安装或运行存在某些最基本的问题。

2）ping 本机 IP

如果测试不成功，则表示本地配置或安装存在问题，应当对网络设备和通信介质进行测试、检查并排除。

3）ping 局域网内其他 IP

如果测试成功，表明本地网络中网卡和载体运行正确。但如果收到 0 个回送应答，那么表示子网掩码不正确或网卡配置错误或电缆系统有问题。

4）ping 网关 IP

这个命令如果应答正确，表示局域网中的网关路由器正在运行并能够做出应答。

5）ping 远程 IP

如果收到正确应答，表示成功地使用了默认网关。对于拨号上网用户则表示能够成功地访问 Internet。

6）ping local host

local host 是系统的网络保留名，它是 127.0.0.1 的别名，每台计算机都应该能够将该名字转换成该地址。如果没有做到这一步，则表示主机文件（/windows/host）中存在问题。

7）pingwww.sina.com

对此域名执行 ping 命令，计算机必须先将域名转换成 IP 地址，通常是通过 DNS 服务器。如果这里出现故障，则表示本机 DNS 服务器的 IP 地址配置不正确，或 DNS 服务器有障碍。如果上面所列出的所有 ping 命令都能正常运行，那么计算机进行本地和远程通信基本上就没有问题了。但是，这些命令的成功并不表示所有的网络配置都没有问题，例如，某些子网掩码错误就可能无法用这些方法检测到。

### 12.4.2 使用 ipconfig 查看及刷新网络配置

该命令用于显示所有当前的 TCP/IP 网络配置值、刷新动态主机配置协议（DHCP）和域名系统（DNS）设置。使用不带参数的 ipconfig 命令可以显示所有适配器的 IP 地址、子网掩码、默认网关，如图 12-2 所示。

ipconfig 命令的语法格式：

```
ipconfig[/all][/renew[adapter][/release[adapter][/flushdns][/displaydns][/registerdns]
[/showclassidadapter][/setclassidadapter[classID]
```

- -all——显示所有适配器的完整 TCP/IP 配置信息。在没有该参数的情况下 IPCONFIG 只显示 IP 地址、子网掩码和各个适配器的默认网关值。适配器可以代表物理接口（例如，安装的网络适配器）或逻辑接口（例如，拨号连接）。
- -renew[adapter]——更新所有适配器（如果未指定适配器），或特定适配器（如果包含了 adapter 参数）的 DHCP 配置。该参数仅在具有配置为自动获取 IP 地址的网卡的计算机上可用。要指定适配器名称，请键入使用不带参数的 IPCONFIG 命令

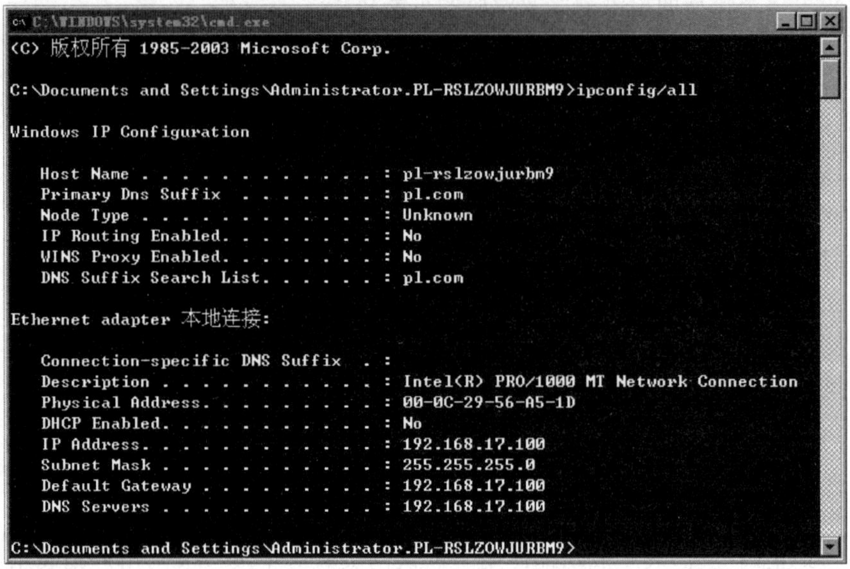

```
C:\WINDOWS\system32\cmd.exe
(C) 版权所有 1985-2003 Microsoft Corp.

C:\Documents and Settings\Administrator.PL-RSLZOWJURBM9>ipconfig/all

Windows IP Configuration

   Host Name . . . . . . . . . . . . : pl-rslzowjurbm9
   Primary Dns Suffix  . . . . . . . : pl.com
   Node Type . . . . . . . . . . . . : Unknown
   IP Routing Enabled. . . . . . . . : No
   WINS Proxy Enabled. . . . . . . . : No
   DNS Suffix Search List. . . . . . : pl.com

Ethernet adapter 本地连接:

   Connection-specific DNS Suffix  . :
   Description . . . . . . . . . . . : Intel(R) PRO/1000 MT Network Connection
   Physical Address. . . . . . . . . : 00-0C-29-56-A5-1D
   DHCP Enabled. . . . . . . . . . . : No
   IP Address. . . . . . . . . . . . : 192.168.17.100
   Subnet Mask . . . . . . . . . . . : 255.255.255.0
   Default Gateway . . . . . . . . . : 192.168.17.100
   DNS Servers . . . . . . . . . . . : 192.168.17.100

C:\Documents and Settings\Administrator.PL-RSLZOWJURBM9>
```

图 12-2　ipconfig 命令查看图

显示的适配器名称。

- -release[adapter]——发送 DHCP RELEASE 消息到 DHCP 服务器，以释放所有适配器(如果未指定适配器)或特定适配器(如果包含了 adapter 参数)的当前 DHCP 配置并丢弃 IP 地址配置。该参数可以禁用配置为自动获取 IP 地址的适配器的 TCP/IP。要指定适配器名称，输入使用不带参数的 IPCONFIG 命令显示的适配器名称。
- -flushdns——清理并重设 DNS 客户解析器缓存的内容。如有必要，在 DNS 疑难解答期间，可以使用本过程从缓存中丢弃否定性缓存记录和任何其他动态添加的记录。
- -displaydns——显示 DNS 客户解析器缓存的内容，包括从本地主机文件预装载的记录以及由计算机解析的名称查询而最近获得的任何资源记录。DNS 客户服务在查询配置的 DNS 服务器之前使用这些信息快速解析被频繁查询的名称。
- -registerdns——初始化计算机上配置的 DNS 名称和 IP 地址的手工动态注册。可以使用该参数对失败的 DNS 名称注册进行疑难解答或解决客户和 DNS 服务器之间的动态更新问题，而不必重新启动客户计算机。TCP/IP 协议高级属性中的 DNS 设置可以确定 DNS 中注册了哪些名称。
- -showclassid adapter——显示指定适配器的 DHCP 类别 ID。要查看所有适配器的 DHCP 类别 ID，可以使用星号(*)通配符代替 adapter。该参数仅在具有配置为自动获取 IP 地址的网卡的计算机上可用。
- -setclassid adapter[classID]——配置特定适配器的 DHCP 类别 ID。要设置所有适配器的 DHCP 类别 ID，可以使用星号(*)通配符代替 adapter。该参数仅在具有配置为自动获取 IP 地址的网卡的计算机上可用。如果未指定 DHCP 类别的 ID，则会删除当前类别的 ID。

### 12.4.3 使用 netstat 显示连接统计

netstat 用于显示与 IP、TCP、UDP 和 ICMP 协议相关的统计数据，一般用于检验本机各端口的网络连接情况，如图 12-3 所示。

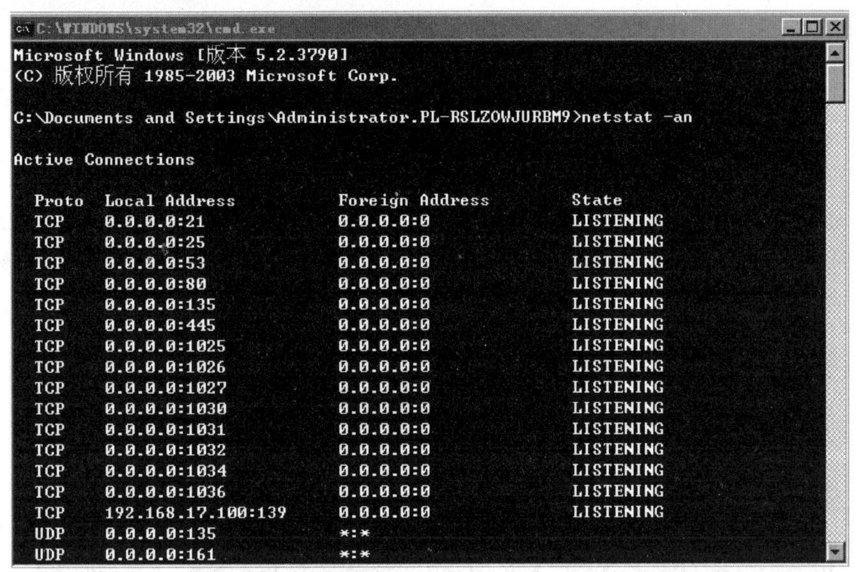


图 12-3 netstat 命令查看图

netstat 命令的语法格式：

```
netstat [-a] [-b] [-e] [-n] [-o] [-p proto] [-r] [-s] [-v] [interval]
```

- -a——显示所有连接和监听端口。
- -b——显示包含于创建每个连接或监听端口的可执行组件。在某些情况下已知可执行组件拥有多个独立组件，并且在这些情况下包含于创建连接或监听端口的组件序列被显示。这种情况下，可执行组件名在底部的[]中，顶部是其调用的组件，等等，直到 TCP/IP 部分。注意此选项可能需要很长时间，如果没有足够权限可能失败。
- -e——显示以太网统计信息。此选项可以与-s 选项组合使用。
- -n——以数字形式显示地址和端口号。
- -o——显示与每个连接相关的所属进程 ID。
- -p proto——显示 proto 指定的协议的连接；proto 可以是下列协议之一：TCP、UDP、TCPv6 或 UDPv6。如果与-s 选项一起使用以显示按协议统计信息，proto 可以是下列协议之一：IP、IPv6、ICMP、ICMPv6、TCP、TCPv6、UDP 或 UDPv6。
- -r——显示路由表。
- -s——显示按协议统计信息。默认地，显示 IP、IPv6、ICMP、ICMPv6、TCP、TCPv6、UDP 和 UDPv6 的统计信息；-p 选项用于指定默认情况的子集。
- -v——与-b 选项一起使用时将显示包含于为所有可执行组件创建连接或监听端口

的组件。

- -interval——重新显示选定统计信息，每次显示之间暂停时间间隔（以秒计）。按 Ctrl+C 组合键停止重新显示统计信息。如果省略，netstat 显示当前配置信息（只显示一次）。

### 12.4.4 使用 tracert 跟踪网络路由连接

tracert 命令主要用来显示数据包到达目的主机所经过的路径。通过执行一个 tracert 命令之后，显示结果返回数据包到达目的主机前所经历的路径详细信息，并显示到达每个路径所消耗的时间。

这个命令同 ping 命令类似，但它所看到的信息要比 ping 命令详细得多，它能反馈显示送出的到某一站点的请求数据包所经过的路由，以及通过该路由的 IP 地址，通过该 IP 的时间是多少，如图 12-4 所示。

图 12-4 tracert 命令查看图

tracert 命令的语法格式为：

```
tracert [-d] [-h maximum_hops] [-j computer-list] [-w timeout] target_name
```

- -d——指定不将地址解析为计算机名。
- -h maximum_hops——指定搜索目标的最大跃点数。
- -j computer-list——指定沿 computer-list 的稀疏源路由。
- -w timeout——每次应答等待 timeout 指定的微秒数。
- target_name——目标计算机的名称。

## 12.5 应用案例：常见的局域网故障

### 12.5.1 案例背景

下面以本章一开始的网络故障为例。假设你是 DHY 公司的一名网络管理员。整个 DHY 公司的内部构成了一个大的局域网，所有的计算机通过这个局域网接入到 Internet。每台计算机通过双绞线连网卡接到交换机，所有的交换机都接入企业的路由器。现在你接到某部门里有人说自己的计算机无法上网的投诉。

## 12.5.2 案例分析和实施

根据之前所学的知识，可以按照以下几个步骤进行：

(1) 检测本机中 TCP/IP 协议是否安装正确。

可以用 ping 127.0.0.1 或 ping localhost，进行环回测试。如果不通，原因可能是本机没有安装 TCP/IP 协议，或 TCP/IP 协议安装不正确，或协议出现故障。此时可以重新安装 TCP/IP 协议。

安装步骤：在"本地连接"→"属性"中，选中"Internet 协议(TCP/IP)"复选框，单击下面的"卸载"按钮，如图 12-5 所示。

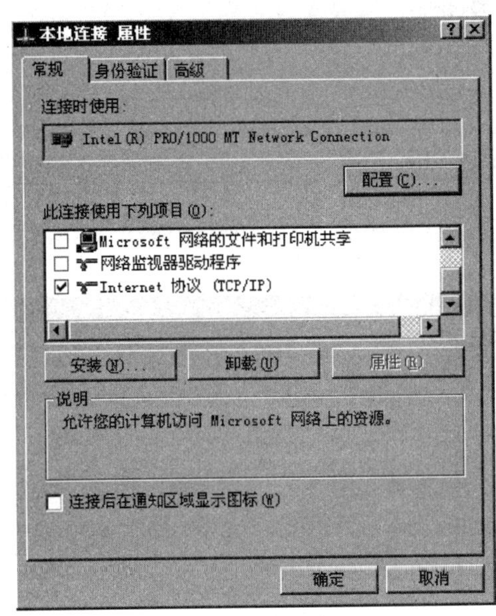


图 12-5　卸载 TCP/IP 协议

卸载后，需要重新启动计算机，重新安装 TCP/IP 协议并测试。经过以上操作，测试后仍不能通过，则可能是操作系统安装不正确，需要重新安装操作系统。

(2) 检测本机的 TCP/IP 协议配置、网卡的安装及配置是否正确。

ping 本机 IP 地址，如果不通，则可能是本机的 TCP/IP 协议配置不正确或者是网卡的安装、配置不正确；还有一种可能，即 IP 地址冲突，在同一网络中如果有两台计算机有相同的 IP 地址则也会出现这种情形。

对于此故障可以先断开网络连接，然后按以下步骤进行测试：检查 TCP/IP 协议的配置，按照网络管理员的安排设置 TCP/IP 协议参数，重新测试；检查网卡的安装与配置，在"设备管理器"窗口中查看网卡的基本情况。若网卡前带有黄色的问号(?)或黄色的叹号(!)，则表明网卡安装不正确，可能是网卡的驱动程序没有安装正确，或者是网卡与其他硬件出现了硬件资源冲突，如图 12-6 所示。

出现以上故障后，首先应该在 Windows 2003 的"设备管理器"窗口中选中网卡，右击，在出现的快捷菜单中选择"卸载"命令项卸载该网卡，如图 12-7 所示。然后重新启动计算机，或选择"扫描测试硬件改动"项，重新安装驱动程序。

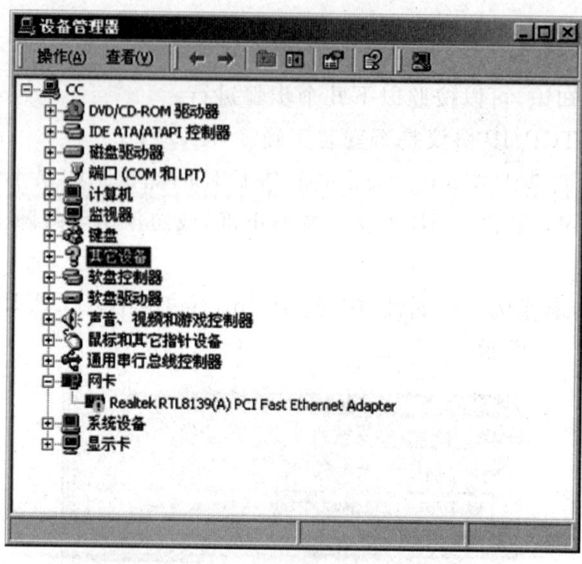


图 12-6　网卡故障示意图

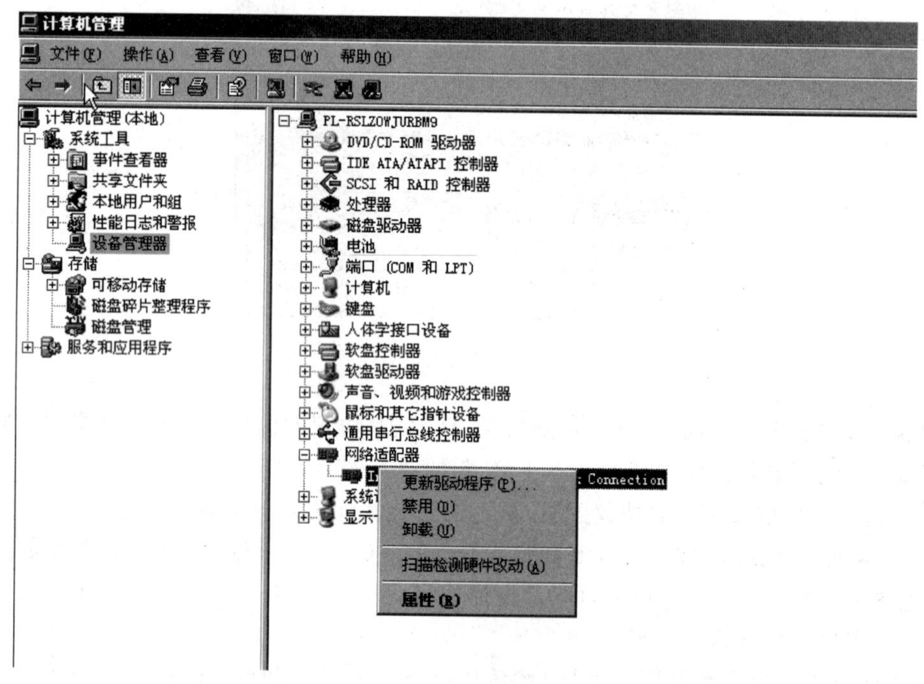


图 12-7　网卡卸载示意图

如果以上方法均不能排除网卡故障，则可能是网卡本身出现了物理故障，可以尝试更换网卡。

排除了网卡及协议配置故障，ping 本机 IP 地址就可以得到正确的应答。连接本机到交换机，再进行同样的测试，如果没有正确的应答，则可能是 IP 地址发生了冲突，此问题通过重新配置 IP 地址来解决。

(3) 检测网络连接是否正确。

ping 同一网络中的其他计算机，如果没有收到正确的应答，则可能是本机到本局域网连接设备（交换机、HUB）的连接电缆出现了故障，或者网络 TCP/IP 协议配置参数（IP 地址、子网掩码）不正确，或者是交换机等设备的配置有问题。

此问题可以按以下方法进行操作：

- 比较两台计算机的 IP 地址及子网掩码参数，判断两台计算机是否在同一子网内。如果不是，则修改配置，保证连接到交换机的计算机属于同一子网。
- 用测试仪测试计算机到交换机的连接电缆，必要时更换电缆，保证电缆的连接是完好的。
- 检查交换机的配置，或者更换所连接的交换机的端口。

(4) 检测本地路由器的连接及默认网关的配置是否正确。

主要包括以下测试内容：

- ping 默认网关 IP 地址，如果能连通，则表明本地局域网到路由器的连接没有问题。如果不通，可以检查本地局域网设备到路由器的连接电缆；检查本机中的默认网关的配置与路由器的配置是否一致，如果不一致，则修改配置。
- ping 远程计算机 IP 地址，如果不通，可能是路由器配置不正确、路由器到 Internet 的连接或配置存在问题，或者远程计算机不能正常工作，这些故障通常通过检查路由器的配置进行维护。
- ping 远程主机主机名，如果 ping 远程主机的 IP 地址能收到对方的应答，而 ping 远程主机名没有应答，则可能是本机 DNS 服务器 IP 地址配置不正确或本机 DNS 服务器出现故障，可以检查 TCP/IP 协议配置中的 DNS 服务器设置是否正确，也可以用 ping 本地 DNS 服务器测试到本地 DNS 服务器连接是否正常或本地 DNS 服务器是否工作。

通过以上基本步骤，可以检测并排除本地计算机的网络故障。如果本地局域网经过排查没有问题，仍连不上互联网，那么要及时联系 Internet 服务供应商，进行问题的报修和接入网络的检查。

## 12.6 练习案例

**1. 案例背景**

假设你为 DHY 公司的一名网络管理员。某部门的员工最近投诉说：在使用计算机联网的时候，会看到这样的提示"IP 与其他系统冲突"，他不知道如何解决。请你帮他分析问题，并尝试解决这个问题。

**2. 相关知识**

对于在 Internet 和 Intranet 网络上，使用 TCP/IP 时每台主机必须具有独立的 IP 地址，有了 IP 地址的主机才能与网络上的其他主机进行通信。如果在局域网中使用静态 IP 地址分配策略，就很容易出现 IP 地址冲突的问题。IP 地址冲突会造成网络客户不能正常工作，同时，使用 Windows 系列操作系统的机器，如果网络上存在冲突的机器，只要电源打开，在客户机上都会频繁出现 IP 地址冲突的提示。造成 IP 地址冲突的原因有如下几种情况：

(1) 用户对 TCP/IP 并不了解，不知道“IP 地址”、“子网掩码”、“默认网关”等参数如何设置，有时用户不是从管理员处得到的上述参数的信息，或者是用户无意修改了这些信息。

(2) 管理员或用户根据管理员提供的上述参数进行设置时，由于失误造成参数输入错误。

(3) 在客户机维修调试时，维修人员使用临时 IP 地址应用造成。

(4) 有人窃用他人的 IP 地址。

**3. 解题思路**

可以从 DHCP 和 MAC 地址绑定两方面着手，进行问题分析以及问题的解决。

## 12.7 课后习题

1. 简述网络故障的基本分类。

2. 网络故障管理中，故障诊断的一般步骤有哪些？

3. 使用常用的网络命令填空。

返回数据包到达目的主机所经过的中间节点的信息，通常使用(　　)命令；确定本地主机与另一主机的连通性，通常使用(　　)命令；帮助网络管理员了解网络的协议状态统计情况，通常使用(　　)命令；用来显示本计算机当前所有的 TCP/IP 网络配置值，通常使用(　　)命令。

4. 说明下列命令的含义：

(1) ping -a -n 5 202.117.128.2

(2) tracert -d www.xjtu.edu.cn

(3) netstat -p tcp

(4) ipconfig /renew

5. 练习使用分层定位分析法来解决网络故障。

# 参考文献

1. 齐跃斗，樊成立，王麟阁等. 网络服务的配置与管理项目实践教程[M]. 北京：电子工业出版社，2010.
2. 戴有炜. Windows Server 2008 R2 网络管理与架站[M]. 北京：清华大学出版社，2011.
3. 王群. 计算机网络管理技术[M]. 北京：清华大学出版社，2008.
4. 崔北亮. 非常网管：网络管理从入门到精通(修订版)[M]. 北京：人民邮电出版社，2010.
5. 崔北亮. CCNA 学习指南 640-802[M]. 北京：电子工业出版社，2009.
6. Windows Server 2008 IIS7 部署攻略[EB/OL]. http://server.it168.com/server/2008-03-24/200803241121182.shtml.
7. 第 8 章 Windows Server 2008 Web 服务器配置和管理[EB/OL]. http://wenku.baidu.com/view/b08c061b650e52ea551898d7.html.
8. http://technet.microsoft.com/zh-cn/.
9. www.winos.cn.
10. www.microsoft.com.
11. www.51cto.com.
12. www.chinaitlab.com.
13. www.netadmin.com.
14. http://bbs.ws2008.net.
15. http://baike.baidu.com.

# 参考文献

# 图书资源支持

感谢您一直以来对清华版图书的支持和爱护。为了配合本书的使用，本书提供配套的资源，有需求的读者请扫描下方的“书圈”微信公众号二维码，在图书专区下载，也可以拨打电话或发送电子邮件咨询。

如果您在使用本书的过程中遇到了什么问题，或者有相关图书出版计划，也请您发邮件告诉我们，以便我们更好地为您服务。


**我们的联系方式：**

地　　址：北京市海淀区双清路学研大厦 A 座 701

邮　　编：100084

电　　话：010-83470236　010-83470237

资源下载：http://www.tup.com.cn

客服邮箱：2301891038@qq.com

QQ：2301891038（请写明您的单位和姓名）


资源下载、样书申请

书圈

扫一扫，获取最新目录

课 程 直 播

**用微信扫一扫右边的二维码，即可关注清华大学出版社公众号“书圈”。**